Harald Völkl

Ein simulationsbasierter Ansatz zur Auslegung additiv gefertigter FLM-Faserverbundstrukturen

FAU Studien aus dem Maschinenbau

Band 393

Harald Völkl

Ein simulationsbasierter Ansatz zur Auslegung additiv gefertigter FLM-Faserverbundstrukturen

Dissertation aus dem Lehrstuhl für Konstruktionstechnik (KTmfk)

Prof. Dr.-Ing. Sandro Wartzack

Erlangen
FAU University Press
2022

Bibliografische Information der Deutschen Nationalbibliothek:
Die Deutsche Nationalbibliothek verzeichnet diese Publikation in der Deutschen Nationalbibliografie; detaillierte bibliografische Daten sind im Internet über http://dnb.d-nb.de abrufbar.

Autoren-Kontaktinformation: Harald Völkl, Friedrich-Alexander-Universität Erlangen-Nürnberg (ROR: 00f7hpc57), Lehrstuhl für Konstruktionstechnik (KTmfk), voelkl@mfk.fau.de, ORCID: 0000-0002-1681-4936

Bitte zitieren als
Völkl, Harald. 2022. *Ein simulationsbasierter Ansatz zur Auslegung additiv gefertigter FLM-Faserverbundstrukturen.* FAU Studien aus dem Maschinenbau Band 393. Erlangen: FAU University Press. DOI: 10.25593/978-3-96147-524-7.

Der vollständige Inhalt des Buchs ist als PDF über den OPUS-Server der Friedrich-Alexander-Universität Erlangen-Nürnberg abrufbar:
https://opus4.kobv.de/opus4-fau/home

Verlag und Auslieferung:
FAU University Press, Universitätsstraße 4, 91054 Erlangen

Druck: docupoint GmbH

ISBN: 978-3-96147-523-0 (Druckausgabe)
eISBN: 978-3-96147-524-7 (Online-Ausgabe)
ISSN: 2625-9974
DOI: 10.25593/978-3-96147-524-7

Ein simulationsbasierter Ansatz zur Auslegung additiv gefertigter FLM-Faserverbundstrukturen

Der Technischen Fakultät
der Friedrich-Alexander-Universität
Erlangen-Nürnberg

zur
Erlangung des Doktorgrades Dr.-Ing.

vorgelegt von

Harald Völkl, M. Sc.

aus Erlangen

Als Dissertation genehmigt
von der Technischen Fakultät
der Friedrich-Alexander-Universität Erlangen-Nürnberg

Tag der mündlichen
Prüfung: 07.12.2021

Gutachter: Prof. Dr.-Ing. Sandro Wartzack
Prof. Dr. sc. ETH Alexander Hasse,
TU Chemnitz

Vorwort

„Das Konstruieren erfordert Wissen und Können, Phantasie und Kritik. Es erfordert Analyse und Synthese, Sondern und Fügen, Zerlegen und Aufbauen." [1]

Ein Promotionsvorhaben schafft Wissen und Können, benötigt Fantasie und Kritik. Diesen Erfordernissen konnte ich allein nicht begegnen, sondern bin zu großem Dank denjenigen verpflichtet, die mich bei diesem Vorhaben begleitet, mit Wissen und Können ausgestattet und insbesondere immer wieder aufgebaut haben:

Ich möchte meinen Prüfern, Prof. Dr.-Ing. Sandro Wartzack und Prof. Dr. sc. ETH Alexander Hasse für die Zeit und Mühe danken, die sie in die Begutachtung meiner Arbeit gesteckt haben. Ich danke herzlich meinem Doktorvater Prof. Dr.-Ing. Sandro Wartzack, der mir in fachlichen und organisatorischen Belangen stets wohlwollend und hilfsbereit zur Seite stand. Meiner Frau Cheong Yang danke ich für ihre liebevolle und geduldige Art während der vielen Schreib- und Arbeitsstunden, sowie das Korrekturlesen meiner Arbeit. Ebenso danke ich meinen Freunden Stephan Roder und Nina Dahl für ihre intensive und detaillierte sprachliche Korrektur. Ein besonderer Dank für die inhaltliche Korrektur und besonders die anfängliche Inspiration gebührt Dr.-Ing. Daniel Klein, meinem Vorgänger am Lehrstuhl für Konstruktionstechnik und Betreuer meiner studentischen Arbeiten.

Meinen Studierenden, die bei mir Bachelor-, Projekt- und Masterarbeiten verfassten, gilt ein besonderer Dank: Neben wertvollen fachlichen Ergänzungen meines Ansatzes hielten sie ihren Betreuer dauerhaft geistig wach und motiviert. Hier seien insbesondere meine jetzigen Kollegen Michael Franz und Johannes Mayer erwähnt, dazu ohne dedizierte Reihenfolge Patrick Steck, Andreas Kießkalt, Jan Hinrichsen, Robert Schade, Tina Kirchberger, Sophia Schubert, Patrick Buchner und Fabian Büttner.

Abschließend geht größter Dank an meine Eltern, die mir erst das positive, fördernde Umfeld und die umfassende Ausbildung ermöglichten, um das Promotionsvorhaben überhaupt beginnen zu können.

Nürnberg, den 16.12.2021 Harald Völkl

Inhaltsverzeichnis

Formelzeichen- und Abkürzungsverzeichnis

Formelzeichen	Einheit	Bedeutung
h	mm	Höhe
w	mm	Breite (engl. Width)
E	MPa	Elastizitätsmodul
G	MPa	Schubmodul
x, y, z	-	Indizes für Koordinatenrichtungen
γ	mm	Überlappung in Breitenrichtung
δ	mm	Überlappung in Höhenrichtung
α, β	mm	Nicht überlappender Bereich
ρ	g/cm^3	Dichte
ρ mit Koord.-Index	-	Leerstellendichte
ρ mit anderem Index	-	Pseudodichte (Steifigkeitsskalierung)
ξ_1, ξ_2	-	Abminderungsfaktoren für verminderte chemische Bindung
M	Nmm	Moment
F	N	Kraft
a, b	mm	Längen
Θ	°	Winkel in der Homogenisierungsmethode
$\Omega, \delta\Omega$	-	Begrenzung von Innen- und Außenbereich eines Designs
D	-	Designraum
p	-	Penalisierungsfaktor
i	-	Laufindex, häufig Elementindex
ϕ	-	Level-Set-Funktion
$\boldsymbol{x}$	-	Punktevektor, bestehend aus Punkten mit Koordinaten (x, y)
t	-	Zeitschritt

N	-	Anzahl Finiter Elemente
δ *mit Index*	°	Winkeldifferenz
$\vec{z}$	-	Vektor der z-Achse der AM-Maschine
φ	°	Rotationsfreiheitsgrade
$\sigma_I, \sigma_{II}, \sigma_{III}$	N/mm^2	Hauptspannungen
S^0	-	Einträge der Nachgiebigkeitsmatrix
ν	-	Querkontraktionszahl
$\parallel$	-	Parallel
$\perp$	-	Senkrecht (Quer)
d	-	Vergleichskennzahl zur Optimalität; mit Laufindex i: Elementmittelpunktabstand
$SEND$	$Nmm/mm^3 = N/mm^2$	Dehnenergiedichte
u	-	Verschiebungsvektor
k	-	Steifigkeitsmatrix
V	mm^3	Volumen
$\widehat{\ldots}$	-	Referenzwert (bspw. $\widehat{SEND}$)
VF	-	Volumenfraktion
H	-	Gewichtungsfaktor der Filterung
r_{min}	mm	Mindeststrukturgrößenradius
rp	-	Penalisierungsfaktor für Filter
$\vec{a}, \vec{b}$	-	Konturrichtungsvektoren
$\emptyset$	-	Durchschnitt
A, B	-	Cluster
o	-	Objekt in Cluster
S	-	Silhouettenkoeffizient
F_R	N	Reaktionskraft

Abkürzung	**Bedeutung**
3DP	Three Dimensional Printing
ABS	Acrylnitril-Butadien-Styrol
AM	Additive Manufacturing
AMF	Additive Manufacturing File
AMOP	Adaptive Metamodel of Optimal Prognosis
ASTM	American Society for Testing and Materials
BESO	Bidirectional ESO
CA	Cellular Automata
CAD	Computer Aided Design
CAIO	Computer Aided Internal Optimisation
CF	Carbon Fibre (Kohlefaser)
CFD	Computational Fluid Dynamics
CFK	Carbonfaserverstärkter Kunststoff
CLT	Classical Laminate Theory
CS	Cold Spray
DED	Direct Energy Deposition
DfAM	Design for Additive Manufacturing
DFMA	Design for Manufacturing and Assembly
DIN	Deutsches Institut für Normung
DoE	Design of Experiments
DRM	Design Research Methodology
E	E-Modul
EBM	Electron Beam Melting
EN	Europäische Norm
ESO	Evolutionary Structural Optimisation
FDM	Fused Deposition Modelling
FE	Finite Elemente
FEM	Finite-Elemente-Methode
FGM	Functionally Graded Materials
FKV	Faser-Kunststoff-Verbund
FLM	Fused Layer Modelling
FRP	Fiber Reinforced Polymers
G	Schubmoduln
GA	Genetischer Algorithmus
GF	Glasfaser
GRPP	Glass-Fibre Reinforced Polypropylene
HCA	Hybrid CA

Inkr.	Inkrement
IP	Integer Problem
ISO	International Organization for Standardization
LBM	Laser Beam Melting
LF	Lastfall
LLM	Layer Laminated Manufacturing
LOM	Laminated Object Manufacturing
LS	Lasersintern
MMA	Method of Moving Asymptotes
MROM	Modified Rule of Mixture
MWNT	Multi-Wall (carbon) Nano Tube
NIST	National Institute of Standards and Technology
OC	Optimality Criteria
PEI	Polyetherimid
PETG	Polyethylenterephthalat Glycol
PJM/MJM	Poly/Multi-Jet Modelling
PLA	Polylactide
PP	Polypropylen
PPS	Polyphenylensulfid
ROM	Rule of Mixture
SDP	SemiDefinite Program
SEND	Strain ENergy Density
SFP	Solid Foil Polymerisation
SiC	Siliciumcarbid
SIMP	Solid Isotropic Microstructure (teils: Material) with Penalisation for intermediate densities
SKO	Soft Kill Option
SL	Stereolithografie
STL	Standard Triangulation / Tesselation Language
SWNT	Single Wall (carbon) Nano Tube
TLCP	Thermotropic Liquid Crystalline Polymers
TO	Topologieoptimierung (Topology Optimization)
UD	Unidirektional
VDI	Verein Deutscher Ingenieure
VGCF	Vapor Grown Carbon Fibre

Bildverzeichnis

Tabellenverzeichnis

1 Einleitung

1.1 Motivation: Design for Additive Manufacturing

In den letzten 30 Jahren hat sich Additive Fertigung (Additive Manufacturing, AM) vom Rapid Prototyping, der Fertigung von Konzeptmodellen und Design- bzw. Funktionsprototypen, über Rapid Tooling, der Werkzeugherstellung, hin zum Direct Manufacturing, der direkten Produktion von Bauteilen, meist in Kleinserie, weiterentwickelt [2; 3]. Solche Strukturbauteile umfassen insbesondere Leichtbauanwendungen wie individualisierte Gesundheitsprodukte, Motorsport, Luft- und Raumfahrt und viele weitere Anwendungsfälle [3–5].

Ein Grund für diese Verbreitung im Leichtbau ist die hohe geometrische Komplexität, die mittels AM erreichbar ist. Damit kann die für Leichtbau benötigte Formfreiheit („shape complexity" [6]) gewährleistet werden. Zudem ist eine große Materialvielfalt sogar innerhalb von Bauteilen realisierbar („material complexity"). Mikro- und Mesostrukturen können in Strukturen integriert werden („hierarchical complexity"), zum Beispiel durch Lattice-Strukturen. So werden Leichtbauteile herstellbar, die mit konventionellen Technologien nicht oder nur mit hohem Aufwand produziert werden konnten.

Insbesondere das extrusionsbasierte Fused Layer Modelling-(FLM-)Verfahren ist weit verbreitet [4; 5], da dieses unter anderem niedrige Anschaffungs- und Betriebskosten sowohl für Maschine als auch Material bietet. Das Verfahren basiert zunächst auf Einzelstrang- und dann schichtweiser Ablage von aufgeweichtem oder geschmolzenem, thermoplastischem Material, meist Kunststoff [7; 8]. Aufgrund bestimmter Herausforderungen wird dieses Verfahren aktuell überwiegend für das Rapid Prototyping und weniger für Direct Manufacturing von Endbauteilen genutzt [3], im Detail dazu Kapitel 2. Die Extrusionsstränge führen im Bauteil zu richtungsabhängigem Materialverhalten (Anisotropie) und Leerstellen in und zwischen Strängen. Teils werden lediglich einfach zu verarbeitende Materialien wie Polylactide (PLA) eingesetzt, die aber eine eher geringe Steifigkeit und Festigkeit aufweisen. Die Qualität der Bauteile hat eine hohe Prozessparameterabhängigkeit. Filigrane Strukturen sind nur im Rahmen der Druckerauflösung bzw. des Düseninnendurchmessers fertigbar, was eine feine Auflösung und kleine Düseninnendurchmesser nötig macht. Sehr große, flächige Strukturen stehen hierzu in einem Zielkonflikt, da mit geringer Extrusionsmenge die Fertigungszeit steigt.

Dennoch wurde das Verfahren für Strukturbauteile und Endprodukte bereits angewendet, da es hohe Materialvielfalt, geringe Kosten und gute Steifigkeits- sowie Festigkeitseigenschaften vereint:

In der zum Zeitpunkt dieser Arbeit herrschenden COVID-19-Pandemie wurden vom Hersteller Stratasys 275.000 Gesichtsschilde zum Eigenschutz vor infektiösen Tröpfchen oder Spritzern im FLM-Verfahren hergestellt (der Hersteller verwendet das FLM-Verfahren unter der geschützten Bezeichnung FDM®, Fused Deposition Modelling). Die Ausgangsgeometrien wurden auch öffentlich verfügbar gemacht. [9] Nachkonstruierte Ersatzteile und andere Geometrien für den privaten Druck werden von der Community auf Thingiverse bereitgestellt [10]. Das FLM-Verfahren findet auch im Modellbau Verwendung [11]. Besonders strukturrelevante Bauteile hat das Start-up „9T Labs", ein Spin-Off der ETH Zürich, im Fokus. Dort werden endlosfaserverstärkte, additiv gefertigte Bauteile mit bis zu 60 % Faservolumenanteil hergestellt und an Anwendungsfällen wie Helikoptertürscharnieren, Halterungen in KFZ und Uhrengehäusen erprobt [12].

Solche Anwendungen werden erst ermöglicht durch das Design for Additive Manufacturing (DfAM):

> *„DFAM [sic] is a set of methods and tools that help designers take into account the specificities of AM (technological, geometrical, etc.) during the design stage."* [13]

DfAM ist ein wichtiger Baustein für die Verbreitung von FLM in Struktur-Leichtbauteilen, da für diese eine hohe Steifigkeit, Festigkeit und weitere Zielkriterien erfüllt werden müssen. Deren Erfüllung hängt wiederum von werkstoffgerechter, kraftflussgerechter und fertigungsgerechter Konstruktion ab. Im Allgemeinen werden effektive Leichtbaulösungen nach KLEIN [14] insbesondere durch drei Maßnahmen erzielt:

1. Einsatz leichter und hochfester Werkstoffe;
2. Neue Herstelltechnologien;
3. Analysemethoden zur geeigneten Strukturberechnung (beispielsweise die Finite-Elemente-Methode, FEM).

Mit der vorliegenden Arbeit soll ein Beitrag zur Auslegung strukturrelevanter AM-Bauteile aus Faser-Kunststoff-Verbunden (FKV) geleistet werden, der mittels eines eigens erforschten Design for Additive Manufacturing (DfAM)-Ansatzes die **Auslegung kraftflussgerechter FLM-Leichtbauteile** unter Berücksichtigung der speziellen Prozessanforderungen erlaubt. Der Ansatz beinhaltet alle drei genannten Maßnahmen:

1. Den Einsatz von Faserverbundmaterialien mit hoher massespezifischer Steifigkeit und Festigkeit als „Charakteristika eines idealen Leichtbau-Werkstoffs“ [15];
2. Den Einsatz von additiver Fertigung, hier nach ausführlicher Auswahl Fused Layer Modelling (FLM), zur Ausnutzung der hohen Designfreiheit sowohl auf Gestaltebene als auch bei lokaler Materialausrichtung [2];
3. Die Erforschung und Anwendung von Analyse- und insbesondere Synthesemethoden, um der „Hauptaufgabenstellung der Produktentwicklung“ [16], der Synthese, gerecht zu werden.

Der Ansatz soll zudem durch systematisches Vorgehen zur Unterstützung von Produktentwickelnden ohne dedizierte DfAM-Kenntnisse dienen.

1.2 Aufbau und Ziel der Arbeit

Einen Überblick über den Gesamtaufbau der vorliegenden Arbeit, mit Fokus auf den Stand der Forschung und Technik, gibt Bild 1.1.

Zunächst werden die bekanntesten additiven **Fertigungsverfahren** vorgestellt und hinsichtlich ihres Anwendungsbereichs abgegrenzt (Kapitel 2.1.1). Die jeweilige Eignung für die Fertigung von Faser-Kunststoff-Verbundbauteilen wird diskutiert (Kapitel 2.1.1.5). Dann werden in Kapitel 2.1.2 Maßnahmen und Anwendungsfelder des **DfAM** aufgezeigt, um unter Berücksichtigung von AM-spezifischen Einschränkungen sich ergebende Chancen durch die hohe Designfreiheit zu nutzen. Abschließend werden die relevanten **Normen** und zugehörigen Aktivitäten (Kapitel 2.1.3) dargelegt, die zu einer breiten Anwendung von AM führen sollen und als dafür unerlässlich gelten [17]. Die vorliegende Arbeit orientiert sich an diesen Standards und Normen, um Anwendungsrelevanz und Kompatibilität zu künftiger AM-Terminologie sicherzustellen. Aus einer entsprechenden Bewertung abgeleitet wird dann das FLM-Verfahren mit FKV in Kapitel 2.2 detailliert beleuchtet: Der Prozess und seine Parameter (Kapitel 2.2.1), die fertigungs- und konstruktionsinduzierten kunststofftechnischen Eigenschaften (Kapitel 2.2.2) sowie im Detail die Extrusionspfadgenerierung, da diese einen wesentlichen Teil des neuen Ansatzes ausmacht (Kapitel 2.2.3). Zur Nutzung und Berücksichtigung der FLM-Bauteileigenschaften für Leichtbau eignen sich besonders rechnerunterstützte Strukturoptimierungsverfahren, über die in Kapitel 2.4 ein Überblick gegeben wird. Die Topologieoptimierungsverfahren (TO-Verfahren) werden als Vorbereitung auf die Einführung des TO-Algorithmus für anisotrope Materialien (Kapitel 3.1.2) im Detail diskutiert. Die Brücke zur additiven Fertigung schlagen dann spezielle Topologieoptimierungsverfahren in Kapitel 2.4.3.

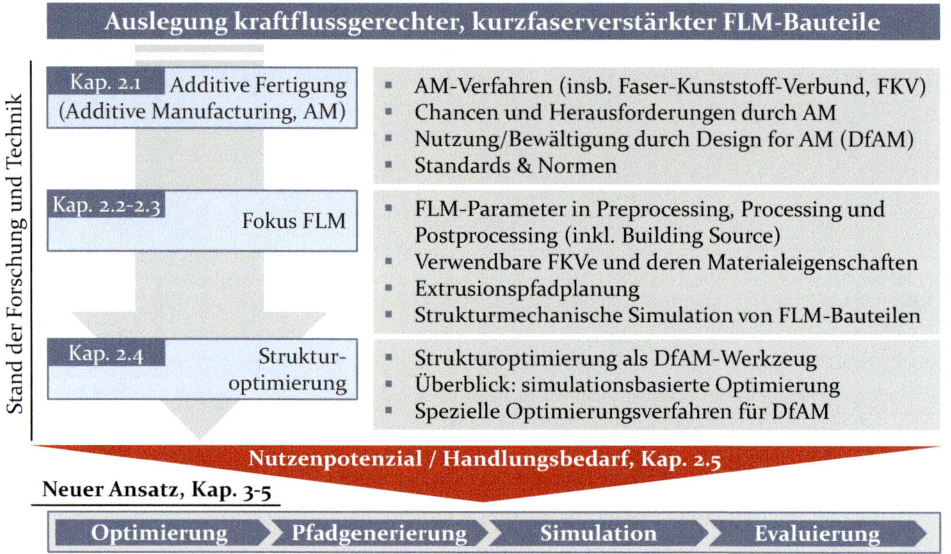

Bild 1.1: Aufbau der vorliegenden Arbeit.

Aufbauend auf den existierenden Vorarbeiten und Lücken im Stand der Technik werden Handlungsbedarf und Nutzenpotenzial unter Verwendung der *Design Research Methodology* [18] in Kapitel 2.5 herausgestellt. Ebenso werden Kriterien definiert, die ein Ansatz erfüllen muss, der existierende Lücken schließt bzw. zu deren Schließung beitragen will.

Ziel der Arbeit ist die Erforschung, wie FLM-Leichtbauteile für Strukturanwendungen kraftflussgerecht ausgelegt werden können – und inwieweit zusätzliches Leichtbaupotenzial durch eine solche Auslegung gegenüber konventioneller Auslegung ausgeschöpft werden kann. Hierzu wird im Methodenteil, Kapitel 3, ein neuer, simulationsbasierter Ansatz zur kraftflussgerechten Auslegung von FLM-Faserverbundstrukturen vorgestellt. Die Einzelbestandteile werden hier zur Erläuterung zunächst an einfachen 2D-Demonstratoren veranschaulicht. Der Ansatz wird anschließend in Kapitel 4 anhand eines realen Bauteils (Tragwerkknoten) ausführlich demonstriert. Das Optimierungsergebnis wird mit Bauteilmodellen verglichen, die durch andere, konventionelle Auslegungsweisen erzeugt wurden. Die Diskussion der Ergebnisse erfolgt bezogen auf Einzelbestandteile des Ansatzes und auch übergreifend in Kapitel 5. Fazit und Ausblick sind abschließend in Kapitel 6 festgehalten.

1.3 Eigenanteil an Publikationen

Teile der Methoden und Resultate dieser Dissertation wurden in Journal- und Peer-Reviewed-Konferenzbeiträgen mit Zweitautoren veröffentlicht. Nach §10 Abs. 3 *FPromO Tech* werden hier die Beiträge des Autors zu den Inhalten dargelegt, nach Reihenfolge ihrer Verwendung in der Dissertation. Alle Veröffentlichungen wurden unter Betreuung von Prof. Dr.-Ing. Sandro Wartzack angefertigt. Sofern nicht anders angegeben, wurden Text und Bilder der Veröffentlichungen allein vom Autor verfasst.

Kapitel 2, Stand der Technik

Die Diskussion der AM-Optimierungverfahren, Kapitel 2.4.4, erfolgte ähnlich in einer englischsprachigen Veröffentlichung des Autors [19].

Kapitel 3, Ansatz zur kraftflussgerechten Auslegung

Der grundlegende Gesamtansatz wurde vollständig vom Autor konzipiert und in weitesten Teilen auch implementiert. Erstmals im Gesamtüberblick wurde dieser vom Autor vorgestellt in [20]. Der Mitautor dieses Beitrags, Patrick Steck B. Sc., trug im Rahmen seiner Bachelorarbeit [S3] zur Verbesserung des Topologieoptimierungsansatzes durch Parameterstudien (Kapitel 3.1.2) und in seiner Projektarbeit [S4] zu anfänglichen Machbarkeitsstudien für den Pfadgenerierungsansatz bei (Kapitel 3.2), indem Concentric- und linienbasierte Muster verglichen wurden.

Die eigentliche Konzeption und Implementierung des TO-Algorithmus erfolgten durch den Autor. Die Mitautoren des Beitrags, in dem der TO-Algorithmus zuerst international publiziert wurde [21], waren Dr.-Ing. Daniel Klein und Michael Franz, M. Sc. Dabei unterstützte Dr.-Ing. Daniel Klein die Veröffentlichung durch Beratung im Bereich der FKV-Auslegung, Michael Franz M. Sc. erforschte in seiner Masterarbeit [S1] einerseits in Zusammenarbeit mit dem Autor die Optimalität der TO, andererseits wirkte er an den Benchmark-Beispielen im Beitrag mit. Dr.-Ing. Daniel Klein ist ebenfalls Ko-Autor der Erstvorstellung des TO-Algorithmus auf dem DfX-Symposium 2017 [22]. Auf der International Design Conference 2018 stellte der Autor Studien zu Steifigkeit und Festigkeit bei der Anwendung des neuen TO-Algorithmus mit Berücksichtigung der Anisotropie im Vergleich zu isotropen TO-Algorithmen vor [23], an die sich Kapitel 3.1.3 sinngemäß anlehnt. Eine Detailstudie zum CAIO-Algorithmus mit den Mitautoren Dr.-Ing. Daniel Klein (Beratung und Review) und Michael Franz, M. Sc. (Mitarbeit bei den Demonstratoren im ersten Teil und Verfasser des zweiten Teils dieser Veröffentlichung, „Investigating variations in multi-layer optimisation“) wurde 2020 im Design Science Journal veröffentlicht [24], nach einem Abstract 2018 [25]. Ergebnisse dieser Studie fließen in die Materialorientierung im neuen TO-Algorithmus ein, Kapitel 3.1.2.1.

Der dem Pfadgenerierungsalgorithmus zugrunde liegende Tape-Laying-Ansatz wurde ebenfalls vom Autor der Dissertation konzipiert und implementiert, wie auch der Pfadverbindungs- und finale Konturgenerierungsalgorithmus. Der Tape-Laying-Algorithmus wurde im Rahmen der Masterarbeit [S6] des Zweitautors der Veröffentlichung [26], Andreas Kießkalt M. Sc., verbessert. Der Zweitautor trug auch zu den Veranschaulichungsgrafiken im Beitrag bei.

Der FLM-Simulationansatz (Kapitel 3.3) wurde vom Autor konzipiert und mit dem Zweitautor Johannes Mayer M. Sc. auf der Tagung „Konstruktion für die Additive Fertigung 2019" als Vollbeitrag [27] mit Peer Review vorgestellt. Auf Basis eines grundlegenden Programmcodes des Autors wurde eine erweiterte Funktionalität des Mappings vom Zweitautor im Rahmen seiner Masterarbeit [S2] implementiert.

Der finalisierte Gesamtansatz wurde vom Autor und Prof. Dr.-Ing. Sandro Wartzack 2021 im Design Science Journal vorgestellt [19]. Untergeordnete Anteile studentischer Arbeiten, insbesondere [S15], sind in der Veröffentlichung in der Danksagung kenntlich gemacht.

Kapitel 4, Demonstration des Ansatzes

Der Demonstrator „Knoten" wurde auf dem DfX-Symposium 2020 [28] eingeführt. Die ausführliche Nutzung als Demonstratorbauteil ist bisher unveröffentlicht und Werk des Autors (Kapitel 4).

Kapitel 5, Diskussion

Die Diskussion richtet sich teils in ihrem Aufbau und Inhalten nach der bereits oben beschriebenen Veröffentlichung des Autors [19].

Alle anderen Teile der Arbeit sind bisher unveröffentlicht.

2 Stand der Technik

2.1 Additive Fertigung: Definition und Merkmale

Additive Fertigung (Additive Manufacturing, AM) ist definiert als der „Prozess des Verbindens von Werkstoffen, um Bauteile aus 3-D-Modelldaten, im Gegensatz zu subtraktiven und umformenden Fertigungsmethoden üblicherweise Schicht für Schicht herzustellen“ [1]. Dabei zeichnen sich additive Fertigungsverfahren aus konstruktionstechnischer Sicht im Vergleich zu den subtraktiven und umformenden Fertigungsverfahren durch eine gesteigerte Gestaltungsfreiheit für den Designer aus, welche mittels Design for Additive Manufacturing (DfAM) ausgeschöpft werden kann [2,3]. Ein Beispiel zeigt Bild 2.1.

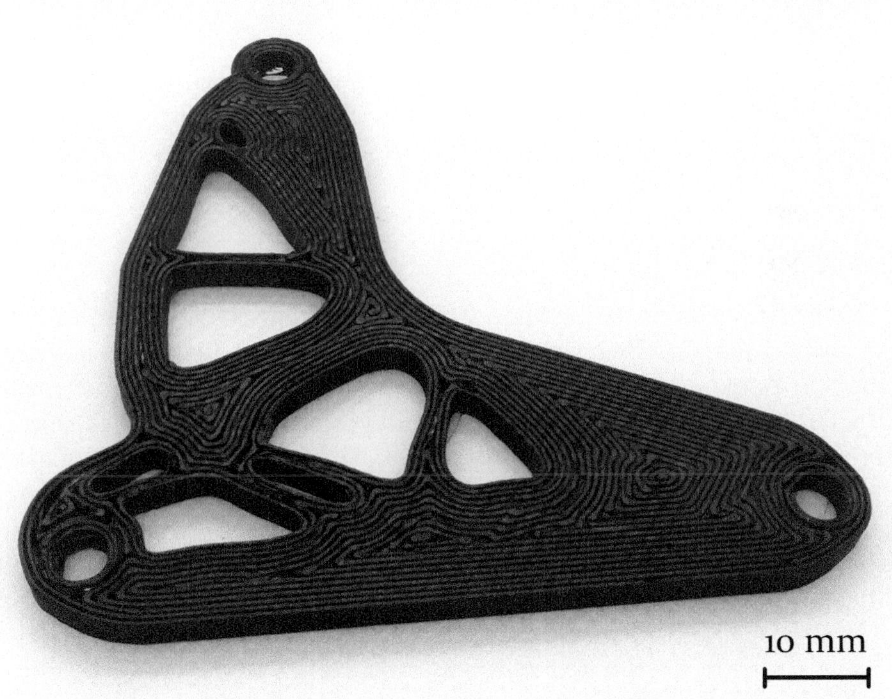

Bild 2.1: Bauteil des Autors, hergestellt im FLM-Verfahren (Extrusionspfadbreite für bessere Visualisierung der Bahnen reduziert) nach Topologieoptimierung, mit konzentrischem Innenmuster.

Im folgenden Kapitel 2.1.1 werden die wichtigsten additiven Fertigungsverfahren vorgestellt. Das Kapitel wird durch eine Gegenüberstellung ihrer Eignung für die Herstellung von FKV-Bauteilen abgeschlossen.

2.1.1 Additive Fertigungsverfahren

Die Fertigung von strukturrelevanten Bauteilen erfordert Bauteileigenschaften wie hohe Steifigkeit, Festigkeit, eine bestimmte Oberflächenqualität [29] wie auch hohe Prozessstabilität. Im Folgenden werden etablierte additive Fertigungsverfahren vorgestellt, die sich für die Herstellung von AM-Strukturbauteilen eignen. Die Unterteilung erfolgt nach BIKAS et al. [7] und VDI 3405 [8]. Zunächst werden hierfür je Verfahrenskategorie die Hauptcharakteristika herausgearbeitet. Abgeleitet aus einer Umfrage unter 100 Firmen mit insgesamt 1.258 AM-Maschinen aus dem WOHLERS REPORT 2017 [4] werden je Verfahrenskategorie die verbreitetsten Verfahren dann detailliert dargestellt. Abschließend werden die jeweiligen Vor- und Nachteile beleuchtet. Ein Abgleich mit der Umfrage aus dem WOHLERS REPORT 2019 [5] zeigt ähnliche Rangfolgen. Lediglich die Stereolithografie fand 2019 weniger Verbreitung.

2.1.1.1 Laserbasierte Verfahren

Laserbasierte AM-Fertigungsverfahren verwenden eine Laserquelle, um das Ausgangsmaterial zu schmelzen, zu verfestigen oder auszuhärten. Entsprechend der Änderung des Aggregatzustands kann zwischen Schmelzen von Pulver, direkt am Bearbeitungskopf oder im Pulverbett, und der Polymerisation unterschieden werden. Bei der Polymerisation wird die lokale, photochemische Aushärtung eines Photopolymers unter UV-Strahlung genutzt. [7] Ein Beispiel für Polymerisationsverfahren ist die Stereolithografie (SL), ein Beispiel für Pulverschmelzverfahren das Lasersintern (LS, bekannt unter dem Markennamen Selektives Lasersintern, SLS®) [8]. Diese beiden Verfahren sind weit verbreitet (Rang 4 für SL bzw. Rang 1 für LS nach der WOHLERS-Umfrage 2019 [5]) und werden im Folgenden kurz bebildert und vorgestellt.

Stereolithografie

Bild 2.2 illustriert das SL-Verfahren anhand einer Prinzipskizze nach [8]. Bei der Stereolithografie wird ein lichtempfindliches Monomer- [7] oder Polymerharz [30] unter UV-Strahlung schichtweise lokal polymerisiert. Hierzu wird die Bauplatte (8) mittels der Bauplattform mit Hubtisch (9) schichtweise abgesenkt, um so das Bauteil (5) mit dem flüssigen Harz (6) zu bedecken. Das Überfahren mit dem Beschichter (1) gewährleistet dann eine gleichmäßige, dünne Schicht mit einer Schichtdicke von üblicherweise 0,02 bis 0,1 mm [31], die in der Verfestigungszone (3) mittels des über den X-Y-Scanner (4) gerichteten Lasers (2) ausgehärtet wird.

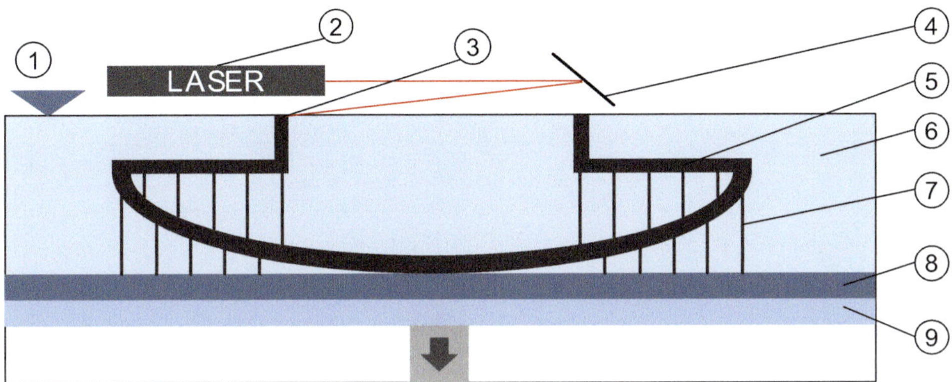

Bild 2.2: Stereolithografie, Prinzipdarstellung des Verfahrens nach [8].

Zwischen den Schichten wird mittels der Aushärtetiefe eine Art Überlappung der Schichten erzeugt, die für besseren Schichtzusammenhalt sorgt [31]. Die Stützkonstruktion (7) ist bei größeren Überhängen oberhalb eines bestimmten Grenzwinkels im Bauteil nötig [32]. Eine besonders effiziente Variante ist Digital Light Projection (DLP), bei welcher das Schichtmuster nicht sequenziell durch einen gerichteten Laser, sondern vollständig mittels eines zweidimensionalen Pixelmusters, der sogenannten „Maskenprojektion" [32], auf das auszuhärtende Ausgangsmaterial projiziert wird. Dadurch ist die Bauzeit unabhängig von der Kompliziertheit des Musters innerhalb jeder Schicht und nur mehr abhängig von der Schichthöhe [31].

Lasersintern

Eine Prinzipskizze des LS-Verfahrens zeigt Bild 2.3. Schichtweise wird dabei pulverförmiger Werkstoff (7) mittels Laserstrahlung (3) gesintert. Verschiedene Materialien sind verarbeitbar, wie Kunststoffe, Metalle und Keramiken mit Füllstoff bzw. Binder [8]. Das Aufbringen einer Schicht besteht dabei immer aus vier Prozessschritten [33]:

1. Die Bauplattform auf dem Hubtisch (9 in Bild 2.3) wird um eine Schichtstärke (meist 0,1 mm) abgesenkt.
2. Das Frischpulver wird mittels des Beschichters (1) aus dem Pulvervorratsbehälter (2) auf dem Baufeld aufgebracht. Überschüssiges Pulver wird in den Überlaufbehälter (8) transportiert.

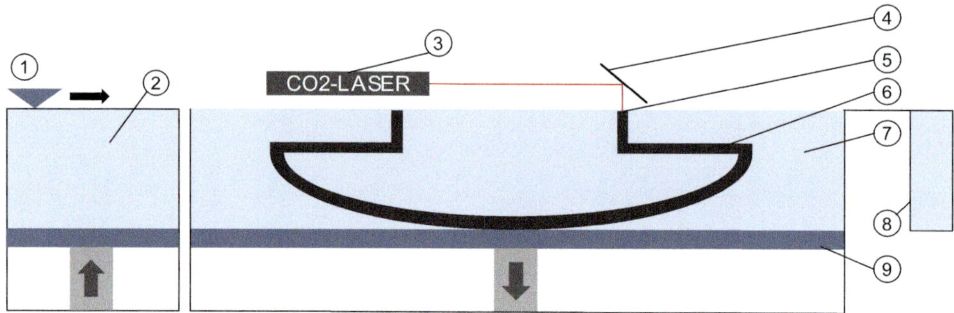

Bild 2.3: Lasersintern, Prinzipdarstellung des Verfahrens nach [8].

3. Die Pulverschicht wird auf Prozesstemperatur erwärmt (mittels eines IR-Heizstrahlers), um thermischen Verzug zu verringern und die Zwischenschichthaftung zu verbessern [7].
4. Die Schichtinformation wird in der Verfestigungszone (5) durch den Laser (3), der wie bei SL durch einen X-Y-Scanner (4) abgelenkt wird, eingeschrieben und damit eine weitere Schicht des Bauteils (6) generiert.

Eine Besonderheit des Verfahrens ist der Entfall von Stützstrukturen, da das verbleibende, ungesinterte Material diese ersetzen kann [7].

Vor- und Nachteile der laserbasierten Verfahren

Die folgende Tabelle 2.1 gibt eine Übersicht der Vor- und Nachteile der laserbasierten Sinter- und Schmelzverfahren bzw. der Stereolithografie.

Tabelle 2.1: Vorteile (+) und Nachteile (-) der laserbasierten Verfahren nach [32].

	Stereolithografie (SL)	**Lasersintern (LS)**
Genauigkeit	(+) **Hochgenau** – nur Limitation durch Maschine (insb. Strahldurchmesser), nicht durch physikalische Grenzen; Schichtdicke durch Benetzbarkeit gegeben	(-) **Modellgenauigkeit limitiert** durch Größe der Pulverteilchen und Strahldurchmesser bzw. Maskenqualität
	(+) **Berandungen** einzelner Schichten ohne „Stufen“; *innerhalb* jeder Schicht bei adäquater Steuerung abgestufter („schräger“) Rand möglich	(-) Neigung zum „**Wachsen**“ – d.h. thermische Aktivierung von Nachbarteilchen im Pulverbett – „Pelz“-artige Oberfläche je nach Wärmeleitfähigkeit / eingebrachter Energie

	Stereolithografie (SL)	Lasersintern (LS)
Materialien	(-) Laser = zweistufiges Verfahren: 95 % Vernetzung im Prozess, Grünling, **Nachvernetzung** in UV-Kammer; bei Maskenbelichtung einstufig	
	(-) **Einschränkung der Materialauswahl** – muss photosensitiv sein, dadurch sind Zugfestigkeit, Steifigkeit und Temperaturbeständigkeit zwangsläufig sekundär	(+) Alle thermoplastischen Materialien verwendbar – sehr hohe **Materialvielfalt**
Endbauteile, Baugruppen	(+) **Zusammenfügen von Baugruppen,** die größer sind als Bauraum der AM-Maschine, problemlos möglich, da Verwendung des gleichen lichtempfindlichen Harzes: visuell und mechanisch kaum Unterschiede	(+) Fertige Bauteile **mechanisch und thermisch belastbar**, d. h. Funktionsmodell und Endprodukt möglich (Direct Tooling / Direct Manufacturing) (-) Späteres **Lösen von Partikeln** – Probleme in Medizintechnik
Recyclingfähigkeit	(+) **Wiederverwendung** von nicht vernetztem **Monomer** (-) Flüssiges Monomer ist Sondermüll	(+) **Rückgewinn** zumindest thermisch unbelasteten **Pulvers**
Postprocessing / Effizienz	(+) Innere Hohlräume mit **Drainageöffnung** möglich (-) **Stützstruktur** und manuelles Entfernen nötig; manche Verfahren unterstützen zudem thermoplastisches, auswaschbares Hartwachs	(+) **Stützstrukturfrei** (außer bei Verwendung gegen thermischen Verzug bei Metallen) (-) **Innere Hohlräume** schwer zu reinigen
	(+) Nachbearbeitung **spanend möglich**, metallisieren, beflocken (-) **Lösungsmittel** zur Reinigung vor der Nachbearbeitung nötig	(+) Postprocessing: nur **Entfernung loser Partikel** mit Pinsel oder durch Sandstrahlen nötig (+) Wärmebehandlung möglich (+) keine Lösungsmittel (+) direkte Einsetzbarkeit nach Fertigung (-) Sehr zeitintensive **Aufheiz- und Abkühlphasen**

2.1.1.2 Extrusionsbasierte Verfahren

Extrusionsbasierte Verfahren verwenden eine beheizte Extrusionsdüse, um thermoplastisches Material, meist Kunststoff, aufzuweichen oder zu schmelzen. Nach dem Schmelzen wird das Material durch die Düse auf die Bauplattform bzw. die vorher gedruckten Schichten aufgebracht und verfestigt sich dort unmittelbar durch Auskühlen [7; 8]. Das bekannteste Extrusionsverfahren des Herstellers Stratasys Ltd. ist das Fused Deposition Modelling (FDM®)-Verfahren, mit dem generischen Namen Fused Layer Modelling [8; 32], der im Folgenden verwendet wird.

Fused Layer Modelling (FLM) / Fused Deposition Modelling (FDM®)

Eine Prinzipskizze des FLM-Verfahrens zeigt Bild 2.4.

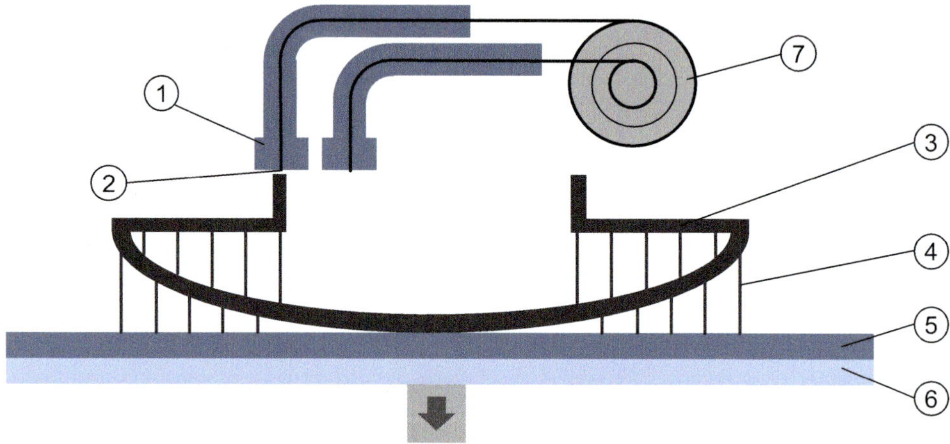

Bild 2.4: FLM, Prinzipdarstellung des Verfahrens nach [8].

Durch die beheizte Düse (1) wird in einem Linie-für-Linie-Auftrag (2) aus dem Filament im Materialvorrat in Drahtform (7) das Bauteil (3) generiert. Bei großen Überhängen erfordert das Verfahren eine Stützkonstruktion (4). Die oft für eine bessere Betthaftung beheizte Bauplatte (5) auf der Bauplattform mit Hubtisch (6) wird dabei je nach Bauform der AM-Maschine schichtweise abgesenkt; bei manchen Bauformen werden auch die Extrusionsdüsen nach oben bewegt. [7; 34] Der Düsendurchmesser beträgt abhängig vom Filament einige zehntel Millimeter (zwischen 0,1 und 0,3 mm [34], marktüblich sind jedoch auch 0,4 mm, 0,6 mm und andere). Ebenfalls abhängig vom Filamenttyp ist das Vorhandensein einer Temperaturkammer, welche beispielsweise für Acrylnitril-Butadien-Styrol (ABS)-Kunststoffe benötigt wird. Wie in Bild 2.4 gezeigt, werden meist zwei Düsen verwendet, wobei eine für den Auftrag des eigentlichen Bauteilmaterials, die andere zur Generierung von (beispielsweise wasserlöslichen) Stützstrukturen dient [34]. Häufig verwendete Materialien sind ABS, Polycarbonate (PC) und Polylactide (PLA) mit und ohne Füllstoffe. Füllstoffe sind beispielsweise die in der vorliegenden Arbeit verwendeten Kohlefasern.

Vor- und Nachteile extrusionsbasierter Verfahren

Tabelle 2.2 zeigt Vor- und Nachteile extrusionsbasierter Verfahren auf.

Tabelle 2.2: Vorteile (+) und Nachteile (-) extrusionsbasierter Verfahren nach [7; 32].

	Extrusionsbasierte Verfahren	
	Vorteile (+)	Nachteile (-)
Genauigkeit	(Keine)	Im Vergleich zu Pulverprozessen geringere Genauigkeit und Oberflächengüte
		Keine Darstellung von Strukturen feiner als Extrusionsbreite - besonders feine Schlitze und Rippen schwierig herzustellen
		Ansatz des Materialauftrags durch Extrusionsbeginn sichtbar
Materialien	Verwendung von Werkstoffen ähnlich oder identisch zu späteren Serienwerkstoffen	Neigung zur Fädenbildung bei manchen Materialien
	Verwendung unterschiedlicher Werkstoffe innerhalb des Bauprozesses und Einzelschichten (begrenzt durch Anzahl der Extrusionsköpfe und Kompatibilität der Materialien)	(Keine weiteren)
	Kostengünstige Materialien einsetzbar	
	Hohe Werkstoffvielfalt und Farbvielfalt	
Endbauteile	Ausgeprägte Anisotropie der Bauteile: (+) Lastpfadgerechte Auslegung zur Materialersparnis möglich; (-) und auch nötig, da sonst unnötige Nichtausnutzung von Leichtbaupotenzial	
Recycling-fähigkeit	Vollständige Verwendung des eingesetzten Materials	

	Extrusionsbasierte Verfahren	
	Keine Vorschädigung des nicht eingesetzten Materials	
Prozess	Aufbringen großer Volumenmengen in kurzer Zeit	Düsen neigen zum Verstopfen
	Relativ einfache, kostengünstige technische Umsetzung	(Keine weiteren)
	Einsatz in Büroumgebungen möglich	
	Kostengünstige Materialien einsetzbar	

2.1.1.3 Weitere Verfahren

In den vorigen Kapiteln wurden hauptsächlich etablierte und weit verbreitete Verfahren dargestellt, die nach [4; 5] eine hohe Praxisrelevanz besitzen. Weitere Verfahren mit weniger Praxisverbreitung sollen ebenso kurz aufgelistet werden, um einen möglichen Forschungsnutzen in der späteren Bewertung zu berücksichtigen.

- **Jetting-basierte Verfahren** (zum Beispiel Three Dimensional Printing: 3DP; Thermojet; oder Multi-Jet Modelling: MJM) funktionieren durch örtliche Verfestigung von Pulver durch Binderflüssigkeit und anschließende Entfernung des überschüssigen Pulvers, etwa durch Absaugen [32].
- **Klebebasierte Verfahren** (Laminated Object Manufacturing: LOM, Solid Foil Polymerisation: SFP) basieren auf dem Ausschneiden einzelner Schichten aus Papier oder Kunststoff und deren anschließendem Verbinden durch Erhitzen oder Beleuchten (Photopolymere im SFP-Verfahren) [7]. Hiermit können auch FKV-Laminate erzeugt werden.
- **Elektronen-Beam-Verfahren** (EBM) funktionieren ähnlich wie Laserschmelzprozesse, jedoch unter Verwendung eines Elektronen- statt eines Laserstrahls [7].

2.1.1.4 Überblick und Gegenüberstellung

Zur Gegenüberstellung der Verfahren und für eine spätere, methodische Auswahl dient Tabelle 2.3. Zur Generierung dieser Übersicht wurde zunächst die Gegenüberstellung nach KUMKE [35] verwendet. Das dortige Bewertungsschema wurde nach Anhang 1 auf das Bewertungsschema der VDI 2225 überführt, um eine Heatmap-Darstellung zur einfacheren visuellen Bewertung zu ermöglichen. Detailanmerkungen:

- Die „mechanischen Eigenschaften" wurden um exemplarische Festigkeits-Benchmarkergebnisse der verschiedenen Fertigungsverfahren in vertikaler und horizontaler Richtung anhand von Beispielbauteilen aus KIM et al. [36] erweitert. Diese Daten wurden auch aggregiert in WONG et al. [37]. Hierbei wurden nur Kunststoffe untersucht, woraus sich die Diskrepanz zur Bewertung nach KUMKE [35] begründet. Die Bepunktung erfolgte hier normiert auf die maximal erzielte Festigkeit (4 Punkte) bis zur minimalen Festigkeit (0 Punkte) jeweils getrennt, vertikal und horizontal zur Schichtaufbaurichtung.
- Um auch wirtschaftliche Gesichtspunkte zu berücksichtigen, wurde auf exemplarische Maschinen- und Wartungskosten sowie Rüstzeiten (im Original „Set-up time to control machine") nach dem Kostenmodell von HOPKINSON et al. [38] zurückgegriffen. Dies ist neben dem Modell nach RUFFO et al. [39] eines der bekanntesten AM-Kostenmodelle [40]. Diese werden jeweils mit vier Punkten für den besten Leistungswert (niedrigste Kosten bzw. Rüstzeiten) und null Punkten für den schlechtesten Leistungswert (höchste Kosten bzw. Rüstzeiten) bewertet. Festigkeiten und Wirtschaftlichkeitsbetrachtungen liegen nicht für alle Verfahren vor, fehlende Werte sind grau schraffiert hinterlegt.

Stehen hohe mechanische, thermische und chemische Eigenschaften bei gleichzeitig hoher Stückzahl im Vordergrund, so können pulverbasierte Verfahren (in blau markiert) und dabei insbesondere **LS** eine geeignete Verfahrenswahl sein. Diese Verfahren sind aufwändig, was sich an der exemplarischen Rüstzeit zeigt, und erfordern vergleichsweise höheres Investment als FLM, jedoch geringeres Investment als SL. Das **SL**-Verfahren bietet sehr gute Materialeigenschaften, wenn Kunststoff verwendet werden soll, ist aber auch hierauf beschränkt, was sich in der schlechten Bewertung bei der Materialauswahl und Multimaterialfähigkeit niederschlägt.

Tabelle 2.3: Gegenüberstellung der Fertigungsverfahren wie in [35], überführt in das Bewertungsschema nach VDI 2225, erweitert um Festigkeits- und wirtschaftliche Faktoren.

	SL	PJM/ MJM	3DP	FLM	LS	LBM	EBM	DED	CS	LLM
Vergleichende Bewertung										
Mechanische Eigenschaften	1	1	0	3	4	4	4	4	4	1
insbesondere Festigkeit (Kunststoff) vertikal	4	2	1	2	2					0
insbesondere Festigkeit (Kunststoff) horizontal	3	4	0	2	2					4
Thermische Eigenschaften	1	1	1	4	4	4	4	4	4	2
Chemische Eigenschaften	2	0	0	4	4	4	4	4	4	0
Genauigkeit	4	3	2	1	3	3	3	1	2	2
Oberflächenqualität	4	4	2	1	2	2	2	1	2	1
Bearbeitbarkeit	2	3	2	2	3	4	4	4	3	2
Werkstoffauswahl	1	1	3	3	3	3	2	3	3	3
Multimaterialfähigkeit	0	4	0	4	2	2	2	4	4	0
Stützstrukturen	0	0	4	0	4	0	0	2	0	4
Kammergebundenheit	4	4	4	0	4	4	4	0	0	4
Mögliche Stückzahl pro Jahr (Hopkinson 2003)	2			0	4					
Anlagenkosten (Hopkinson 2003) in EUR	0			4	3					
Wartungskosten (Hopkinson 2003) in EUR	0			4	3					
Rüstzeit (Hopkinson 2003) in min	3			4	0					

Punktbewertung nach VDI 2225: 4: sehr gut, 3: gut, 2: ausreichend, 1: gerade noch tragbar, 0: unbefriedigend

Pulverbasiert

Abkürzungen: SL - Stereolithografie, PJM/MJM: PolyJet/MultiJet Modeling, 3DP - 3D Printing, FLM - Fused Layer Modelling, LS - Lasersintern, LBM - Laser Beam Melting, EBM - Electron Beam Melting, DED - Direct Energy Deposition, CS - Cold Spray, LLM - Layer Laminated Manufacturing

Unter möglichen Kompromissen bei Oberflächenqualität und Genauigkeit ist das **FLM**-Verfahren insgesamt breit einsetzbar, da im Vergleich zu den anderen Verfahren gute bis sehr gute Bauteileigenschaften (mechanisch, thermisch, chemisch) bei gleichzeitig hoher Materialauswahl und sehr guter Multimaterialfähigkeit erzielbar sind. Der Anwendungszweck ist, bedingt durch den sequenziellen Materialauftrag etwa im Vergleich zum SL-Maskenprojektionsverfahren, auf geringere Stückzahlen beschränkt.

Zur systematischen Prozessauswahl unter Unternehmensanforderungen besteht bereits eine große Vielfalt an Verfahren. Da eine rein wirtschaftliche Auswahl selbst nicht Teil dieser Arbeit ist, sondern diese vorrangig auf strukturmechanisch vorteilhafte AM-Bauteile abzielt, wird lediglich darauf verwiesen [35]. Das Vorgehen nach BYUN et al. [41] kann als beispielhaftes Auswahlverfahren mit den Kriterien Genauigkeit, Rauheit, Festigkeit, Steifigkeit, Bauteilkosten und Bauzeit genannt werden.

2.1.1.5 Eignung verschiedener AM-Verfahren für die Herstellung von Faserverbundbauteilen

AM-Fertigungsverfahren gehen häufig mit Kompromissen in den mechanischen Bauteileigenschaften gegenüber konventionellen Fertigungsverfahren einher [7]. Eine Möglichkeit, die mechanischen Eigenschaften auf ein vergleichbares Niveau zu heben, ist die Nutzung von Faserverstärkung [42–44] in sogenannten „3D printed composites“ [43]. Ganz allgemein erlauben FKV hohe spezifische Festigkeit und Steifigkeit und eignen sich sehr gut für freie Formgestaltung, Einzelstücke und Kleinstserien [15]. Der Einsatz dieser Werkstoffe in additiven Fertigungsverfahren wird intensiv in Kapitel 2.2.2 diskutiert. Geeignete Verfahren für die Herstellung von AM-FKV-Bauteilen sind insbesondere Extrusionsverfahren wie FLM, siehe oben, sowie LOM, SL und LS [42]. Diese werden im Folgenden aufbauend auf den bisherigen Darstellungen um den FKV-Kontext ergänzt.

FLM

Im FLM-Verfahren werden sowohl Kurzfasern als auch Endlosfasern eingesetzt [42; 43]. Am grundsätzlichen FLM-Aufbau (Bild 2.4) ändert sich bei kurzfaserverstärktem Material wenig, es werden lediglich das Ausgangsmaterial, die Düse (gehärteter Stahl statt z. B. Messing gegen die Abrasivität der Kurzfasern) und Prozessparameter (zum Beispiel Betttemperatur zur Erhöhung der Druckbetthaftung) angepasst. Bei endlosfaserverstärktem Material sind größere Anpassungen vonnöten, zum Beispiel ein Mischbehälter im Extrusionskopf, in welchem Endlosfasern und die Matrix zusammengeführt werden; oder Zweifachdüsen (dual nozzles), bei denen eine

Düse für die Zuführung von unverstärktem Filament (zum Beispiel Nylon) und die andere für die Zuführung von vorbehandelten Endlosfasern dient [43] (wie zum Beispiel im Markforged Mark Two [45]).

Faserverstärkung im FLM-Verfahren erzeugt sehr gute mechanische Eigenschaften. Beispielsweise wurde eine deutliche Erhöhung der Zugfestigkeit von in Belastungsrichtung gedruckten Zugstäben gemessen. Unverstärktes PLA hatte eine Zugfestigkeit von lediglich 28 MPa. Durch Einbringung von Kurzkohlefasern wurde diese auf 80 MPa gesteigert. Endlosfaserverstärkung erhöhte die Zugfestigkeit weiter auf 91 MPa. [46] Der Vorteil von Kurzfaserverstärkung wurde auch anderweitig festgestellt:

- Durch den Einsatz von Kurzfasern wird der thermische Verzug der Extrusionsstränge vermindert, was wiederum die Ausbildung der charakteristischen dreieckigen Leerstellen zwischen den Extrusionssträngen und Schichten vermindert und bessere Steifigkeit und Festigkeit bedingt [42; 47]. Gegenläufig für die Festigkeit ist jedoch der Effekt, dass durch Einbringen von Kurzfasern mehr Leerstellen *innerhalb* der Extrusionsstränge entstehen [42]. Weitere Studien bestätigen die deutliche Verbesserung der Steifigkeits- und Festigkeitseigenschaften:
  - Im FLM-Verfahren gedrucktes glasfaserverstärktes Polypropylen (30 Gewichtsprozent GRPP) erreichte eine E-Modul-Erhöhung um 30 % und eine Festigkeitserhöhung um 40 % gegenüber unverstärktem PP [48].
  - Unter Verwendung von ABS mit VGCFs (vapor grown carbon fibre, vergleiche dazu [49]) beziehungsweise ABS mit SWNT (single wall (carbon) nano tubes) wurden bereits bei fünf Gewichtsprozent eine 18 % (VGCF) bzw. 31 % (SWNT) höhere Zugfestigkeit bei dafür deutlich geringerer Bruchdehnung gegenüber unverstärktem ABS erreicht [50].
  - Mit noch spezielleren Materialkombinationen, zum Beispiel ABS mit TLCP (Thermotropic Liquid Crystalline Polymers) als Füllstoff für bessere Länge-Dicke-Verhältnisse als bei konventionellen Kurzfasern konnten Steifigkeits- und Festigkeitssteigerungen bei 40 Gewichtsprozent TLCP um 100 % bzw. 150 % gegenüber unverstärktem ABS erreicht werden [51].
  - Eine übliche Kombination ist Kohlefaser mit ABS (ABS-CF). Bei 30 Gewichtsprozent konnten Festigkeits- bzw. Steifigkeitssteigerungen von 115 % bzw. 700 % gegenüber unverstärktem Material erreicht werden [52].
- Höhere Kohlefaser-Anteile im Material erhöhen auch bei FLM die Temperaturstabilität des gefertigten Bauteils [42].

Die gezielte Ausrichtung der Kurzfasern im FLM-Verfahren, welche die Steifigkeits- und Festigkeitssteigerung verursacht und die so gesteigerte Richtungsabhängigkeit werden in Kapitel 2.2.2 detailliert erläutert.

LOM: Das LOM-Verfahren (Kapitel 2.1.1.3) basiert auf dem Ausschneiden von 2D-Querschnitten aus diversen Ausgangsmaterialien (Papier, Metall, Kunststoff, Textil, Composites). Diese werden sequenziell laminiert. Das Verfahren wurde beispielsweise mit unidirektionalen (UD) Endlosfaserzuschnitten mit 52 bis 55 Faservolumenanteil angewendet [42; 53]. Vorteilhaft sind der hohe Faservolumenanteil, wenig Leerstellen und gute Zwischenschichtenhaftung; als nachteilig können die Notwendigkeit nachträglicher Verdichtung und die relativ geringe Genauigkeit der erzeugten Bauteilhöhe (etwa durch die Verdichtung im Vakuumsack) genannt werden [54]. Zudem ist beim Einsatz von FKV die lokale Ausrichtung der Faserorientierung durch die verwendeten Ausgangsmaterialien wie z. B. Prepregs beschränkt.

SL: Auch im SL-Verfahren gefertigte Bauteile profitieren in ihren mechanischen Eigenschaften von Faserverstärkung [42]. Jedoch ist der Einsatz von Endlosfasern aufgrund der (ohne Modifikation) resultierenden Zufälligkeit der lokalen Faserorientierung schwierig. Zudem brechen Endlosfasern während des Mischens des Harzes, wodurch unterschiedliche Faserlängen entstehen. Die resultierende Verbesserungsmöglichkeit der Bauteileigenschaften ist daher begrenzt. [42; 55] Multi-Wall Carbon Nanotubes (MWNT) als Füllmaterial wurden unter Einsatz von Ultraschall und mechanischem Mischen erfolgreich eingesetzt und führten zu 5,7 % Erhöhung der Zugfestigkeit bei 0,025 Gewichtsprozent MWNT [56]. Kohlefaser wurde ebenfalls eingesetzt, ist jedoch für UV-Licht undurchlässig [42] und führt so zu unausgehärteten Regionen im Bauteil. Glasfaserverstärkung ist hingegen aufgrund der UV-Lichtdurchlässigkeit sinnvoll und erhöhte unter Verwendung von Wirrglasfasermatten die Zugfestigkeit um 36 % und die Steifigkeit um 11 % [42; 57; 58]. Für gezielte Faserausrichtung wurde Ultraschall eingesetzt [59].

LS: Lasersintern erlaubt die Verwendung von Wachs, Keramik, Metallen und Polymeren wie auch Composites [42]. Unter Einsatz von Polyamid 12 (PA12) mit 0,5 Gewichtsprozent Carbon Nanotubes (CNT), PA12-CNT, wurde beispielsweise eine um 10,9 % höhere Biegesteifigkeit und ein um 54 % höherer E-Modul gegenüber unverstärktem PA12 gemessen [60]. Unter Einsatz von Kohlefasern wurden Biegefestigkeit und Biegemodul um 114 % bzw. 243,4 % ebenfalls gegenüber unverstärktem PA12 erhöht [61].

Fazit

Unter den prinzipiell FKV-geeigneten Verfahren FLM, LOM, SL und LS erscheint besonders das FLM-Verfahren vorteilhaft. Das LOM-Verfahren bringt Beschränkungen der Freiheit der lokalen Faserausrichtung sowie eine geringe Maßhaltigkeit in Höhenrichtung mit sich. Das SL-Verfahren, insbesondere mit Kohlefasern, weist unausgehärtete Bereiche und Faserbruch von Endlosfasern während des Mischens auf. Faserverstärkung im LS zeigt zwar ebenfalls eine Verbesserung von Steifigkeit und Festigkeit durch die Einbringung von Kohlefasern, jedoch ist der Prozess verglichen mit FLM aufwändig und eine gezielte Ausrichtung der Fasern im Pulver ist nicht möglich. FLM hingegen weist zwar ebenfalls Nachteile wie schlechtere Oberflächenqualität auf, jedoch erlaubt das Verfahren mit nur geringen Anpassungen gegenüber unverstärktem Material eine gezielte Ausrichtung der Fasern durch Extrusionspfadorientierung und damit eine weitgehendere Ausschöpfung des FKV-Leichtbaupotenzials. Nach den folgenden Betrachtungen des DfAM und aktuellen AM-Standards wird FLM im Speziellen daher in Kapitel 2.2 eingehend beleuchtet und im neuen DfAM-Ansatz herangezogen.

2.1.2 Design for Additive Manufacturing (DfAM)

Die Ausschöpfung des Potenzials additiver Fertigung mit und ohne Faserverstärkung erfordert spezielle Konstruktionsmethoden – Design for Additive Manufacturing (DfAM). DfAM wird in der Literatur unterschiedlich definiert:

> *„maximize product performance through the synthesis of shapes, sizes, hierarchical structures and material compositions, subject to the capabilities of AM technologies"* [62]

> *„DFAM [sic] is a set of methods and tools that help designers take into account the specificities of AM (technological, geometrical, etc.) during the design stage."* [13]

> *„Design for Additive Manufacturing (DfAM) bezeichnet Methoden und Hilfsmittel, die den gesamten methodischen Konstruktionsprozess betreffen können und als Unterstützung bei der Identifikation und Nutzung AM-spezifischer konstruktiver Möglichkeiten sowie bei der Umsetzung unter Berücksichtigung AM-spezifischer Restriktionen dienen."* [35]

Nach BOOTH [63] gliedern sich die bisherigen Arbeiten für DfAM in drei Bereiche:

- *Design methods („Wie kann AM Teil des Designprozesses sein?")*
- *AM technologies („Wie kann AM noch leistungsfähiger gemacht werden?") und*
- *DfAM guidelines („Welche Besonderheiten müssen beim Design additiv zu fertigender Bauteile berücksichtigt werden?").*

Eine weitere Untergliederung nehmen LAVERNE [13] und auch KUMKE [35] vor, die DfAM-Methoden in drei grundsätzliche Kategorien unterteilen:

- **Opportunistische Methoden:** Ausnutzung geometrischer und Materialfreiheiten
- **Restriktive Methoden:** Berücksichtigung von Einschränkungen von AM und
- **Duale** [13] oder „kombinierte" [35] Methoden: Kombinationen aus opportunistischen und restriktiven Methoden.

Eine weitere Unterteilung erfolgt in DfAM für Komponenten und Baugruppen [13]. Bild 2.5 gibt eine Übersicht über Untergliederungen von DfAM.

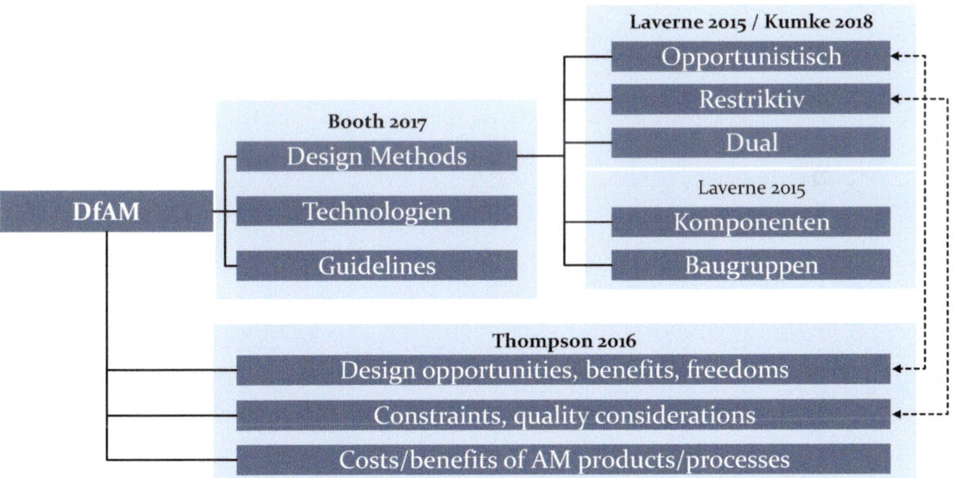

Bild 2.5: Einordnungsmöglichkeiten von DfAM-Teilbereichen.

Eine direkte Auflistung von Gestaltungsmöglichkeiten und -beschränkungen enthält der Entwurf in der Norm [64]. THOMPSON et al. [2] hingegen unterteilen in „Design opportunities, benefits, and freedoms of AM", „Constraints and quality considerations in Design for AM" und „Costs and benefits of AM products and processes". Um dem Ziel der Arbeit – einem konstruktionstechnischen Ansatz zur Auslegung kraftflussgerechter Faserverbundbauteile – Rechnung zu tragen, wird letztere Unterteilung im Folgenden genutzt, da diese weniger einen methodischen Gesamtüberblick als vielmehr konstruktionsbezogene Chancen und Notwendigkeiten fokussiert. Die folgende Übersicht zeigt Ansätze aus dem Stand der Technik für das DfAM in verschiedenen Unterkategorien: zunächst Ansätze zur Nutzung der Möglichkeiten durch AM (Kapitel 2.1.2.1), anschließend der Umgang mit verfahrensbedingten Einschränkungen (Kapitel 2.1.2.2) und abschließend Zielkriterien von DfAM (Kapitel 2.1.2.3). Prozessparameter und Produktmerkmale, die zu deren Erfüllung nötig sind, werden vorgestellt.

2.1.2.1 Designbezogene Chancen, Vorteile und Möglichkeiten durch Additive Fertigung

Die in der Literatur meistgenannten designbezogenen Chancen durch AM liegen in der **Gestaltungsfreiheit**, der sogenannten „shape complexity“ [65], ausgeführt in den Quellen [2; 13; 63; 64; 66–71]. Die Gestaltungsfreiheit erlaubt beispielsweise die Ausnutzung von Leichtbaupotential, höhere Effizienz der Produkte, verbesserte Funktionalität und Vereinfachung von Wartung und Produktion [69]. Deren Anwendung geht dabei von allgemeiner geometrischer Form (z. B. für individualisierte Prothesen) [66] über bionische Strukturen [13; 66; 68; 69], z. B. die Nachbildung einer Fischhaut als Oberflächenstruktur, die gleichzeitig schützt und flexibel ist, bis hin zur Freiheit in der Materialauswahl. So bieten AM-Verfahren bereits jetzt eine relativ große Vielfalt an Materialien sowie die Möglichkeit lokal gezielten Einsatzes [2; 13; 64–68; 70], verfahrensabhängig auch die Möglichkeit der Umsetzung von Multimaterial-(Hybrid-)Strukturen [2; 71], die Generierung neuer Verbundmaterialien [2; 66; 67; 69] oder den Einsatz gradierter Materialien (Functionally Graded Materials, FGM) [2]. So lassen sich beispielsweise last- oder temperaturangepasste Materialeinsätze bzw. -kombinationen ermöglichen [2; 65; 66; 71]. Typische Ansätze [66] zur Umsetzung von lastadaptiven Strukturen sind *Bottom-Up*, durch Wiederholung von Einheitszellen, etwa von Latticestrukturen, Bild 2.6a; und *Top-Down* zum Beispiel durch Topologieoptimierung, Bild 2.6b [2; 13; 65].

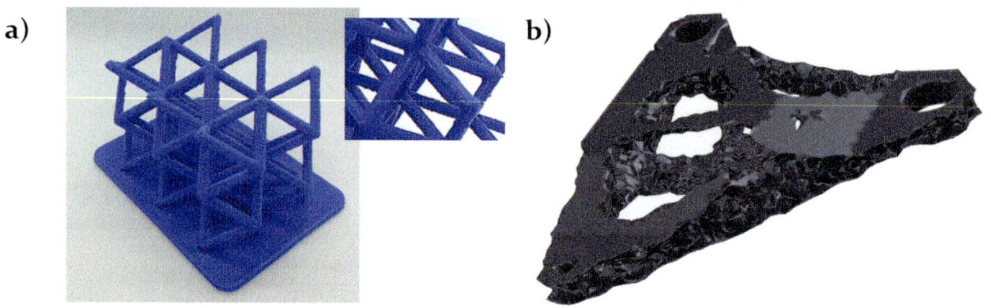

Bild 2.6: a) Latticestruktur, erzeugt mit Siemens NX [72] und gedruckt mittels FLM, b) Topologieoptimierte Struktur.

AM ermöglicht diese Gestaltungsfreiheit unter bestimmten Bedingungen auch zu wettbewerbsfähigen Kosten [66]. Die erzielbare **Montagefreiheit** macht ebenfalls einen bedeutenden Teil der Chancen durch AM aus [2; 64–66]. Diese erstreckt sich von direkt druckbaren Mechanismen [66] über Selbstzusammenbau (Self-assembly) [66], z. B. mittels elastischer Mechanismen oder Wasseraufnahme [64] bis hin zur Bauteil- und Produktkonsolidierung [13; 64; 67–69] und damit dem gesamten Entfall der Montage. AM kann so zur Reduktion der „hierarchischen Komplexität" [65] beitragen, indem beispielsweise die geometrische Form komplizierter wird. Dadurch grenzt sich DfAM vom traditionellen Design for Manufacturing and Assembly (DFMA) [67; 73] ab, welches eine höhere hierarchische Komplexität – mehr Bauteile und -gruppen – zur Anpassung an die Limitationen der Fertigung und Kosteneinsparung als Lösung akzeptieren kann. **Funktionsintegration** durch AM zur Reduktion der funktionalen Komplexität [63; 65; 71] erfolgt beispielsweise durch die Integration fremder Komponenten wie Sensoren [74] oder Energieerzeugung und den direkten Druck von Schaltkreisen, Sensoren und Batterien [66]. So entstehen neue Möglichkeiten, Nutzungsdaten von Kunden im Rahmen des Usage Data Supported Design zu nutzen [74]. **Visuelle und haptische Merkmale** können mittels AM direkt umgesetzt werden, so zum Beispiel durch Farbwahl [2], Spezialeffekte wie Schatten [66; 68], Montagemerkmale [64] oder rein die Ästhetik verbessernde Design-Elemente [2; 67]. Haptische Elemente betreffen beispielsweise Oberflächenstrukturen [2; 68]. DfAM kann zudem zu erhöhter **Nachhaltigkeit** beitragen, durch Ressourceneffizienz in Produktion und Nutzung, veränderte Wertschöpfungskette mit kürzeren Lieferwegen, einfachere Zulieferketten, lokale Produktion und innovative Verteilungswege. Auch Upcycling, das heißt die Verwendung von vermeintlichen Abfallprodukten, ist möglich. So wurde beispielsweise Sägemehl als Füllstoff in Holz-Kunststoff-Verbundstrukturen für Uhren eingesetzt [69]. Wird auf gute Reparier- bzw. Überholbarkeit geachtet, kann das Produktleben verlängert werden [71].

2.1.2.2 Einschränkungen durch AM und Qualitätserwägungen in der additiven Fertigung

Einschränkungen, die mit additiven Fertigungsverfahren in der Produktentwicklung einhergehen, betreffen hauptsächlich erzielbare Stückzahlen, prozessabhängige Einschränkungen, Baugröße, unzureichende Rechnerunterstützung, besondere Materialeigenschaften (wie Anisotropie), Nachhaltigkeit, Qualifikation/Testing und Regulation. Diese Kategorien werden im Folgenden als Grundlage für die späteren Detailausführungen zum Ansatz beleuchtet.

Erzielbare Stückzahlen: Die individuelle Fertigung erlaubt neue Gestaltungsfreiheiten und Wertschöpfungsmöglichkeiten [2; 63; 66], jedoch geht dies aktuell verfahrensabhängig meist mit langen Fertigungszeiten je Produkt einher, wodurch die erzielbare Stückzahl pro Zeitraum eingeschränkt wird [2; 67; 71]. Dadurch eignen sich AM-Bauteile tendenziell für kleine Stückzahlen.

Nachhaltigkeit: Zugleich erlaubt die individuelle Fertigung bzw. Fertigung auf Abruf („make-to-order") die Vermeidung unnötigen Abfalls. Die Herstellung mancher Ausgangswerkstoffe ist hingegen energieintensiv, das Recycling der Endprodukte teilweise schwierig, Materialien können teils giftig sein [69]. Auch kann sich die Wartung und Reparatur bei hochintegrierten Bauteilen aufwändig gestalten [2]. Für ganzheitliches DfAM sollten Nachhaltigkeitsaspekte ebenso berücksichtigt werden.

Prozessabhängige Einschränkungen: Der Prozess und die Umgebung – insbesondere thermische, chemische und Strahlungseinflüsse – besitzen bei AM hohen Einfluss auf die Bauteileigenschaften [64].

Baugröße: Durch den schichtweisen Aufbau von AM-Bauteilen skaliert die Baugröße, gerade bei kleinen Bauteilen mit feinen Details, mit der Schichtauflösung [64; 66], was die erzielbare Größe von AM-Bauteilen einschränkt. Eine weitere Schwierigkeit ist die beschränkte Bauraumgröße der AM-Maschine [63; 69; 70].

Qualifikation/Testing und Regulierung: Unzureichende Standardisierung und die zugleich hohe Maschinen-, Material- und Prozessvielfalt erschweren die Erstellung umfassender Designprinzipien, Richtlinien für die einzelnen Herstellungsprozesse und die Standardisierung von Best Practices [66]. Für sicherheitskritische Produkte mit hohen Regulierungsanforderungen stellen einerseits die erhöhten Qualitätsschwankungen vieler AM-Prozesse, andererseits die geringe technische Erfahrung mit AM-Maschinen und -Produkten und deren Verhalten ein Hindernis dar [2].

Materialeigenschaften (insbesondere Anisotropie): Die vielfältigen, durch AM erzielbaren Materialeigenschaften stellen neue Anforderungen an DfAM-Methoden, um den großen Designraum hinreichend zu erkunden [6]. Eine Besonderheit vieler AM-Prozesse ist die Anisotropie der Bauteileigenschaften [64; 66]. Diese resultiert beispielsweise aus der Bauteilorientierung auf der Bauplattform [63] oder direkt aus dem Prozess, mit besonders ausgeprägter Richtungsabhängigkeit beim FLM-Verfahren, zum Beispiel [36; 75; 76]. Auf dieses wird in Kapitel 2.2.2 detailliert eingegangen.

Unzureichende Rechnerunterstützung: Unzureichende Rechnerunterstützung ist ein wesentliches Hindernis gegen AM-gerechte Konstruktionen [2; 65; 66]. Zugleich stellen die Designfreiheiten durch AM hohe Anforderungen an Produktentwickelnde [64]. Eine umfassende Rechnerlösung könnte dabei unterstützen, die Vielzahl an Formelementen [6] zielgerichtet einzusetzen, verschiedene Materialkombinationen zu repräsentieren und deren mechanische Eigenschaften abzuleiten. Weiterhin könnten Prozesseinschränkungen berücksichtigt werden, um Herstellbarkeit des konstruierten Produktes sicherzustellen [6]. Auch wissensbasierte Feature-Datenbanken wurden erforscht [68]. Eine Herausforderung bei der Rechnerunterstützung ist einerseits die Abbildung sehr vieler Informationen, andererseits die Erfordernis nach hochqualitativen Modellen [2]. Dabei spielen besonders passende Datenformate eine Rolle, die in der Geometriedarstellung bisher durchgehend auf „Gittern" (Triangulation) basieren [64; 66], etwa die Formate STL (Standard Triangulation/Tesselation Language), AMF (Additive Manufacturing File, EN ISO/ASTM 52915: 2017 [77]) und Wavefront OBJ (OBJ ist die Dateiendung). Durch die triangulierte Geometriedarstellung ist eine ausreichend hohe Auflösung für die akkurate Darstellung der Modelle sehr wichtig, ebenso eine „wasserdichte", das heißt lückenlose Oberflächengeometrie [64]. Das AMF-Datenformat (und teils auch OBJ) bietet gegenüber STL den Vorteil, neben der reinen Geometriespezifikation auch Werkstoffspezifikationen, Farben-, Textur-, Baugruppenspezifikationen sowie Metadaten zu übermitteln. Der gesteigerte Informationsinhalt erfordert jedoch zugleich die Berücksichtigung der Gefährdung von geistigem Eigentum durch CAE-Datenaustausch, da AM-Daten beispielsweise im Amateurbereich auf frei zugänglichen Repositories bereitgestellt werden. Hierzu wurden bereits spezielle Verschlüsselungstechniken entwickelt. [66; 69]

2.1.2.3 Typische Zielkriterien und Prozessattribute von AM

Als Grundlage für den in Kapitel 3 folgenden Ansatz zur kraftflussgerechten Auslegung von additiv gefertigten FLM-Bauteilen werden im Folgenden typische Zielkriterien von AM vorgestellt. Diese werden in der Literatur als Qualitätsmerkmale angesehen. Sie sind teilweise einander widersprechend und bilden das Spannungsfeld, in welchem der Ansatz die Chancen durch AM (voriges Kapitel 2.1.2.1) nutzen soll, unter möglichst guter Berücksichtigung der Einschränkungen und Herausforderungen (Kapitel 2.1.2.2). Eine Übersicht über die Zielkriterien und damit verbundene Prozessattribute oder Produktmerkmale, die für deren Erfüllung relevant sind, gibt Tabelle 2.4.

Tabelle 2.4: AM-Zielkriterien und Prozessattribute, Anpassung von Produktmerkmalen.

Zielkriterium	Prozessattribute / Anpassung von Produktmerkmalen
Bauzeit [66; 70; 71]	Aufdicken/Reduzierung der Dicke der Außenkontur, Aushöhlen [63; 64; 66] Einsatz von Bauzeitmodellen: Einprozessmodelle, generische und parametrische Modelle auf Basis historischer Daten [2]
Schichtauflösung [64; 66]	Slicing-Optimierung (z. B. konturadaptive Schichthöhe) [66]
Mindestmerkmalgröße und -abstand [64; 70]	Berücksichtigung des kleinsten, durch den AM-Prozess herstellbaren Merkmals
Oberflächenqualität [64; 66; 67; 70]	Abweichungen von Nominalgeometrie / Oberflächenrauheit des Produkts
Stütz- und Ankerstrukturen [63; 64; 66; 69; 78]	Generierung von Supportstrukturen [66; 78] Vermeidung zu kleiner Öffnungen [63] oder geschlossener Hohlräume [70], um Support entfernen zu können Kurze Überhänge [63] Stützstruktur ist Abfall und sollte vermieden werden durch Druckrichtungsoptimierung [2; 69; 78]
Postprocessing (Auswaschen, Polieren, etc.) [36; 64; 66; 79]	Notwendigkeit und Automatisierbarkeit von Nachbearbeitung
Materialanforderungen [64; 67]	Berücksichtigung von Zugfestigkeit, Biegefestigkeit, Schlagzähigkeit, Druck, Schub, Ermüdung, Kriechen [64] sowie von thermischen Eigenschaften, elektrischen Eigenschaften, sonstigen Eigenschaften (z.B. Flammbarkeit) [64]
Nachhaltigkeit [2]	▪ Materialreduktion [64] ▪ Recycling und Wiederverwendung [64] ▪ Analyse von Eingangs-/Abfallstrom [64] ▪ Energie-, Wasserverbrauch ▪ CO_2-Fußabdruck

Zielkriterium	Prozessattribute / Anpassung von Produktmerkmalen
	▪ Lebensdauerauswirkung: Abwägung längerer Lebensdauer gegen höhere Vorabaufwände durch AM [64]
Kosten [2; 64]	▪ Additiv-, Gesamt-, Vorlaufkosten ▪ Material, Auftragsmenge ▪ Zeitaufwand ▪ Maschinennutzung ▪ Nachbearbeitung ▪ Abfallentsorgung ▪ Inspektion ▪ Arbeitskräfte ▪ Verpackung ▪ Lieferketten-/Unternehmensebene

Der ab Kapitel 3 vorgestellte Ansatz zielt dabei vor allem auf die Zielkriterien Materialanforderungen, Mindestmerkmalgröße, Schichtauflösung und Bauzeit ab. Dies liegt am konstruktionstechnischen Fokus des Ansatzes: Der verwendete Werkstoff (Materialanforderungen) beeinflusst Bauteileigenschaften direkt. Die Mindestmerkmalgröße ist besonders in der Topologieoptimierung relevant, wobei größere Querschnitte häufig einfacher fertigbar sind, aber dadurch weniger Optimierungspotenzial ausgenutzt wird. Oberflächenqualität wird angesichts der Einschränkungen des für FKV gut geeigneten FLM-Verfahrens (Rillen auf der Oberfläche) zurückgestellt. Postprocessing entfällt bis auf das Entfernen der Stützstruktur hier weitgehend, da endkonturnah gefertigt werden soll. Bauzeit als Kriterium ist durch die Anordnung von Extrusionspfaden implizit immer enthalten. Schichtauflösung wird in der Diskretisierung des Bauraums abgebildet, so kann der Einfluss auf Steifigkeits- und Festigkeitseigenschaften [80] genutzt werden.

2.1.3 Standards und Normen

Mit zunehmendem Marktwachstum von AM-Technologien und überwiegend zweistelligen Wachstumsraten in den letzten drei Jahrzehnten von AM-Produkten und AM-Dienstleistungen [4] sowie der breiteren Adaption kam auch die Notwendigkeit zur Normung von AM-Terminologie, -Verfahren, -Datenformaten usw. auf, die von verschiedenen internationalen und nationalen Organisationen vorangetrieben wurde [17]. Im Folgenden werden die wesentlichen Standards und Normen zusammengefasst. Für die verhältnismäßig junge Technologie mit ersten erfolgreichen Machbarkeitsstudien in den 1960er- und 70er-Jahren [2] ist auch die Normung noch nicht so weit fortgeschritten wie bei konventionellen Fertigungsverfahren. Das National Institute of Standards and Technology (NIST) hielt 1997 und 2013 Workshops zur Anforderungserhebung an die Normung von AM ab. In diesem Umfeld wurden von der International Organization for Standardization (ISO) und ASTM International (früher American Society for Testing and Materials) parallel Normungsversuche unternommen [17]. Gleichzeitig entstanden nationale Normen, z.B. in Frankreich, Spanien und die VDI/DIN-Normen in Deutschland; u.a. die mittlerweile zurückgezogene VDI 3404 „Additive Fertigung - Grundlagen, Begriffe, Verfahrensbeschreibungen" [81], die durch die VDI 3405 [8] ersetzt wurde. Im Juli 2013 wurde die Kooperation zwischen den AM-Arbeitsgruppen ASTM F42 und ISO/TC 261 vereinbart, woraus bis heute mehrere gemeinsame Normen und Normentwürfe hervorgegangen sind. Die darin abgedeckten Anwendungsbereiche zeigt überblickshaft Tabelle 2.5.

Tabelle 2.5: AM-Normen: Anwendungsbereiche, Organisationen, Arbeitsgruppen und Standards in der Übersicht, Stand Februar 2021.

Anwendungsbereich	Organisation(en)	Arbeitsgruppe(n)	Norm(en) (ASTM International 2019; ISO/TC261 2019)
Terminologie	ASTM	F42.91	
	ISO	TC 261/WG1	
	ISO/ASTM	ISO/TC 261/JG 51	ISO/ASTM 52900:2015 ISO/ASTM 52900:2018 (Entwurf = Entw.)
			ISO/ASTM 52921:2013
			ISO/ASTM DIS 52900 (Entw.)
Testmethoden	ASTM	F42.01	F2971
	ISO	TC 261/WG3	ISO 17296-3:2014
			ISO 27547-1:2010
	ISO/ASTM	ISO/TC 261/JG 52	ISO/ASTM 52902:2019
			ISO/ASTM CD TR 52906 (Entw.)
			ISO/ASTM 52907:2018 (Entw.)
			ISO/ASTM DIS 52941 (Entw.)

Anwendungsbereich	**Organisation(en)**	**Arbeitsgruppe(n)**	**Norm(en) (ASTM International 2019; ISO/TC261 2019)**
Design	ASTM	F42.04	
	ISO	TC 261/WG4	
	ISO/ASTM	ISO/TC 261/JG 54	ISO/ASTM 52910:2018
			ISO/ASTM TR 52912:2020
Materialien und Prozesse	ASTM	F42.05	F3122
			F3091/F3091M
			F3187
			F3301
	ISO	TC 261/WG2	ISO 17296-2:2015
	ISO/ASTM	ISO/TC 261/JG 57	ISO/ASTM 52904:2019
			ISO/ASTM 52911-1:2019
			ISO/ASTM CD 52903-1 (zurückgezogen = zg.), 52903-2:2021, 52903-3 (zg.)
			ISO/ASTM AWI 52908 (zg.)
			ISO/ASTM AWI 52909 (Entw.)
			ISO/ASTM 52911-2
Strategische Planung	ASTM	F42.94	
Umwelt, Gesundheit und Sicherheit	ISO	TC 261/WG6	
	ISO/ASTM		ISO/ASTM AWI 52931 (Entw.)
			ISO/ASTM WD 52932 (Entw.)
Data Processing	ASTM		ISO 17296-4:2014 (zg.)
	ISO	TC 261/WG4	
	ISO/ASTM	ISO/TC 261/JG 64	ISO/ASTM DIS 52915
			ISO/ASTM WD 52916 (Entw.)

Anwendungsbereich	Organisation(en)	Arbeitsgruppe(n)	Norm(en) (ASTM International 2019; ISO/TC261 2019)
			ISO/ASTM CD TR 52918 (Entw.)
Generelle Prinzipien	ISO/ASTM		ISO/ASTM 52901:2017
			ISO/ASTM 52915:2016
			ISO/ASTM DTR 52905 (zg.)
			ISO/ASTM DIS 52921 (Entw.)
			ISO/ASTM DIS 52950 (zg.)
Qualifikationsprinzipien	ISO/ASTM		ISO/ASTM CD 52924 (Entw.)
			ISO/ASTM WD 52925 (Entw.)
			ISO/ASTM DIS 52942 (zg.)

Die hohe Entwicklungsdynamik zeigt sich auch in der Vielzahl an Normentwürfen und zurückgezogenen Normen/Normentwürfen im Vergleich zu bestehenden Normen. Besonders relevante Normen für die vorliegende Arbeit werden im Folgenden kurz aufgeführt:

- In DIN EN ISO/ASTM 52900:2017 ist die **Terminologie** für die Additive Fertigung in Form einer beschreibenden Wortliste genormt [82]. Diese Arbeit verwendet die dort festgelegten Begrifflichkeiten.
- DIN EN ISO 17296:3 behandelt „**Haupteigenschaften**" [29], wie z. B. Oberflächenstruktur, Toleranzen und Zugfestigkeit sowie entsprechende Prüfverfahren, die in Form von Prüfnormempfehlungen dargestellt sind. Zur Qualitätsbeurteilung werden diese, soweit anwendbar, hier aufgegriffen.
- ISO/ASTM 52910:2018 [64] ist noch ein Entwurf, behandelt jedoch bereits detailliert AM-**Gestaltungsmöglichkeiten**, Gestaltungsbeschränkungen und -erwägungen und wurde daher als einer der Ausgangspunkte für Kapitel 2.1.2 (DfAM) herangezogen.
- Die VDI-Richtlinie 3405 [8] beinhaltet Grundlagen, Begriffe und Verfahrensbeschreibungen additiver **Fertigungsverfahren** und bildete die Basis für die Einführung der additiven Fertigungsverfahren in Kapitel 2.1.1.

2.2 FLM mit kurzfaserverstärktem Filament

In Kapitel 2.1.1.4 und 2.1.1.5 wurde die Eignung von FLM für kraftflussgerechte FKV-Bauteile im Vergleich zu den Alternativen beleuchtet. Insbesondere geeignet erscheint das Verfahren aufgrund seiner hohen Materialvielfalt, welche gerade im Vergleich zu LOM, SL und LS den zielgerichteten Einsatz und das kontrollierte Ausrichten anisotroper Werkstoffe erlaubt. Zudem werden Schwachstellen der anderen Verfahren wie aufwändige Anpassung, Maßhaltigkeit in Höhenrichtung und mangelnde lokale Aushärtung vermieden. Steifigkeit und Festigkeit wurden im Vergleich zu den anderen Verfahren durch Faserverstärkung bei FLM überproportional erhöht.

Da diese Arbeit auf eine Ausnutzung dieser Charakteristika abzielt, erfolgt eine vertiefte Betrachtung des FLM-Verfahrens unter Einsatz von FKV mit folgenden Schwerpunkten: wichtigste Prozessparameter (Kapitel 2.2.1), ein Überblick über kunststofftechnische Eigenschaften der verwendeten Materialien und Abgrenzung besonders geeigneter Faser-Matrix-Kombinationen (Kapitel 2.2.2) sowie abschließend eine Zusammenfassung bisheriger Verfahren zur Pfadgenerierung (Kapitel 2.2.3).

2.2.1 Wichtigste Parameter im Preprocessing, Processing und Postprocessing sowie aktuelle Herausforderungen

Eine Übersicht über die wichtigsten FLM-Parameter in Anlehnung an die Parameterübersicht von KABIR [43] gibt Bild 2.7.

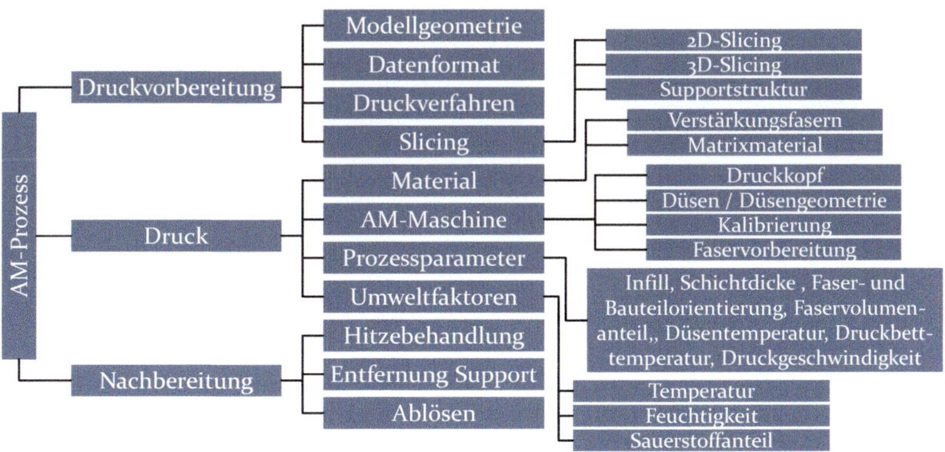

Bild 2.7: Wichtigste AM-Prozessparameter, übertragen auf das FLM-Verfahren mit kurzfaserverstärktem Filament aus den Parametern für endlosfaserverstärktes Filament nach KABIR et al. [43] und BLOK et al. [83].

Die Prozessparameter für FLM mit kurz- und endlosfaserverstärkten FKV stimmen weitgehend mit Prozessparametern für FLM mit unverstärktem Filament überein [84]. Für den Ansatz besonders relevante Parameter werden im Folgenden näher beleuchtet.Die **Modellgeometrie** betreffen aus Fertigungssicht vor allem die Auflösungsqualität für das Slicing (Feinheit der Triangulation) und Stützstrukturen. Aus konstruktionstechnischer Sicht sollen Optimierungsmöglichkeiten ausgeschöpft werden [43]. Zum **Material**, insbesondere den Faserverbundeigenschaften, gibt Kapitel 2.2.2 detaillierte Ausführungen. Die Ausstattung der **AM-Maschine** hat insbesondere Auswirkungen auf die Produktivität [43], beispielsweise durch erreichbare Düsentemperatur, Heizmechanismus, Düsendurchmesser und Detailgeometrie der FLM-Düse. Zudem bedingt diese gemeinsam mit dem Material die **Prozessparameter**, die ausführlich erforscht wurden [43; 84]. Einige konstruktionstechnische Parameter, wie Infill-Muster und Faserorientierung sowie Bauorientierung, werden in den fertigungstechnischen Werken oft ebenfalls als „Prozessparameter" bezeichnet. Die Erkenntnisse über Auswirkungen der Parameter werden in den Kapiteln 4.4.1 und 4.4.2 für FLM-Druck verwendet:

- Die **Druckgeschwindigkeit** sollte einerseits so hoch wie möglich sein, um die Bauzeit zu reduzieren. Andererseits vermindert zu hohe Druckgeschwindigkeit die Bindung zwischen den Schichten [43; 47; 85].
- **Infill-Muster** und **Faserorientierung** haben große Auswirkung auf eine Vielzahl von Parametern: Bindung in und zwischen Schichten, Zug-, Druck-, Biege- und Schlageigenschaften [43; 47; 48; 86].
- Die **Bauorientierung** weist hohen Einfluss auf die mechanischen Bauteileigenschaften auf, beispielsweise gezeigt in [85; 87], dazu ausführlicher das folgende Kapitel 2.2.2.
- Geringere **Schichtdicke** erhöht die Bindung zwischen den Schichten [43] und damit die Festigkeit [48].
- **Düsen-** und **Druckbetttemperatur** sind materialabhängig und meist vom Hersteller vorgegeben. Höhere Temperaturen verbessern den Polymersinterprozess [44].

2.2.2 Kunststofftechnische Eigenschaften

Kurzfaserverstärktes Filament weist besondere Anforderungen und Eigenschaften auf, welche im Folgenden detailliert beleuchtet werden, um im neuen Auslegungsansatz Berücksichtigung zu finden.

2.2.2.1 Anforderungen an faserverstärktes FLM-Material

Um eine hohe Qualität von FLM-gedruckten FKV-Bauteilen sicherzustellen, formulieren BLOK et al. [44] Prozess- und mechanische Anforderungen an geeignete FKV-Filamentmaterialien. Die **prozessseitigen** Anforderungen sind im Folgenden aufgeführt. Zunächst ist eine geringe *Schmelzviskosität* sinnvoll, um einen leichten Fluss (leichtes Auftragen) des FKV zu gewährleisten. Eine hohe *Oberflächenenergie* vereinfacht den Verbindungsprozess (Polymersinterprozess) zwischen den Extrusionssträngen und den Schichten (Bild 2.8). Eine geringe *Schmelztemperatur* wird benötigt, um thermische Eigenspannungen und Verzug niedrig zu halten. Hohe *Wärmeleitfähigkeit* erlaubt es, eingebrachte Wärme schnell in das Bauteil abzuführen. Den Polymersinterprozess [88], der dem FLM-Verfahren zugrunde liegt, zeigt Bild 2.8. Zunächst kommen die einzelnen Extrusionsstränge durch die viskose Strömung in Kontakt (1), woraufhin sich eine Einschnürung („Neck“) bildet (2). Anschließend erfolgt eine Interdiffusion der Polymerketten zwischen den Strängen (3) und eine zufällige Ausrichtung der Polymerketten innerhalb der nun verbundenen Stränge (4).

Wünschenswert für eine gute Zwischenstranghaftung ist eine möglichst weitgehende Diffusion der Polymerketten während der „Neck Formation“, wofür eine möglichst große „Neck“-Länge l_n erforderlich ist [88].

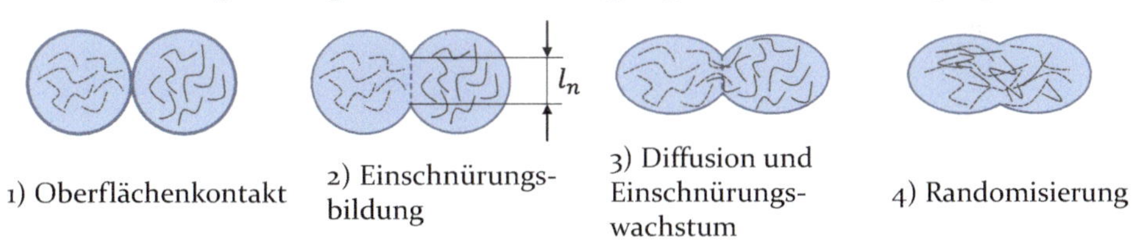

Bild 2.8: Polymersinterprozess nach [88] .

Mechanisch wünschenswerte Eigenschaften nach BLOK et al. [83] sind eine hohe Steifigkeit und Festigkeit des verwendeten FKV, gute Faser-Matrix-Haftfestigkeit und eine möglichst hohe Verarbeitungstemperatur. Die Autoren stellen auch den Trade-Off zwischen Verarbeitbarkeit und mechanischen Bauteileigenschaften heraus. Kurze, zufällig ausgerichtete Einkristallfasern und ungerichtete Kurzfasern zeigen eine einfache Verarbeitbarkeit, jedoch schwache mechanische Eigenschaften. Über gezielt ausgerichtete Kurzfasern hin zu Endlosfasern verbessern sich diese, jedoch auf Kosten der Verarbeitbarkeit (Bild 2.9) [89]. Es wird daher in dem Beitrag ein gerichteter Einsatz von Kurzfasern über einer „kritischen“ Länge, die bei einem Nylon-Kohlefaser-Verbund mit 0,5 mm angegeben wird, als guter Kompromiss zwischen mechanischen Eigenschaften des späteren Bauteils und Verarbeitbarkeit gesehen. Auf diesen „Sweet Spot“ zwischen Verarbeitbarkeit und vorteilhaften Bauteileigenschaften zielt der hier vorgestellte Ansatz ab.

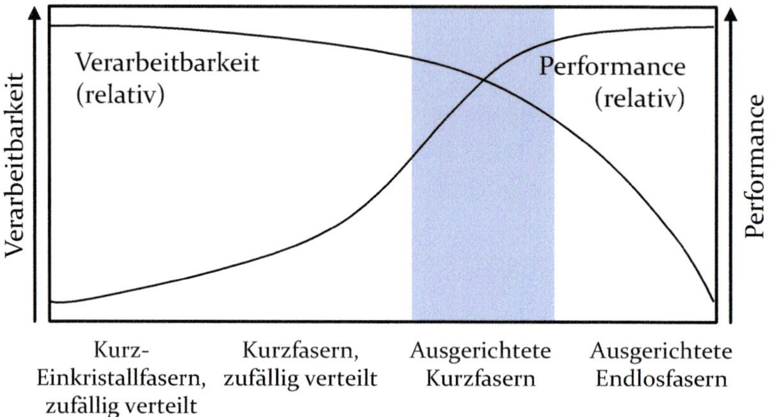

Bild 2.9: Trade-Off zwischen Verarbeitbarkeit und „Performance“ (Ausnutzung der Materialeigenschaften) und „Sweet Spot“ (blau) nach Such et al. [89].

2.2.2.2 Überblick über Eigenschaften von FLM-FKV-Werkstoffen

Nach der generellen Einordnung wünschenswerter Materialeigenschaften in Kapitel 2.2.2.1 gibt das folgende, ganzseitige Bild 2.10 einen umfassenden Überblick über Materialeigenschaften von kurzfaserverstärkten FKV, die mittels FLM hergestellt wurden. Die dazugehörigen Quellen sind in Anhang 2 aufgeführt. Aus den Materialdaten können folgende Regelmäßigkeiten abgeleitet werden:

- Je höher der **Fasergewichtsanteil** (symbolisiert durch die Größe der Datenpunkte in Bild 2.10), desto höher sind Zugfestigkeit und E-Modul (Verstärkungswirkung der Fasern). Hier beträgt der maximale Fasergewichtsanteil 50 % (PPS-CF).
- **Kohlefasern** (blaue Symbole in Bild 2.10) liefern im Vergleich zu (vergleichsweise selten verfügbaren) Daten für Naturfasern, wie Jute, Glasfasern und den anderen gezeigten Fasertypen, die besten Steifigkeitswerte und auch die besten Festigkeitswerte auf. Ausnahmen sind spezielle Entwicklungen wie PEI-CNT und Epoxy-Matrix mit SiC/CF-Verstärkung, die noch höhere Werte zeigen.

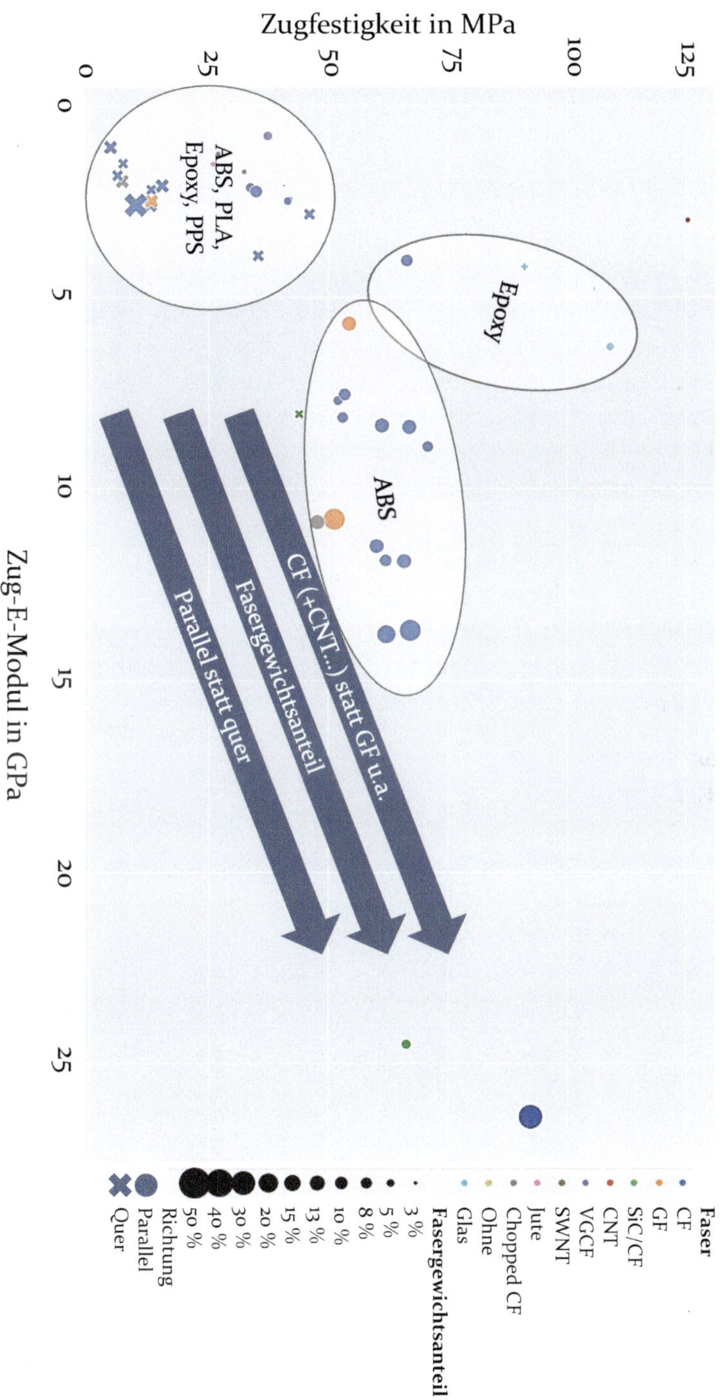

Bild 2.10: Materialeigenschaften unterschiedlicher FLM-Faser-Matrix-Kombinationen.

- Sowohl Zugfestigkeit als auch E-Modul sind **längs** der Extrusionspfadrichtung (runde Symbole in Bild 2.10) wesentlich höher als **quer** (Kreuzsymbole) dazu. Im Mittel über alle gezeigten Materialdaten sind die Verhältnisse der E-Moduln längs zu quer $\frac{E_{\parallel}}{E_{\perp}} = 2{,}66$ und der Zugfestigkeiten längs zu quer $\frac{R_{m,\parallel}}{R_{m,\perp}} = 2{,}60$. FLM-gedruckte Bauteile weisen also erwartungsgemäß eine ausgeprägte Anisotropie sowohl in Steifigkeit als auch Festigkeit auf, die es zu berücksichtigen gilt. Die meisten Arbeiten verglichen Längs- und Quereigenschaften *in* der Druckplattform-Ebene. LOVE et al. [90] zeigten zusätzlich jedoch anhand stehend gedruckter Proben, dass die Steifigkeits- und Festigkeitseigenschaften quer zur Extrusionsrichtung *zwischen den Schichten* je nach Drucker und Material tendenziell noch geringer sind als die in der Druckplattformebene. Insbesondere wurde dort für 13 Gew. % kohlefaserverstärktes ABS eine zehnfach höhere Zugfestigkeit und ein knapp sechsfach höherer Zug-E-Modul von längs in der Ebene gedruckten Proben als von stehend gedruckten Proben gemessen. Die Autoren vermuten, dass dieses Ergebnis aus einer schlechten Zwischenschichtenhaftung resultiert, zu ähnlichen Resultaten bei unverstärktem Material kommen GAJDOŠ et al. [91; 92]. Dies findet später in Kapitel 3, insbesondere Kapitel 3.1.1 und 3.1.2, entsprechend Berücksichtigung.

Zu der gezeigten Versteifungswirkung und Festigkeitssteigerung durch die Kurzfasern trägt die sehr deutliche Ausrichtung der Kurzfasern im FLM-Extrusionsstrangquerschnitt von bis zu 91,5 % [52] bei. Eine exemplarische Darstellung dazu zeigt Bild 2.11a) nach [93].

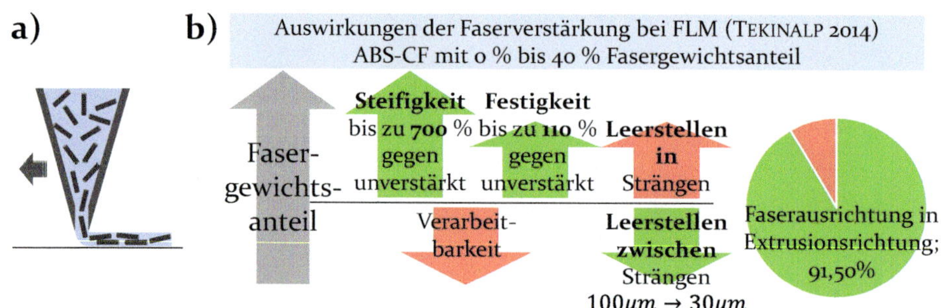

Bild 2.11: a) Ausrichtung der Kurzfasern im Extrusionsprozess nach [93], b) Zusammenfassung der Auswirkungen von Faserverstärkung im FLM-Prozess nach [52].

CFD-Simulationen des extrusionsdüsenbasierten *Direct Ink Writing*-Prozesses mit Kohlekurzfasern in Duroplastmatrix bestätigen die deutlich überwiegende Ausrichtung der Kurzfasern in Extrusionsrichtung [94]: Zunächst erfolgt eine Ausrichtung in Wandnähe durch große Scherkräfte („shear-alignment" ähnlich wie im Spritzguss [95]), anschließend die Ausrichtung der verbleibenden Fasern mittig im Düsenquerschnitt. Einen abschließenden Überblick über die Auswirkungen der Faserverstärkung gibt Bild 2.11b. Besonders hervorzuheben ist hierbei der Abbau von Leerstellen *zwischen* den Strängen, der für die mechanischen Eigenschaften vorteilhaft ist. Das heißt umgekehrt, dass es zu einer großen „Neck"-Länge (Kapitel 2.2.2.1) kommt. Hingegen nehmen durch die Kurzfasern Leerstellen *innerhalb* der Extrusionsstränge zu.Im Beitrag von TEKINALP et al. [52] wurden für in Zugrichtung injizierte Spritzgussproben und in gleiche Richtung gedruckte FLM-Proben vergleichbare Steifigkeits- und Festigkeitswerte ermittelt. Mit zunehmendem Fasergewichtsanteil zeigt sich jedoch bei beiden Verfahren ein Rückgang der Faserlänge, der für die mechanischen Eigenschaften nachteilig ist. Die Autoren vermuten, dass dies durch das schubintensive Mischen von Fasern und Matrix geschieht. Bei zunehmenden Fasergewichtsanteilen ab etwa 30 % verstopfte die Düse der FLM-Maschine mehr und mehr, woraus schlechtere Probeneigenschaften resultierten. Für die vorliegende Arbeit wurde daher ein geringerer Fasergewichtsanteil (20 Gew.-%) für die FLM-Drucke gewählt.

2.2.3 Pfadgenerierung für unterschiedliche Zielkriterien

Das Preprocessing der Geometriedateien vor der eigentlichen additiven Fertigung erfolgt üblicherweise durch spezialisierte Slicer-Software (vergleiche wichtige FLM-Parameter in Kapitel 2.2.1), welche die Extrusionspfadplanung übernimmt. Diese umfasst bei Software wie Ultimaker CURA [96] oder Raise3D ideaMaker [97] einerseits die Generierung von Konturen („Wall" oder „Shell"), die die Außengeometrie des Bauteils abbilden und andererseits Innenstrukturen („Infill"), welche für Stabilität sorgen. Zusätzlich werden bei Überhängen über einem bestimmten Grenzwinkel bzw. bei nicht vorhandenem direktem Kontakt zur Bauplattform Stützstrukturen („Support") generiert. Für bessere Plattformhaftung der ersten Schicht wird häufig ein „Raft" (Auflage), „Brim" (Umrundungen des Bauteils bis zu dessen Kontur) oder „Skirt" (Umrundungen des Bauteils in gewissem Abstand) verwendet. An einem Beispielbauteil zeigt Bild 2.12 die verschiedenen Bestandteile.

Infillstrukturen besitzen dabei einen großen Einfluss auf die Prozess- und Bauteileigenschaften, beispielsweise auf Verzug [98], auf Druckzeit [99], auf Maßgenauigkeit [100] und auf mechanische Eigenschaften [91; 92; 101].

Dieser Einfluss lässt sich durch gezielten Einsatz von Algorithmen, welche die Infill-Pfade generieren, ausnutzen. Diese füllen den Innenraum zwischen den Konturen auf eine bestimmte Weise. Im Folgenden wird eine Zusammenfassung bestehender Algorithmen und damit zusammenhängender Studien gegeben.

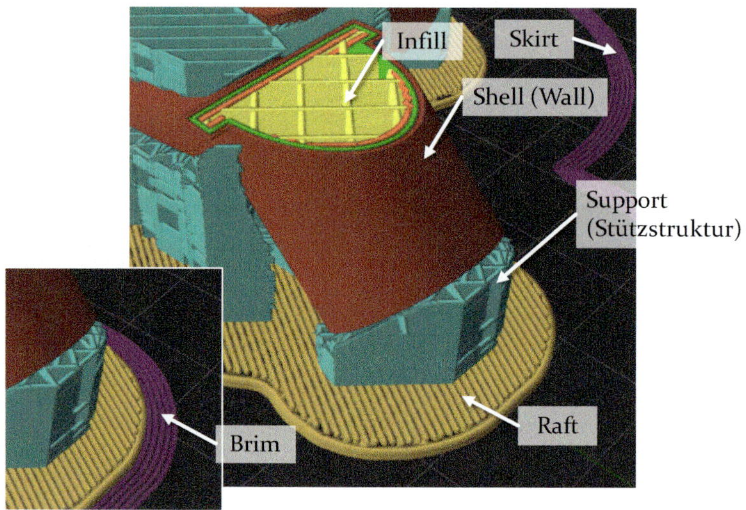

Bild 2.12: Raft, Brim und Skirt sowie Shell, Infill und Support bei einem Beispielbauteil in der Software ideaMaker [97].

An FLM-Bauteilen aus dem Werkstoff PLA mit ±45°-Infillraster wurde untersucht, welchen Einfluss Düsentemperatur und Druckgeschwindigkeit auf den **Verzug** haben [98]. Geringer Verzug ergab sich bei möglichst geringer Druckgeschwindigkeit (15 mm/s) und möglichst hoher Drucktemperatur (220°C am Hotend). Auch WANG et al. [102] fokussieren auf Verzugsminimierung. Dort wird ein mathematisches Modell für ABS-FLM-Bauteile anhand eines Prototyps aufgebaut, welches Verzug vorhersagt. Insbesondere werden kurze Extrusionspfadlängen, ein geringer thermischer Ausdehnungskoeffizient des Materials und eine hohe Bauraumtemperatur als vorteilhaft eingestuft.

Bauzeitreduktion steht im Fokus vieler Ansätze zur Rastergenerierung und teilweise auch Bauorientierung, so für FGM [103], für die Orientierung mehrerer Bauteile [104] und durch Analyse der Abhängigkeiten von Extrusions-, Idle- und Travelzeit bei verschiedenen Druckparametern [99]. Die Auswirkung von Ablegesequenzen auf mechanische Eigenschaften, Maßhaltigkeit und Bauzeit bei Verwendung von PLA auf Low-Cost-Desktop-Druckern wurde analysiert [101]. Verfahrwege ohne Extrusion (dort „Jump

Distances" genannt) wurden mittels eines genetischen Algorithmus reduziert [105]. WASSER et al. [106] verfassten eine sehr umfassende Arbeit zu fraktalartigen Infill-Mustern, die mittels Travelling-Salesman-Algorithmen erzeugt wurden, sowie deren Auswirkung auf Bauteilqualität und Bauzeit. Dort werden auch allgemeingültige Anforderungen an FLM-Pfadgenerierung unter Verwendung von Punktrastern (Punkte als „Knoten") gestellt:

1. Alle Knoten müssen angefahren werden;
2. Kein Knoten darf mehr als einmal angefahren werden;
3. Möglichst geringer Verfahrweg zwischen den Knoten;
4. Möglichst geringe absolute Pfadlänge;
5. Keine überschneidenden Pfade;
6. Nur horizontale und vertikale Bewegungen in der Plattform-Ebene, außer in Knoten an der Außenkontur der Geometrie. Dort sind auch diagonale Verfahrwege erlaubt.

Weitere Arbeiten zur generellen Füllung von Bauteilen mit Außenkonturen und Innenrastern wurden vorgestellt [107; 108].

Zur **Bauteilqualität**, meist bezüglich Oberflächenqualität oder Maßhaltigkeit, existieren viele Beiträge, so der Vorschlag einer featurebasierten Pfadgenerierung für verschiedene AM-Verfahren, um durch „Design-by-feature" auch die Konnektivität von CAD-Elementen zu berücksichtigen und so Probleme einer zu „groben" STL-Auflösung zu vermeiden [109]. NURBS-Splines wurden teilweise für stetige Konturgenerierung genutzt [100]. Die Vermeidung von Leerstellen und gezielte Erzeugung von Überlappung („Negative Air Gap", Kapitel 2.2.2.1) unter Einhaltung möglichst geringer Beschleunigung am Druckkopf stand im Fokus von JIN et al. [110] und weist Parallelen auf zu BROWN et al. [108]. Generelle Anforderungen an FLM-Pfadplanung [111] sind Äquidistanz der Pfade (vollständige Füllung der Geometrie), Vermeidung lokal zu hoher bzw. zu geringer Füllung besonders an Umkehrpunkten und möglichst hohe Baugeschwindigkeit. Die Autoren verweisen darauf, dass parallele Linien als Infill-Muster zu bevorzugen sind, da diese Verfahrbewegungen ohne Extrusion reduzieren. Weitere Anforderungen sind Baugenauigkeit, für die ein konzentrisches Infill-Muster zu bevorzugen ist; und kein wiederholtes Anfahren von Punkten im gleichen Layer [111], was in Übereinstimmung mit WASSER et al. [106] steht. Die Reduzierung von Umkehrpunkten und Sicherstellung äquidistanter Bahnabstände wurde mittels Level-Set-Funktionen versucht [112]. Eine Steigerung der Bauteilqualität bei hochviskosen Materialien mit durchgängigen Extrusionspfaden (ohne „Absetzen") wurde mittels eines Greedy-Algorithmus angestrebt [113].

2.3 Strukturmechanische Simulation von FLM

Für die Auslegung ist eine strukturmechanische Simulation von FLM-Bauteilen nützlich, um Aussagen über verschiedene Bauteilentwürfe ohne mehrmaliges Anfertigen und Testen von Prototypen effizient durchführen zu können. Dabei müssen fertigungsinduzierte Eigenschaften berücksichtigt werden. Im Folgenden werden für die strukturmechanische Simulation geeignete Materialmodelle sowie bestehende Berechnungsverfahren aus der Wissenschaft vorgestellt (Kapitel 2.3.1) und bestehende rechnerunterstützte Berechnungslösungen kurz beleuchtet (Kapitel 2.3.2). Bestehende Verfahren für Fertigungssimulationen, etwa zur Analyse von Auswirkungen auf Maßhaltigkeit, Wärmeleitung oder Oberflächenrauheit sind detailliert in BIKAS et al. [7] dargestellt, werden hier jedoch mit Blick auf den Fokus Kraftflussgerechtheit nicht weiter beleuchtet.

2.3.1 Materialmodelle auf der Mikro- und Makrostruktur-Ebene und ihr Einsatz in Berechnungsverfahren

Die Auslegung von FLM-Bauteilen mit kurzfaserverstärktem Filament erfordert geeignete Materialmodelle, die die orthotropen Steifigkeits- und Festigkeitseigenschaften im Schichtaufbau abbilden.

Zur werkstofftechnischen Modellierung kurzfaserverstärkter Kunststoffe werden mikromechanische und makromechanische Ansätze unterschieden. Mikromechanische Ansätze bilden dabei das Zusammenwirken von Faser und Matrix ab und erlauben die Ableitung eines Werkstoffgesetzes von unidirektionalen Schichten. Sie werden häufig für werkstoffkundliche Zwecke verwendet. Hingegen werden makromechanische Ansätze für die Konstruktion verwendet. Diese gehen von der Annahme aus, dass sich der FKV wie ein homogenes Kontinuum verhält. [15]

Zur Ableitung der Eigenschaften dieses Kontinuums stehen in der Literatur verschiedene Ansätze zur Verfügung. Typische Kurzfasertheorien zur Ableitung der makromechanischen Eigenschaften aus Fasereigenschaften und Matrixeigenschaften umfassen:

- Die **Mischungsregel** (Rule of mixtures, **ROM**) [114–117];
- Die **HALPIN-TSAI**-Gleichungen [118–121];
- Die **modifizierte Mischungsregel** (Modified ROM, **MROM**), welche zusätzlich zur ROM Faserlängen- und Faserausrichtungseffekte berücksichtigt und auf HALPIN-TSAI aufbaut [114; 122–126];
- Die Theorie nach **Mori-Tanaka**, weiterentwickelt durch Tandon-Weng [127].

Die Ansätze benötigen unterschiedlich viele Materialinformationen von Faser und Matrix, die von Faser- bzw. Matrixvolumenanteil, (Längs-)E-Modul von Faser und Matrix sowie Zugfestigkeit von Faser und Matrix (ROM) bis hin zu detaillierten Verteilungsfunktionen der Faserlängen und Faserdurchmesser reichen. Entsprechend sind diese unterschiedlich zuverlässig und aufwändig in der Beschreibung und Vorhersage der Kontinuumseigenschaften. Liegen Materialgesetze aus Kurzfasertheorien oder/und experimenteller Bestimmung vor, kann die Beschreibung des Faser-Kunststoff-Verbunds unter Berücksichtigung der Ausrichtung im Bauteil erfolgen. Hierfür stehen nach [42] verschiedene Ansätze zur Verfügung:

Unter Anwendung der **klassischen Laminattheorie (CLT)** [15; 128] kann das Elastizitätsgesetz eines Mehrschichtsverbunds unter bestimmten Annahmen berechnet werden, um daraus Rückschlüsse auf Spannung und Dehnung zu ziehen. Kritisch für die Berechnung von FLM-Bauteilen ist die Annahme, dass in der CLT Risse und Lufteinschlüsse nicht beachtet werden [15]. Leerstellen wie in Bild 2.8 sind in der FLM-Mesostruktur immer gegeben. Daher wurde die konventionelle CLT bzw. deren Einzelschichtwerkstoffgesetz für FLM-Bauteile in der Literatur entsprechend erweitert, indem eine geometrische Leerstellendichte als Abschlagsfaktor integriert wurde [129–131]. Weiterhin kritisch ist die Voraussetzung der CLT, dass diese für dünnwandige Strukturen gilt, FLM-Bauteile aber meist volumenhaft sind.

Im Konstruktionsprozess mit der CLT wird eine Feindimensionierung an ausgesuchten Stellen der Struktur vorgenommen [15]. Dies erweist sich beim komplizierten Aufbau von FLM-Bauteilen mit den technisch möglichen, stetigen Änderungen des Faserverlaufs innerhalb und zwischen den Einzelschichten manuell als schwierig, da viele Stellen zu untersuchen sind. Problematisch ist zudem die Veränderung der ausgesuchten „kritischen" Stellen durch Lastumlagerungen, die sich aus veränderten Laminaten ergeben. Aus diesem Grund werden rechnerunterstützte Verfahren eingesetzt, wie auch von SCHÜRMANN [15] selbst bei Gültigkeit der CLT-Annahmen empfohlen wird. Rechnerunterstützte Verfahren basieren zumeist auf der FEM und setzen meist auf Homogenisierung auf. Alternativ werden Einheitszellen verwendet, also die Beschreibung der mechanischen Eigenschaften von sich wiederholenden und dann gekoppelten Substrukturen [42]. Im Folgenden wird der Ansatz nach LI et al. [129] exemplarisch für die Berücksichtigung der fertigungsbedingten Leerstellen zwischen Extrusionssträngen und -schichten detailliert vorgestellt. Dieser geht von einem isotropen Material aus und leitet mittels geometrischer und chemischer Abminderungsfaktoren für Leerstellen ein orthotropes FLM-Mesostruktur-

Materialmodell für ebene Spannungszustände ab. Der Ansatz wurde ebenfalls dort [129] validiert und zeigte sehr gute Übereinstimmung mit experimentellen Ergebnissen. Dieses Modell wurde vom Autor der vorliegenden Arbeit [132] noch um die z-Richtung erweitert. Es berücksichtigt die in Kapitel 2.2.2.1 gezeigten Leerstellen, die durch Einschnürungsbildung zwischen Strängen entstehen. Ausgehend von einem isotropen Materialmodell für PLA wird im Folgenden mittels des Ansatzes ein FLM-Materialmodell abgeleitet.

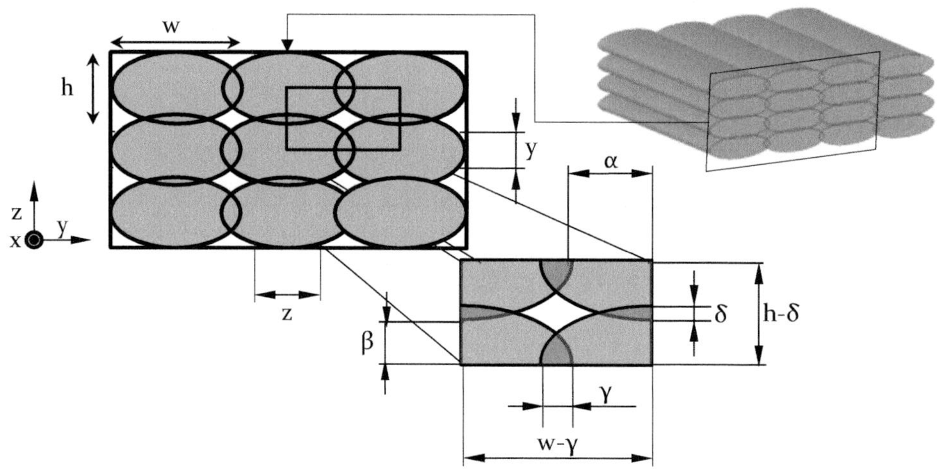

Bild 2.13: Mesostrukturmodell zur Ermittlung spezifischer Elastizitätsgrößen nach [129], ähnlich gezeigt in [132].

Die Ingenieurkonstanten werden dabei ermittelt wie in Tabelle 2.6, bezogen auf Bild 2.13, gezeigt.

Tabelle 2.6: Ableitung der Ingenieurkonstanten aus Bild 2.13 nach [129], erweitert um z-Richtung.

Ingenieur-konstante	**Formel**	**Mit**
$\boldsymbol{E_x}$	$E_x = (1 - \rho_x)E_0$	$\rho_x = 1 - \frac{0{,}25\pi hw}{(w-\gamma)(h-\delta)}$
$\boldsymbol{E_y}$	$E_y = \xi_1(1 - \rho_y)E_0$	▪ $\delta > 0: \rho_y = 1 - \left(\frac{y}{h-\delta}\right)$ ▪ $\delta = 0: \rho_y = 1 - \frac{y}{w}$ mit ▪ $y = 0{,}5h\sqrt{1 - \frac{\alpha^2}{\left(\frac{w}{2}\right)^2}} + \beta$ und ▪ $\alpha = \frac{w}{2} - \frac{\gamma}{2}$ und $\beta = \frac{h}{2} - \frac{\delta}{2}$

Ingenieur-konstante	Formel	Mit
E_z	$E_z = \xi_1(1-\rho_y)E_0$	▪ $\gamma > 0: \rho_z = 1 - \left(\frac{z}{w-\gamma}\right)$ ▪ $\gamma = 0: \rho_z = 1 - \frac{z}{h}$ mit ▪ $z = 0{,}5w\sqrt{1 - \frac{\beta^2}{\left(\frac{h}{2}\right)^2} + \alpha}$
G_{xy}	$G_{xy} = \xi_2(1-\rho_y)G_{0xy}$	
G_{yz}	$G_{yz} = \xi_2(1-\rho_y\sin(45°))(1-\rho_z\sin(45°))G_{0yz}$	
G_{xz}	$G_{xz} = \xi_2(1-\rho_z)G_{0xz}$	

Zur Erläuterung von Tabelle 2.6: Mit Index 0 (Null) gekennzeichnete Größen sind Kennwerte des isotropen Ausgangsmaterials. Faktoren ξ spiegeln die verminderte chemische Bindung wider und verringern den E-Modul des Ausgangsmaterials richtungsabhängig. Faktoren ρ sind Leerstellendichten und damit Abminderungsfaktoren, die den E-Modul des Ausgangsmaterials ebenfalls richtungsabhängig verringern. Als Querkontraktionszahl wird hier vereinfachend (isotrop, für alle Richtungen gleich) die Querkontraktionszahl des isotropen Ausgangsmaterials zugrunde gelegt. Exemplarisch soll ein Materialmodell mittels dieser Formeln für FLM-gedrucktes PLA hergeleitet werden. Mit den Formeln aus Tabelle 2.6 ergeben sich die Werte in Tabelle 2.7.

Tabelle 2.7: Vergleich isotroper Materialdaten (PLA/Spritzguss nach [133]) mit einem daraus hergeleiteten FLM-PLA-Materialmodell nach [129] (oben) und experimentell ermittelten FLM-PLA-Materialmodellen, alle Moduln in MPa sind Durchschnittswerte bei experimenteller Ermittlung.

Nach	E_x	E_y	E_z	G_{xy}	G_{yz}	G_{xz}	v_{xy}	v_{yz}	v_{xz}
PLA isotrop [133][1]	3500			1287			0,36		
Nach [129][2]	3046	2209	2209	812	624	812	0,36	0,36	0,36
PLA-FLM [134]	2864	2444	2444[3]	-	-	-	-	-	-
PLA-FLM [135]	3376	3125	-	1092	-	1092	0,331	0,325	-

[1] Herstellung mittels Spritzguss.

[2] Für das abgeleitete Materialmodell werden eine Überlappung von 5 % in Breiten- und Höhenrichtung sowie heuristische Faktoren für die chemische Bindung von 0,95 bei Schichthöhe 0,2 mm und Extrusionspfadbreite 0,6 mm angenommen.

[3] Die Autoren nehmen transversal isotropes Verhalten an.

Die Vergleichbarkeit der einzelnen Materialmodelle ist eingeschränkt durch teils abweichende, teils nicht angegebene Prozessparameter: Düsendurchmesser, Vorschubgeschwindigkeit, Überlapp zwischen Extrusionspfaden, Drucktemperatur und andere Parameter. Tendenziell erhöht beispielsweise auch eine geringere Schichthöhe die Moduln [134]. Für die verglichenen Materialien lässt sich daher feststellen, dass die E-Moduln zwischen dem hergeleiteten Materialmodell und dem nach ZHAO [134] relativ gut übereinstimmen (unter 10 % Abweichung). Schubmoduln und Querkontraktionszahlen werden im genannten Beitrag nicht ermittelt. Da im Vergleichsmodell transversal isotropes Verhalten angenommen wird, ist hier stets $E_y = E_z$, obgleich in der Realität vermutlich $E_y > E_z$ gelten kann (Kapitel 2.2.2.2). Gegenüber den experimentellen Ergebnissen nach FERREIRA [135] sind die Moduln des abgeleiteten Modells deutlich geringer, was an einer besseren Druckqualität (zum Beispiel weniger Leerstellen) als angenommen liegen kann. Beim Längs-E-Modul liegt das abgeleitete Modell 10 % unter dem gemessenen Modul, bei Quer-E- und Schubmoduln betragen die Abweichungen ca. 25-30 %. Hier zeigt sich die starke Abhängigkeit der Materialeigenschaften von Druckparametern. Der Ansatz von Abminderungsfaktoren wird beispielsweise auch bei kurzfaserverstärkten Filamenten auch in der MROM- und HALPIN-TSAI-Methode verfolgt, dort für Abweichungen in Fasergeometrie und -orientierung über beispielsweise Faserlängen- und Fasereffizienzfaktoren. Die vorgestellten Ansätze zur Ableitung homogenisierter, orthotroper Materialmodelle werden im Kapitel zur strukturmechanischen Simulation von FLM-Bauteilen (Kapitel 3.3) selektiv herangezogen.

2.3.2 Existierende Berechnungsverfahren

Einen Kurzüberblick über existierende Berechnungswerkzeuge und Funktionsumfänge gibt Tabelle 2.8. Diese fokussieren hauptsächlich auf Metall-3D-Druck, bezüglich FLM werden überwiegend Prozesssimulationen des Verzugs bzw. im Detail des Materialflusses durch die Extrusionsdüse thematisiert.

Tabelle 2.8: Berechnungswerkzeuge für FLM-Simulation.

Berechnungstool	Hersteller	Funktionsumfang
Digimat-AM [136]	Hexagon AB / e-XStream	FLM- (auch mit Füllstoffen verstärkt) und LS-Prozesssimulation inkl. Verzug
Comsol [137]	Comsol Inc.	Nutzung des Comsol-Solvers für FDM-Optimierung (Topologie, Infill, Prozess)
Comsol [138]	Comsol Inc.	Nutzung des Comsol-Solvers für LS (Verzug)

Berechnungstool	Hersteller	Funktionsumfang
AdditiveLab [139]	AdditiveLab BVBA	AM-Simulation, Schwerpunkt Metall-3D-Druck, Python-API
Netfabb [140]	Autodesk Inc.	Schwerpunkt Metallpulverprozesse, Bauvorbereitung inkl. Slicing und STL-Reparatur, Topologie-/Lattice-Optimierung, Prozesssimulation
Additive Works [2020]	Additive Works GmbH	Prozesssimulation für LBM, SLM, DMLS (Direktes Metall-Lasersintern), Metall-3D-Druck
Ansys Additive Solutions [142]	ANSYS Inc.	Topologie-/Lattice-Optimierung, STL-Reparatur, Schwerpunkt Metall-3D-Druck, Materialkarten, Qualifikation
Simufact Additive [143]	Hexagon AB	Schwerpunkt Metall-3D-Druck; Prozesssimulation inkl. Einflusskettenanalyse, Simulation inkl. Validierung
Abaqus [144]	Dassault Systèmes	Extrusion Deposition (wie FDM, nur mit Pulver als Ausgangsmaterial): Verzugssimulation
OpenFOAM [145]	OpenCFD Ltd.	Viskoelastische FLM-Prozesssimulation (detailliert an Extrusionsdüse)
FLOW-3D [146]	Flow Science, Inc.	FLM-CFD-Simulation
NX Additive Manufacturing [72]	Siemens AG	Abwicklung von 3D-Druckprozessen: Konstruktion, Druck und Validierung; STL-Designmodifikation
Fibrify [147]	9T Labs	FE-basiertes Auslegen von endlosfaserverstärkten FLM-Bauteilen mit entsprechendem Drucker

Kommerziell erhältliche Programme zielen hauptsächlich auf die Analyse von AM-Bauteilen und des AM-Prozesses ab. Ein deutlicher Fokus liegt dabei auf Metall-3D-Druck (Comsol, AdditiveLab, Additive Works, Ansys Additive Solutions, Netfabb, Simufact) und der *Prozess*-Simulation von extrusionsbasierten Verfahren (Digimat AM, Comsol, Abaqus, OpenFOAM, FLOW-3D). Häufige Funktionsumfänge zur Synthese sind die Erzeugung von AM-Geometrie durch Topologieoptimierung, Latticestrukturen (zum Beispiel in Ansys Additive Solutions und viele weitere CAD-Programme) und die direkte Konstruktion mit AM-Formaten – beispielsweise STL statt Boundary Representation/Constructive Solid Geometry-CAD-Daten in Siemens NX („Convergent Modelling"). DfAM für FLM findet sich in Fibrify von 9T Labs, in welchem Endlosfaserbahnen FE-basiert ausgelegt werden, zumeist in Schleifenform.

2.4 Strukturoptimierung

Wie in Kapitel 2.1.2.1 und Kapitel 2.1.2.2 dargelegt, ist Rechnerunterstützung ein wichtiges Mittel für Produktentwickelnde, um die Chancen möglichst umfassend zu nutzen, die sich aus den Gestaltungsfreiheiten von AM ergeben. Hierbei hat sich besonders die Strukturoptimierung – und dabei insbesondere Topologieoptimierung – als häufig genutztes Mittel bewährt [2; 148–154].

In den folgenden Unterkapiteln wird zunächst überblickshaft die simulationsgestützte [155] Strukturoptimierung mit ihren Unterformen Dimensionierung (Sizing), Formoptimierung, und Topologieoptimierung (Kapitel 2.4.2.1 bis Kapitel 2.4.2.3) vorgestellt. Um für den später eingeführten Topologieoptimierungsansatz für orthotrope Materialien (Kapitel 3.1.2) eine theoretische Basis zu bilden, werden dann insbesondere die Topologieoptimierungsverfahren weiter ausdetailliert. Es werden sowohl TO-Verfahren erläutert, die lediglich die Anordnung von Material im Raum als Designvorschlag liefern, als auch Verfahren mit integrierter (oder prinzipbedingter) Materialorientierungsoptimierung. Sämtliche gezeigten Optimierungsansätze sind simulationsgestützt und basieren damit auf dem im Folgenden eingeführten Optimierungsprozess.

2.4.1 Simulationsgestützter Optimierungsprozess

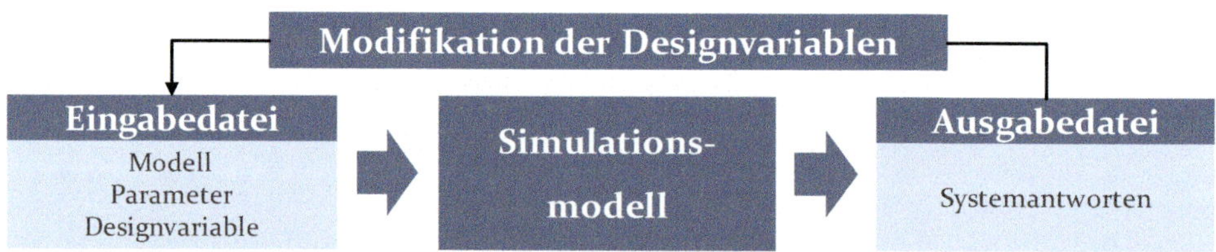

Bild 2.14: Simulationsgestützter Optimierungsprozess nach [155].

Nach HARZHEIM [155] besteht ein üblicher simulationsgestützter Optimierungsprozess aus einer Eingabedatei mit Modellbeschreibung, unveränderlichen Parametern und veränderlichen Designvariablen; einem Simulationsmodell; einer Ausgabedatei mit den Systemantworten und einer Schleife, welche ausgehend von den Systemantworten aus der Ausgabedatei die Designvariablen in der Eingabedatei modifiziert. Ein solcher Prozess ist abgebildet in Bild 2.14. Auf die Bestandteile des Prozesses wird in den folgenden Kapiteln Bezug genommen.

2.4.2 Typen der simulationsbasierten Strukturoptimierung

2.4.2.1 Dimensionierung (Sizing)

Bei der Dimensionierung werden nur Zahlenwerte von Designvariablen geändert, wie beispielsweise Wanddicken und Querschnittsgrößen [155; 156]. Beispiel hierfür ist eine Wandstärkenänderung bei Tailored Blanks zur Sicherstellung hinreichender Steifigkeit und gewünschter Frequenzeigenschaften [155]. Die zielgerichtete Parameteränderung wird durch mathematische, genetische und andere Optimierungsalgorithmen mit oder ohne Restriktionen realisiert. Praktisch umgesetzt wird eine solche Dimensionierung entweder durch FEM-Programme mit internem Optimierungsalgorithmus, z. B. Altair OptiStruct [157], oder durch externe Optimierungsprogramme wie z. B. DYNARDO optiSLang [158], welche neben den Optimierungsalgorithmen häufig auch Versuchsplanung, Generierung von Metamodellen oder Sensitivitätsanalysen beinhalten [155].

2.4.2.2 Formoptimierung

Bei der Formoptimierung wird die Form eines Bauteils variiert, um die für einen bestimmten Zweck optimale Gestalt zu bestimmen (auch „Gestaltoptimierung"). Häufig besteht dieser Zweck in der Reduktion von Spannungsspitzen, z. B. induziert durch Kerben, zur Lebensdauererhöhung von Bauteilen. Dabei bleibt die grundlegende Topologie des Bauteils erhalten, das Einbringen von Hohlräumen und zusätzlichen Streben ist beispielsweise nicht zulässig. [155; 156] Ein Beispiel einer Formoptimierung anhand einer Astgabel zeigt Bild 2.15.

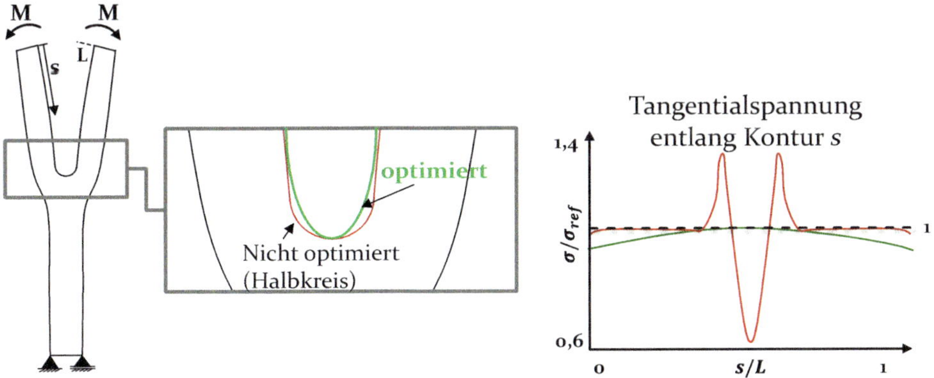

Bild 2.15: Prinzip einer Formoptimierung an einer Astgabel nach [159].

2.4.2.3 Topologieoptimierung

Die flexibelste Art der Strukturoptimierung ist die Topologieoptimierung (TO) [155], die aufgrund der weitgehenden Ausnutzung von Gestaltfreiheiten als besonders vielversprechend für DfAM angesehen wird [2]. Zugleich wird AM als Schlüsseltechnologie eingeordnet, um der TO den Weg von Theorie und Forschung in die Praxis zu ebnen [154].

Das Hauptziel der TO ist häufig eine optimierte Struktur mit minimierter Nachgiebigkeit bei gegebener Zielmasse oder Zielvolumenfraktion – oder umgekehrt eine definierte Strukturnachgiebigkeit bei möglichst geringer Masse bzw. möglichst kleinem Volumen [156]. Aber auch andere Zielkriterien sind möglich, beispielsweise ein angestrebtes Schwingungsverhalten. Die im Vergleich zur Dimensionierung oder Formoptimierung großen Gestaltfreiheiten [155] ergeben sich daraus, dass in der TO Strukturmerkmale wie die Anzahl an Löchern und deren Position sowie die Verbindungen innerhalb des Designraums bestimmt werden [160]. Dadurch können sich komplizierte Geometrien ergeben. Diese werden als Design*vorschlag* interpretiert und benötigen normalerweise eine Rückführung in fertigbare CAD-Geometrie, z. B. unter Berücksichtigung von Überhängen, Mindeststrukturgrößen oder geforderten regelmäßigen Teilgeometrien [161]. Mittels AM lassen sich vielfach die Geometrien jedoch direkt herstellen bzw. erfordern weniger Rückführung. Zudem lassen sich manche DfAM-Gerechtheiten, z. B. die Einhaltung gewisser Überhangwinkel für das FLM-Verfahren, direkt in die Optimierung integrieren [162]. Ein Beispielergebnis einer TO (mittels ANSYS Topology Optimisation [163], gerendert in Autodesk Fusion 360 [164]) zeigt Bild 2.16.

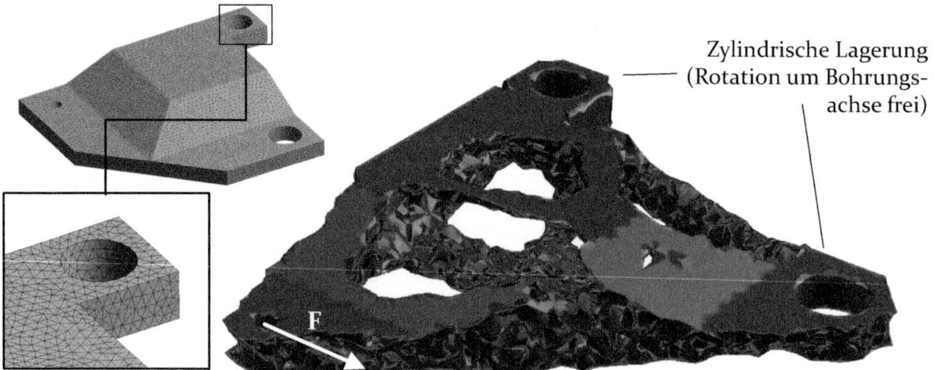

Bild 2.16: Ergebnis einer Topologieoptimierung am Beispiel eines Querlenkers. Oben links: Vernetzter Bauraum (FEM); unten rechts: Ergebnis der TO.

Im Folgenden werden zunächst wesentliche TO-Verfahren kurz vorgestellt und untergliedert in **mathematische und empirische Verfahren** [155], welche anschließend wiederum differenziert werden in **Verfahren für isotrope** und **Verfahren für anisotrope Materialmodelle**. TO-Verfahren mit anisotropen Materialmodellen generieren dabei neben der Materialverteilung im Raum zudem lokale Materialorientierungen. Solche Vorzugsrichtungen lassen sich durch gezielten Einsatz von geeigneten AM-Verfahren nutzen, um weiteres Leichtbaupotential auszuschöpfen (z. B. [150]). **Vor- und Nachteile** der mathematischen und empirischen Verfahren werden gegenübergestellt. Abschließend werden **spezielle Topologieoptimierungsverfahren für AM** vorgestellt, in welchen versucht wird, die in Kapitel 2.1.2.1 vorgestellten Design-Chancen durch AM zu nutzen - *"The art of structure is where to put the holes"* (Robert Le Ricolais, 1894-1977) [160].

Mathematische Verfahren der Topologieoptimierung

Die bekanntesten mathematischen Verfahren der TO sind das Homogenisierungsverfahren, das *Solid Isotropic Microstructure (or Material) with Penalisation for intermediate densities (SIMP)*-Verfahren [165] und die Level-Set-Verfahren [155]. Relevante Bestandteile der Verfahren zur späteren Veranschaulichung zeigt Bild 2.17.

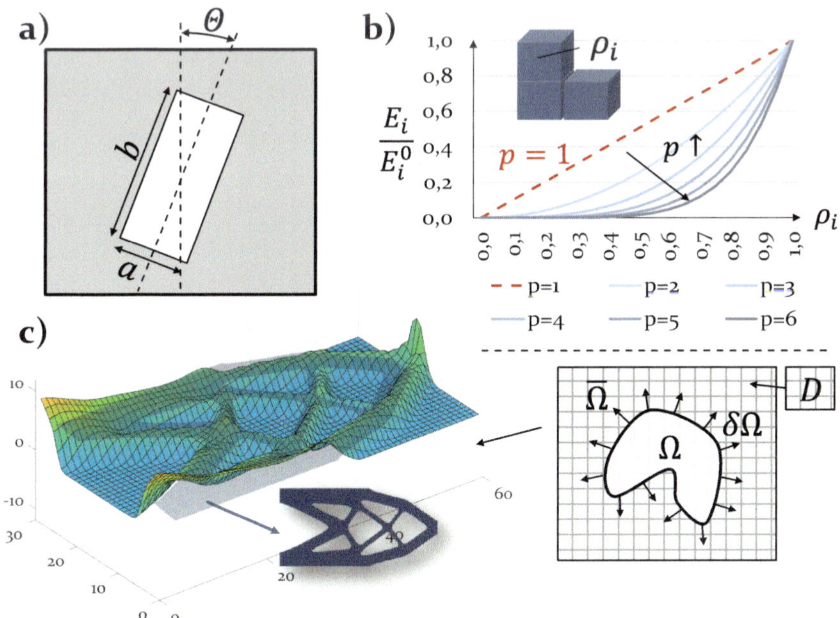

Bild 2.17: Relevante Bestandteile der mathematischen Optimierungsverfahren zur späteren Veranschaulichung: a) Homogenisierungsverfahren nach HARZHEIM [155], b) SIMP-Verfahren ebenfalls nach HARZHEIM [155], c) Level-Set-Verfahren nach WEI/WANG [166; 167].

Mathematische TO-Verfahren basieren auf der Lösung eines mathematischen Optimierungsproblems, also der Minimierung einer Zielfunktion unter Einhaltung von Restriktionen [155; 160] – im Gegensatz zur im weiteren Verlauf der vorliegenden Arbeit eingeführten empirischen TO. Diese basiert auf einer Iterationsvorschrift, beispielsweise einer iterativen lokalen Steifigkeitsanpassung, um homogene Oberflächenspannungen zu erreichen [155; 168].

Das **Homogenisierungsverfahren** basiert auf parametrisierten Mikrostrukturzellen (Bild 2.17a). Deren *homogenisiertes* mikromechanisches Verhalten (z. B. Zellen-E-Moduln) wird in Abhängigkeit der Designvariablen a, b (Seitenlängen des rechteckigen Lochs) und θ (Rotationswinkel des rechteckigen Lochs gegenüber der Vertikalen) hergeleitet und ist meistens orthotrop [155]. Durch Zuweisung je einer solchen Mikrostruktur an jedes einzelne Finite Element einer FEM wird ein Gesamtverhalten der Struktur hervorgerufen, welches sich in Abhängigkeit der elementweisen Designvariablen ändert. Die lokalen Anpassungen werden durch Lösungsverfahren wie Optimalitätskriterien-Verfahren [155] oder gradientenbasierte Optimierung vorgenommen, um das Optimierungsziel (z. B. minimale Nachgiebigkeit) zu erreichen. Die Methode geht auf BENDSØE zurück [169] und besitzt den Vorteil, direkt auf lokale Materialorientierungen schließen zu lassen. Zugleich zeigt jedoch jedes Element möglicherweise ein anderes Materialverhalten, was eine Rückführung in reale Bauteile deutlich erschwert bzw. eher grobe Annäherungen erfordert.

Im **SIMP-Verfahren** (Bild 2.17b) werden innerhalb einer FEM den Finiten Elementen (Index i) jeweils sogenannte Pseudodichten $\rho_i \in]0;1]$ zugewiesen, die den E-Modul über einen Penalisierungsfaktor p skalieren, Formel (1) [155]:

$$\frac{E_i}{E_i^0} = \rho_i^p ; p > 1 \qquad (1)$$

Mit steigender Pseudodichte ρ skaliert der E-Modul von seinem Minimalwert, der aufgrund der numerischen Stabilität nahe, aber nicht ganz den Wert Null annimmt, bis zu seinem Maximalwert E_0. Bei $\rho \to 0$ wird in den entsprechenden Elementen ein „Loch“ angenommen, bei $\rho = 1$ „Vollmaterial“. Für einen leicht umsetzbaren Designvorschlag kann eine diskrete 0-1-Verteilung im Endergebnis wünschenswert sein. Dies kann mittels des Penalisierungsfaktors p erreicht werden [160]. Der Penalisierungsfaktor führt durch eine Erhöhung der (künstlich eingeführten) „Kosten für Steifigkeit“ [165] dazu, dass das Optimierungsergebnis zu einer „black-and-white“ Lösung tendiert. Wird beispielsweise durch die Optimierung für ein bestimmtes Element ein Pseudodichtewert von $\rho_i = 0{,}5$ festgesetzt („mittel“ beansprucht), so führt ein Penalisierungsfaktor von $p = 2$ beispielsweise zu einer Herabsetzung der Pseudodichte auf $\rho_i^p = 0{,}5^2 = 0{,}25$ und damit einer deutlichen Annäherung an ein „Loch“. Der Penalisierungsfaktor wird üblicherweise schrittweise im Verlauf der Optimierungsiterationen von $p = 1$ auf $p = 2 \dots 5$ angehoben (sogenannte „continuation method“ [165; 170]), um in den ersten Iterationen möglichst „ungestörte“ (genauer, zumindest für konvexe Probleme global optimale) Anpassungen der Designvariablen, also der Pseudodichten, zu erlauben. In späteren Iterationen wird dann das Design in Richtung einer 0-1-Verteilung beeinflusst. Einen typischen Optimierungsverlauf (Iterationen) zeigt Bild 2.18.

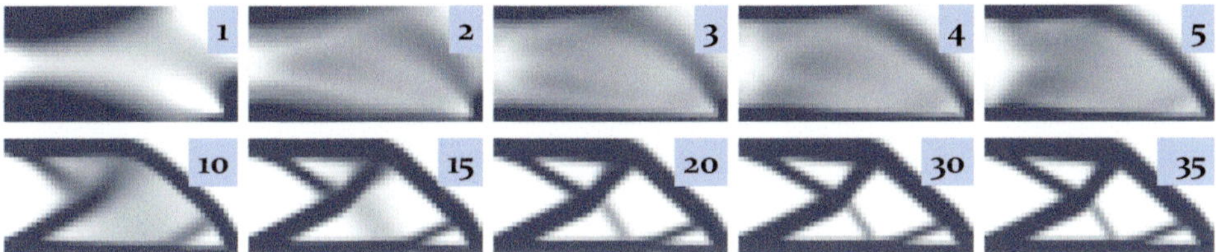

Bild 2.18: Iterationen (Zahl oben rechts) in der SIMP-Methode mittels des 99-Line-TO-Codes [171].

Das Verfahren ist ursprünglich für isotrope Materialien (Solid *Isotropic* Microstructure with Penalisation) konzipiert und entstand aus der praktischen Notwendigkeit, ohne lokale Mikrostruktur direkt auf Materialverteilungen schließen zu können [155]. Typische Herausforderungen des SIMP-Verfahrens sind [172]: das sogenannte **Checkerboarding** (abwechselnde „schwarze“ und „weiße“ Elemente wie in einem Schachbrettmuster, die nur an Knoten verbunden sind) – gelöst wird dies durch Filtering (Bild 2.19a); **Netzabhängigkeit**, also die Abhängigkeit der resultierenden Strukturfein- oder Strukturgrobheit von der Größe der Finiten Elemente – ebenfalls gelöst durch Filter oder Netzverfeinerung (Bild 2.19b); und das Auftreten **lokaler Minima** statt des Auffindens des globalen Minimums und damit suboptimale Lösungen, was nur schwierig lösbar ist (zum Beispiel durch Rückführung auf konvexe Probleme oder Multistart-Methoden).

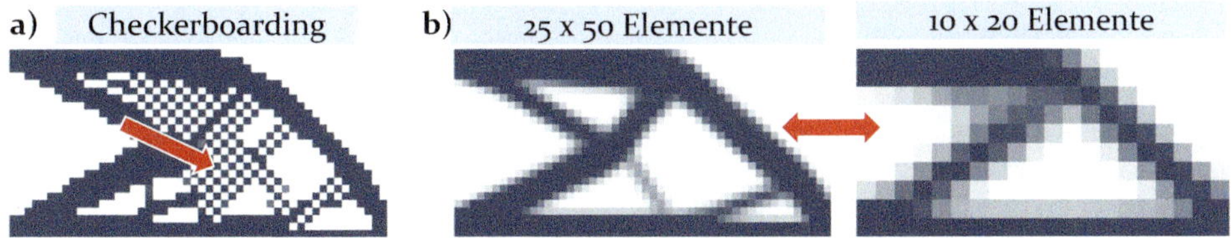

Bild 2.19: Probleme der SIMP-Methode, a) Checkerboarding, b) Netzabhängigkeit.

Checkerboarding und Netzabhängigkeit sowie deren Lösungen werden in der Einführung des neu entwickelten Topologieoptimierungsalgorithmus für anisotrope Materialien, Kapitel 3.1.2, detailliert beschrieben.

Das **Level-Set**-Verfahren (Bild 2.17c) ist in vorliegender Arbeit von untergeordneter Bedeutung, wird aber der Vollständigkeit halber aufgeführt. Grundlage des Verfahrens ist die sogenannte „Level-Set-Function" $\phi(\boldsymbol{x}, t)$, welche durch ihr „Null-Level", Formel (2), die optimierte Geometrie beschreibt.

$$\phi(\boldsymbol{x}, t) = 0 \; \forall \boldsymbol{x} \in \delta\Omega \tag{2}$$

Dabei ist $\delta\Omega$ die Begrenzung des „festen" Bereichs des gesamten Designraums D[166], $\boldsymbol{x} \in D \subset \{(x, y) | x, y \in \mathbb{R}\}$ ist ein beliebiger Punkt im (hier zweidimensionalen) Designraum D, vergleiche auch Bild 2.17c. Für diesen zweidimensionalen Design*raum* hat die Level-Set-*Funktion* drei Dimensionen, die sich ergebende zweidimensionale Geometrie ist daher ein ebener Schnitt, wie ebenfalls in Bild 2.17c gezeigt. Die parametrisierte Level-Set-Funktion wird dann gradientenbasiert modifiziert, um das Optimierungsproblem zu lösen.

Die oben genannten Verfahren SIMP und Level-Set basieren üblicherweise auf einem isotropem Materialmodell, während das Homogenisierungsverfahren bereits an sich eine orthotrope lokale Materialverteilung generiert, die aber aufgrund der komplizierten lokalen Parametrisierung nur schwer umzusetzen ist. Da mit zunehmend flexibleren Fertigungsverfahren, insbesondere AM, jedoch auch eine lokale Mikrostruktur immer besser realisierbar wird, rücken Erweiterungen der obigen Verfahren bzw. neue Verfahren zur Optimierung mit anisotropen Materialmodellen in den Fokus. Dazu gehört das isoparametrische Projektionsverfahren nach NOMURA et al. [173; 174]. Hierbei handelt es sich um ein mathematisches TO-Verfahren mit vektorieller statt winkelbasierter Darstellung der lokalen Faserorientierung. Die *Discrete Material Optimisation* [175] weist lokal Materialien aus einer vorgegebenen Auswahl an Werkstoffen zu und beachtet dabei auch die Materialorientierung. Eine Stabwerksoptimierung mit Hauptnormalspannungsorientierung präsentierten ZHOU et al. [176], Tensorkomponenten des Steifigkeitstensors als Designvariablen wurden von BENDSØE et al. [177] vorgestellt. Weitere Verfahren sind SIMP-Verfahren in Kombination mit Hauptnormalspannungsorientierungen [178], *Continuous Fibre Angle Optimisation*-Verfahren mit SIMP [153] und ein mathematisches TO-Verfahren mit Festlegung *globaler* Materialoptimierungswinkel [179].

Empirische Verfahren der Topologieoptimierung

Empirische Verfahren der TO basieren auf der Anwendung einer empirischen Iterationsvorschrift [155]. Ein typisches Beispiel für empirische TO ist die Anwendung „adaptive[n] Wachstum[s], das vor allem beim Aufbau tragender biologischer Strukturen, wie de[n] (...) Knochen von Säugetieren“ [168] wirkt, in der Soft Kill Option-(SKO-)Methode. Systematisch unterteilt werden empirische TO-Verfahren in Evolutionary Structural Optimisation (ESO)-Verfahren und BESO-Verfahren (bidirectional ESO) [165]. Eine weitere Unterteilung der ESO- und BESO-Verfahren erfolgt in Hard-Kill- [165] und Soft-Kill-Verfahren [180]:

- Bei **ESO**-Verfahren können einzelne Finite Elemente lediglich „ausgeschaltet“ werden, sobald deren zugeordnete Beanspruchungsgröße (zum Beispiel Vergleichsspannung oder Dehnenergiedichte) einen bestimmten Wert unterschreitet. Dies ist vergleichbar mit Pseudodichten im SIMP-Verfahren von Eins (Vollmaterial) und Null (Loch).
- In **BESO**-Verfahren ist auch ein Reaktivieren von bereits „ausgeschalteten“ Finiten Elementen möglich.
- **Hard-Kill**-Verfahren erlauben lediglich Vollmaterial oder Loch, jedoch keine „Grauwerte“, das heißt keine Zwischenwerte von Pseudodichten zwischen null und eins. **Soft-Kill**-Verfahren ermöglichen auch solche Zwischenwerte.

Im Folgenden wird das SKO-Verfahren nach MATTHECK, BAUMGARTNER, WALTHER, GERHARDT und HARZHEIM [181–184] vorgestellt. Dieses ist ein Soft-Kill-BESO-Verfahren, da es sowohl „Grauwerte“ erlaubt als auch ein langsames „Anwachsen“ bzw. „Abbauen“ lokaler Materialeigenschaften.

Das **SKO-Verfahren** imitiert den Mineralisationsvorgang von Knochen. Dabei werden höherbeanspruchte Bereiche des Designraums ausgesteift (höherer lokaler E-Modul), niedrigbeanspruchte Bereiche werden nachgiebiger gestaltet (niedrigerer lokaler E-Modul). Den zusammengefassten Ablauf des Verfahrens nach [155] zeigt Bild 2.20. Zunächst wird ein FE-Modell des Bauraums mit allen Randbedingungen und Lasten erstellt (1). Den Finiten Elementen wird anschließend mittelbar über Knotentemperaturen der materialabhängige Start-E-Modul E_{max} zugewiesen (2). Dabei skaliert der E-Modul eines Elements linear mit der Knotentemperatur, eine Temperatur von null erzeugt ein „Loch“, eine Temperatur von 100 „Vollmaterial“. Die Einheit der Temperatur ist hier nicht relevant, da diese lediglich als Steuerungsparameter verwendet wird. Aus einer ersten FE-Berechnung (3) werden die *Knoten*vergleichsspannungen σ_i berechnet (i ist Knotenindex). Bei mehreren Lastfällen wird die jeweils maximale Knotenvergleichsspannung für die Berechnung der folgenden Iterationsvorschrift zugrunde gelegt.

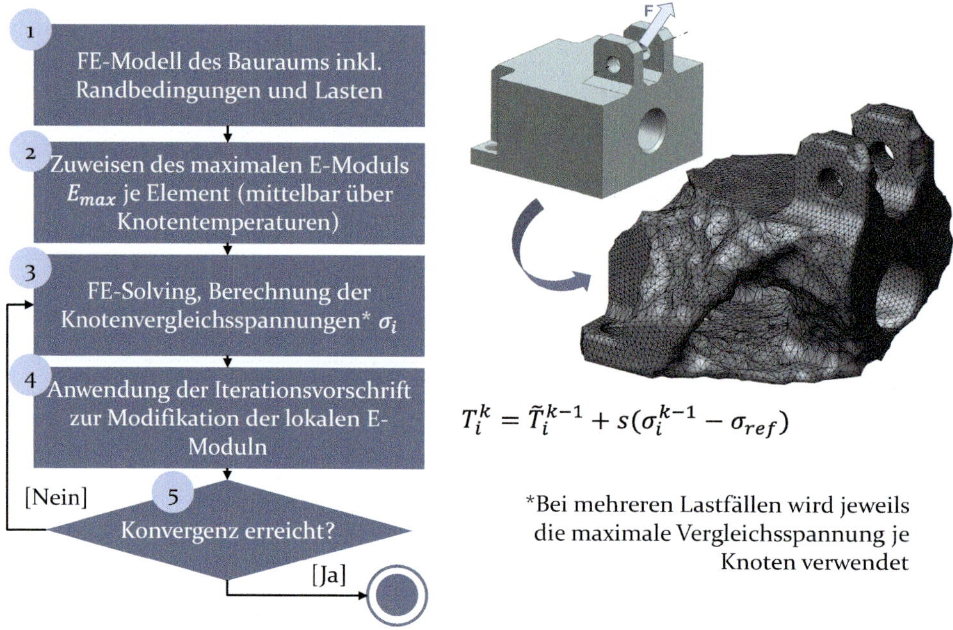

Bild 2.20: Ablauf des SKO-Verfahrens, zusammengefasst nach HARZHEIM [155].

Die Iterationsvorschrift (4) berechnet neue Knotentemperaturen, die wiederum die E-Moduln steuern. Dabei ist die neue Knotentemperatur für die aktuelle Iteration *k*: T_i^k gleich der Knotentemperatur der Vorgängeriteration $\tilde{T}_i^k$ plus der Schrittweite *s* multipliziert mit der Differenz zwischen der Knotenspannung der Vorgängeriteration σ_i^{k-1} und einer festgelegten Referenzspannung σ_{ref}. Diese Vorschrift bewirkt, dass mit zunehmender Knotenspannung die Differenz zur Referenzspannung größer wird. So wird die Knotentemperatur erhöht. Diese Erhöhung wird mit der Schrittweite *s* skaliert. Dadurch steigt der lokale E-Modul an hochbeanspruchten Stellen. Dies entspricht einem Aussteifen hochbeanspruchter Bereiche. Die maximale Temperatur wird auf 100 und die minimale Temperatur auf null begrenzt, um in real möglichen E-Modul-Bereichen zu bleiben. Mit den neuen E-Moduln wird dann der nächste FE-Rechenlauf gestartet, woraus sich eine neue Spannungsverteilung ergibt. Die Iterationen (5) werden so lange fortgesetzt, bis ein Konvergenzkriterium (zum Beispiel Änderungen der E-Moduln „sehr klein") erreicht wird.

Diskussion des SKO-Verfahrens: Das SKO-Verfahren erzeugt Designvorschläge mit einer homogenen Oberflächenspannung [155] und damit festigkeitsoptimierte Geometrien. In der oben beschriebenen Implementierung wird die Abhängigkeit von den Parametern deutlich: Eine hohe Schrittweite *s* sorgt für extreme Temperatur- und damit E-Modul-Änderungen und dadurch zu einer Annäherung an Hard-Kill-Methoden. So könnten bei hoher Schrittweite kraftflussrelevante Elemente deaktiviert werden und das Ergebnis würde unbrauchbar. Die Referenzspannung hat ebenfalls einen ähnlichen Einfluss, es wird daher empfohlen, diese graduell zu erhöhen bis zum gewünschten (Festigkeits-)Wert. Es wurde vorgeschlagen, eine Volumenanteilsteuerung über die Referenzspannung zu implementieren, ähnlich wie im SIMP-Verfahren (kleinere Referenzspannungen führen zu mehr Volumen und umgekehrt). Auch der Penalisierungsfaktor („Bestrafung“ von Zwischenpseudodichten) kann implementiert werden und wirkt sich auf die Feinheit der Ergebnisstruktur aus. Das SKO-Verfahren ist hinsichtlich der Ergebnisfeinheit auch netzabhängig. [155]

Als weitere empirische Verfahren sind auf *Cellular Automata* (CA) basierende TO-Algorithmen zu nennen, deren Prinzip es ist, „komplexe statische und dynamische Probleme in eine kleine Anzahl einfacher, lokaler Regeln zu zerlegen (das heißt Regeln, die nur auf lokalen Informationen basieren) [185; 186]. Sogenannte *Hybrid Cellular Automata* (HCA) umfassen zusätzlich globale Informationen. Auch diese wurden zur Imitation der Knochenmineralisierung angewandt [186], aber beispielsweise auch in der Crash-Topologieoptimierung [187].

Unter den empirischen TO-Verfahren existiert eine gezielte Auslegung auf anisotrope Materialien nur durch *sequenzielle* Anwendung der SKO mit nachgeschalteter CAIO-Methode, die optimierte Materialorientierungen durch Schubspannungsreduktion erreicht [168; 188–190]. Dabei wird eine iterative Ausrichtung der lokalen Materialhauptachsen nach Hauptspannungstrajektorien vorgenommen [190–192]. Das CAIO-Verfahren optimiert nur die lokale Mikrostruktur, erlaubt jedoch keine Änderung zum Beispiel der Form oder der Topologie und ist damit erst *nach* der eigentlichen TO wirksam. Es existiert jedoch eine Abhängigkeit zwischen Materialorientierungen und globaler Topologie, vergleiche zum Beispiel [173; 174], weswegen auch bei empirischen TO-Verfahren eine *gleichzeitige* Optimierung wünschenswert ist [21].

Vor- und Nachteile der mathematischen und empirischen Verfahren

Im Folgenden werden Vor- und Nachteile von mathematischen und empirischen Verfahren aufgezeigt, die als theoretischer Hintergrund zur Einordnung des neu entwickelten TO-Verfahrens (Kapitel 3.1.2) dienen sollen.

Als Vorteile der mathematischen TO gelten:

- Erweiterbarkeit um Optimierungsziele, mehrere Lastfälle, verschiedene Randbedingungen [160; 165];
- Etabliertheit und eine große Anzahl sowie stetige Weiterentwicklung von Lösungsverfahren;

Als Nachteile der mathematischen TO gelten:

- Verfahrensabhängig: Netzabhängigkeit und Checkerboarding [172];
- Teils sehr hoher Rechenaufwand bei vielen Designvariablen (z. B. Faserorientierung und Materialverteilung je Element) [173];

Als Vorteile der empirischen TO werden angeführt:

- Effizienz [181];
- Verwendung von Expertenwissen [156], physikalische Begründung und Nachvollziehbarkeit (zum Beispiel Fully Stressed Design);
- Einfache Implementierung als FE-Pre- und Postprocessor;

Als Nachteile der empirischen TO werden angeführt:

- Vollständig heuristisch, dadurch kein Beweis globaler Optimalität möglich [165];
- Verfahrensabhängig: Netzabhängigkeit und Checkerboarding;
- Bei „Auswahlverfahren“, also Verfahren, die auf der Generierung vieler Einzellösungen und der folgenden Auswahl der besten Lösung basieren (zum Beispiel bei genetischen Algorithmen), können empirische TO-Verfahren aufgrund der Vielzahl an nötigen Iterationen ineffizient sein [165];
- Erweiterbarkeit auf nicht vorgesehene Optimierungsziele, Randbedingungen und dergleichen ist nicht einfach möglich [165; 193].

2.4.3 Spezielle Optimierungsverfahren für AM

Aufbauend auf den in Kapitel 2.4.2 ausdetaillierten simulationsbasierten Optimierungsverfahren wurden spezialisierte AM-Optimierungsverfahren entwickelt. Eine Übersicht über die eingesetzten Topologieoptimierungsverfahren gibt beispielsweise Brackett [148].

Aufgrund der weitestgehenden Ausnutzung von Designfreiheiten unter den Strukturoptimierungsverfahren beschränkt sich dieser Abschnitt auf TO-Verfahren. Besonders hervorgehoben werden praktische Schwierigkeiten und spezielle Chancen, die mit TO in der Optimierung von AM-Bauteilen einhergehen [148]. Ein TO-Algorithmus sollte dabei nach [148] folgende Schwierigkeiten überwinden können:

1. **Abhängigkeit des Detailsgrads der Geometrie von der Netzfeinheit**: AM erlaubt die Fertigung sehr feiner und geometrisch aufwändiger Strukturen, die beispielsweise für Steifigkeitsoptimierung vorteilhaft sind. Ein bekanntes Beispiel sind MICHELL-Strukturen [194]. Um feine Strukturen als Optimierungsergebnis zu erhalten, ist ein ausreichend feines Netz nötig – auch, um korrekte FE-Simulationsergebnisse zu erhalten (zum Beispiel ausreichende Dickendiskretisierung in dünnen Strukturbestandteilen). Diese feine Diskretisierung ist nur für sehr kleine Bauteile mit dadurch relativ wenigen Finiten Elementen möglich, um den Optimierungsrechenaufwand praktikabel zu halten. Hier beschränkt also nicht die Fertigung das Design, sondern das Design die Fertigung [148]. Lösungsansätze sind beispielsweise Hard-Kill-Optionen mit echtem Löschen (nicht „numerisch geringer" E-Modul) von Elementen oder adaptives Remeshing in Bereichen, wo ein feines Netz tatsächlich nötig ist [195]. Alternativ kann auch ein Level-Set-Verfahren eingesetzt werden, da dort einzig die Level-Set-Funktion optimiert werden muss [148].
2. **Berücksichtigung von Fertigungsrandbedingungen:** AM-TO-Verfahren sollten Fertigungseigenheiten („manufacturing considerations") [148] berücksichtigen – beispielsweise durch Minimum-Member-Filter, die eine bestimmte Mindeststrukturgröße im Optimierungsergebnis beinhalten, um die Fertigbarkeit zu gewährleisten; oder durch die Vermeidung von Überhängen über einem gewissen Winkel, um Stützstrukturen zu reduzieren.
3. **Postprocessing (Rückführung):** Die aus der TO resultierenden Strukturen weisen häufig „treppenstufenartige" Verläufe auf, die aus der Netzdiskretisierung resultieren (vergleiche zum Beispiel voriges Bild 2.18). Um kerbspannungsarme und ästhetische Designs zu realisieren, ist daher eine Glättung und/oder Rückführung des üblicherweise als STL (Kapitel 2.1.3) vorliegenden TO-Ergebnisses nötig. Es sind Maßnahmen zur Rückführung vorzusehen. [148]

Unter Berücksichtigung dieser Anforderungen lassen sich insbesondere AM-Chancen (Kapitel 2.1.2.1) durch Latticestrukturen (dadurch Realisierung der Grauwerte, wie sie beispielsweise bei der SIMP-Methode entstehen können), Multimaterialeinsatz und Prozessparametervariation nutzen [148]. Tabelle 2.9 gibt einen Überblick über solche und weitere bisher vorgestellte AM-Strukturoptimierungsansätze und deren Anwendungszweck.

Tabelle 2.9: Spezielle AM-Strukturoptimierungsverfahren.

AM-Thematik	Literatur	Kurzbeschreibung (Verfahren, ggf. Anwendung)
Allgemein	[154]	Basierend auf Ground-Structure-Methoden werden tragwerkartige Strukturen optimiert. Für die direkte Verwendung des Ergebnisses von Vorteil sind konstante Querschnitte und die Möglichkeit, direkt Verrundungen an Knotenstellen einzubringen, während kontinuierlich optimierte Strukturen bessere Steifigkeitseigenschaften aufweisen. Zielkriterium ist Minimierung der Nachgiebigkeit. Als Anwendung werden Brückenbau, Architektur, Maschinenbau und Medizintechnik genannt.
	[196]	Die konventionelle SIMP-TO-Methode wird erweitert, um Variabilität von Designraum und Randbedingungen recheneffizient zu berücksichtigen (statt schlicht mehrere Durchläufe vorzunehmen) und eine optimierte Bauraum-Randbedingungskombination zu ermitteln.
	[148]	Herausforderungen (Netzauflösung, Fertigungsrestriktionen, Weiterverarbeitung des TO-Ergebnisses) und Potenziale (Latticestrukturen, Multimaterialbauteile und Nutzung von Prozessparametern) der Topologieoptimierung für AM werden aufgezeigt als Grundlage für AM-TO-Entwicklung. Ein BESO-Algorithmus wird um Überhang-Restriktionen erweitert.
	[162]	Trends und Herausforderungen für AM-TO werden aufgezeigt, darunter die Reduzierung von Supportstruktur, Infill-Optimierung, Lattice-Optimierung, Berücksichtigung von Anisotropie, nichtlineare und Multimaterial-TO, TO mit Material- und Fertigungsschwankungen sowie Postprocessing von TO-Ergebnissen.
Material-/ Faserorientierung (Anisotropie)	[197]	Aufbauend auf Level-Set-TO-Verfahren und grundlegenden Anforderungen des FLM-Verfahrens wird der Designraum in die drei Regionen Crust mit fester Breite (Schale), Füllung (Infill) und Hohlraum (Void) untergliedert, denen jeweils ein Elastizitätstensor zugeordnet ist. Abhängig vom Abstand zur Außenhülle der Geometrie wird der lokale Gesamt-Elastizitätstensor unterschiedlich aus den drei Einzeltensoren interpoliert. Die Methode erlaubt so beispielsweise eine Infill-Muster-abhängige Geometriefindung.

AM-Thematik	Literatur	Kurzbeschreibung (Verfahren, ggf. Anwendung)
	[174]	Mittels eines dichtebasierten Verfahrens werden simultan Materialverteilung und Materialorientierung optimiert.
	[198]	Mittels eines Level-Set-Algorithmus weden Materialoptimierung und Materialverteilung simultan optimiert (Konzentrischer und Zickzack-Infill).
	[199]	Mittels einer „SOMP" (Solid *Orthotropic* Material Penalisation) wird simultane Materialverteilungs- / Materialorientierungsoptimierung vorgenommen (ähnlich der Continuous Fibre Angle Optimisation-Methode CFAO).
Material-/ Faserorientierung für Festigkeit	[152]	Eine Topologieoptimierung für anisotrope Bauteile wird auf Festigkeit vorgestellt. Die Sensitivitätsformulierung basiert auf dem FKV-Versagenskriterium nach TSAI-WU.
Bauorientierung	[87]	Die festigkeitsoptimierte Bauorientierung einer gesamten Bauteilgeometrie wird ermittelt (Maximierung des Sicherheitsfaktors). Der Ansatz ist metamodellbasiert und verwendet Sampling von vergleichsweise wenigen FE-Simulationen.
Innenstrukturen	[200]	Verschiedene parametrisch generierte Innenstrukturen werden experimentell verglichen. Die so gewonnenen mechanischen Eigenschaften werden dann in einem Optimierungsmodell eingesetzt, welches Bauzeit, Materialverbrauch, Oberflächennachbehandlung, Geometrie und Festigkeitseigenschaften berücksichtigt. Der verwendete Optimierungsalgorithmus ist ein genetischer Algorithmus. Die ermittelte optimierte Orientierung wird wiederum experimentell validiert.
Infill/Füllstruktur	[201]	Infillstrukturen werden zur Verbesserung des Knickverhaltens optimiert.
Stützstrukturen/ Überhang	[202]	Unter Verwendung von Bildanalyse-Algorithmen wird eine neue Restriktion für TO-Algorithmen entwickelt, die einen maximalen Überhangwinkel sicherstellt und damit sich selbst stützende Strukturen erlaubt.
	[203]	Neue Filter werden vorgestellt, die Überhang kontrollieren und minimale Strukturgröße sicherstellen.

AM-Thematik	Literatur	Kurzbeschreibung (Verfahren, ggf. Anwendung)
	[204]	TO wird unter Berücksichtigung der nötigen Stützstruktur durchgeführt, verwendet wird dabei die SIMP-Methode. Kostenbasiert wird Stützmaterial und -entfernungszeit berücksichtigt. Dadurch wird eine bessere Oberflächenstruktur erreicht.
	[205]	Überhangbedingungen werden mittels Bestrafungsfunktion kontrolliert, um daraus resultierende Spannungsspitzen zu vermeiden.
	[206]	Topologieoptimierung für AM ohne nötige Stützstrukturen wird eingeführt.
Gitter	[207]	Für optimierte Gitterstrukturen wird die optimale Bauorientierung ermittelt unter Nutzung von Optimalitätskriterien (Fully Stressed Design).
Druckzeit/ Druckkosten-reduktion	[208]	Die Druckzeit wird über die Minimierung von Oberfläche, Volumen und Stützstrukturen optimiert.
	[209]	Druckzeit wird für schichtbasierte AM-Prozesse durch Minimierung des *Umfangs* der Struktur optimiert. Hierzu wird wahrscheinlichkeitsbasiert die Entscheidung getroffen, ob ein TO-Element entlang des Umfangs entfernt oder erstellt wird, schwarz-weiß-Designs werden dann durch Penalisierung sichergestellt.
Mikrostrukturen	[210]	Reduzierte Mikrostrukturen werden innerhalb einer Multiskalen-TO für AM-Prozesse eingesetzt.
Werkstoffkennwerte	[211]	Isotrope Werkstoffkennwerte für AM-TO-Verfahren werden nicht-destruktiv durch die „Impulse Excitation Technique" ermittelt.

Im Folgenden werden Stärken und Forschungslücken der bestehenden Verfahren beschrieben.

2.4.4 Diskussion der AM-Optimierungsverfahren

BRACKETT et al. nennen zwei besondere Herausforderungen in der Optimierung/DfAM: Zum einen sei die Integration von Fertigungsrestriktionen nötig, zum anderen sei die Netzabhängigkeit ein Problem, da feine Details, die mit AM fertigbar wären, in Simulationsmodellen unverhältnismäßig großen Rechenaufwand durch feine Diskretisierung bedingen [148].

Eine **Fertigungsrestriktion**, die Reduzierung von Überhang, wird von den Autoren in der Topologieoptimierung adressiert. Überhang kann strukturmechanisch sinnvoll sein und durch Stützstrukturen ermöglicht werden. Diese Überlegung zeigt sich in bestehenden Ansätzen zu Stützstruktur-

Reduktion bzw. Überhangkontrolle so jedoch nicht, der einfachen Fertigung bzw. Stützstrukturersparnis wird Priorität eingeräumt, so für Überhangreduktion [202; 205], Stützstrukturdesign in der TO [204], Bauzeit- und Supportoptimierung [208] oder Stützstruktur- und Supportoptimierung [212].

Bezüglich der Generierung von **Extrusionspfaden** stellen viele Ansätze ebenfalls vorrangig auf die Produktionstechnik statt auf Strukturmechanik ab. Typische Zielkriterien sind hier Bauzeitreduktion, Verzugsminimierung und wiederum Stützstrukturvermeidung [98; 101–103; 108–110; 213; 214].

Hinsichtlich der **Topologieoptimierungsverfahren** existieren viele Ansätze. Der bereits erwähnte BESO-Algorithmus nach BRACKETT et al. [148] beschränkt sich auf die Integration von Überhangrestriktionen. Ein deutlich weitreichender Level-Set-Ansatz wurde von LIU et al. [215] vorgestellt. Dieser beinhaltet bereits die Bauorientierungsoptimierung und auch die fertigungsinduzierte Materialanisotropie in den Bauteilen. Hierbei ergeben sich die Extrusionspfade aus den Isolinien des Level-Set-Ergebnisses. Die erzeugte Anisotropie wird dann in der Level-Set-Formulierung berücksichtigt und findet damit Eingang in die Topologie. Dies hat den Nebenvorteil, dass Pfade weitgehend ununterbrochen und stetig sind. Dennoch sind die sich so ergebenden Pfade nicht nötigerweise auf Steifigkeit oder Festigkeit optimiert, dies wird auch nicht angestrebt. Im Vergleich zu anderen *Level-Set*-Methoden zeigen die Autoren einen Effizienzvorteil auf und benötigen etwa 150 Iterationen für ein Kragträger-Problem mit vorgegebener Geometrie. Vergleiche zu alternativen Algorithmen werden nicht angestellt. Verschiedene, sogenannte „crust-and-bulk“-Modelle wurden ebenfalls vorgestellt [149]. Die Idee basiert darauf, die Außenkontur einer vorgegebenen Geometrie als Shell (Kapitel 2.2.3) zu nutzen („crust“) und den Innenbereich mit anderem Infill zu füllen („bulk“). Dies wird auch in der meisten Slicing-Software verwendet. Verschiedene Infills werden anschließend verglichen und Optimierungen mit vorgegebenen Infills durchgeführt. Dies nutzt jedoch die möglichen Freiheitsgrade – Infill-Gestaltung und Außengeometrie – nicht sehr weitgehend aus. Zudem sind Infill und Außengeometrie während der Optimierung voneinander losgelöst. Die Studie beschränkt sich auf 2D-Modelle, wodurch eine Baurichtungsoptimierung entfällt. Allgemeine TO für anisotrope Materialien wird vorgestellt von NOMURA et al. [173; 174], diese hat jedoch dort noch keinen AM-Bezug. Der Bezug wird von den Autoren später ergänzt [216]. Dort wird ein Ansatz vorgestellt, der Baurichtungsoptimierung, Spannungsrestriktionen und Verbindungsstellen in Baugruppen berücksichtigt und damit deutlich weitreichender ist. Die extrusionspfadweise Infill-Orientierung in den Schichten wird jedoch nicht eigens optimiert. Von MIRZENDEHDEL et al. [151; 152] wird ein TO-Verfahren unter Berücksichtigung von Anisotropie und Tsai-Wu-Versagenskriterium vorgestellt, das auf einer ±45°-Infill-Orientierung aufbaut. Die Autoren erklären, dass das Verfahren auch auf kompliziertere Modelle anwendbar sei. Nötige Schritte nach der Topologieoptimierung für den FLM-Prozess werden nicht weiter beleuchtet (wie beispielsweise Kontur- und Extrusionspfadgenerierung). Hoglund et al. stellen einen simultanen 2D-TO-Ansatz für FLM vor [153], der positive Auswirkungen einer CFAO-Optimierung auf die Steifigkeit zeigt und auf vorteilhafte Steifigkeitseigenschaften durch konzentrische Infill-Muster hindeutet, jedoch keine allgemeinere Anwendbarkeit (z. B. bezüglich 3D-Bauteile, mehrerer Lastfälle, direkter Pfadgenerierung) hat. Unter Verwendung von Ersatzmodellen wird von ULU et al. [87] ein definierter Sicherheitsfaktor durch Baurichtungsoptimierung erhöht, ohne weitere Optimierung.

Bestehende Optimierungsverfahren besitzen trotz ihrer Fähigkeiten häufig einen fast ausschließlichen Fertigungsfokus oder befassen sich mit speziellen Teilschritten einer umfassenderen Optimierung, mit nur teilweiser Betrachtung der fertigungsinduzierten Materialanisotropie, deren Zustandekommen und Auswirkungen in Kapitel 2.2.2 beschrieben sind. Die Anisotropie hat jedoch hohe Auswirkungen auf TO-Ergebnisse für additiv gefertigte Strukturen [217].

2.5 Nutzenpotenzial und Handlungsbedarf

Die Notwendigkeit eines geeigneten, umfassenden Auslegungsansatzes, der Erforschung von Leichtbaupotenzial durch FKV-FLM und das geplante Vorgehen werden in den folgenden Unterkapiteln nach der *Design Research Methodology* [18; 218] dargelegt. Als Basis dienen die aufgezeigten Potenziale im Stand der Technik und bestehenden Forschungslücken.

2.5.1 Ableitung der Ziele und Forschungsumfeld

Aus dem Stand der Technik ergibt sich, dass die Flexibilität der AM-Verfahren hinsichtlich Designfreiheiten, aber auch beispielsweise zeitlich, örtlich und bezogen auf Stückzahlen für großes Interesse sowohl in der Forschung (Kapitel 2.1.2) als auch in der Anwendung [4] sorgt. Dies reicht vom Prototypen (Rapid Prototyping) über Werkzeugbau (Rapid Tooling) bis hin zum eigentlichen Strukturbauteil (Direct Manufacturing) und zur Reparatur (Rapid Repair) [3]. Der Bedarf, AM-Bauteile auch in strukturkritischen Anwendungen einsetzen, stellt dabei besondere Anforderungen an die

Auslegung. Dies gilt insbesondere unter Beachtung der Materialanisotropie im FLM-Verfahren, die gerade bei der Verwendung von FKV ausgeprägt ist (Kapitel 2.2). Eine Vielzahl an Ansätzen zur Verbesserung der *Fertigungsgerechtheit* von FLM-Bauteilen liegt vor. Diese fokussieren auf Kriterien wie Bauzeitreduktion, Stützstrukturreduktion und Verzugsminimierung bei beispielsweise gleichzeitig guter Oberflächenqualität und sind sehr förderlich für die Qualität von AM-Bauteilen. Jedoch bedarf es, um das volle Potenzial der Designfreiheiten [2] ausschöpfen zu können, zusätzlich spezieller DfAM-Ansätze. Diese sind bei der konkreten Auslegung – das heißt, erst nach der Auswahl des geeigneten AM-Verfahrens für die konstruktive Fragestellung selbst [35] – verfahrensbezogen zu verwenden. Unter den AM-*Verfahren* bietet das FLM-Verfahren, wie in Kapitel 2.1.1.5 beschrieben, eine besonders gute Eignung für die Fertigung von Bauteilen aus FKV. Der Einsatz von FKV ermöglicht bei korrekter Auslegung strukturmechanisch und leichtbaubezogen große Vorteile gegenüber den meisten anderen Werkstoffen aufgrund der hohen massespezifischen Steifigkeit und Festigkeit [15]. Gleichzeitig ist das FLM-Verfahren weit verbreitet und in Anschaffungs- und Verbrauchskosten wirtschaftlich [4; 5]. Eine systematische, durchgängige Unterstützung von Produktentwickelnden vom Bauraum bis hin zum Bauteil für FKV-FLM ist aufgrund der Vielzahl von Designfreiheiten und den dadurch nötigen *konstruktionstechnischen* Entscheidungen wünschenswert. Bisher finden sich in der Literatur jedoch vielfach Einzellösungen (Kapitel 2.4.3), die sich beschränken auf:

- Reine Optimierung von Materialverteilung (TO), meist ohne Baurichtungsoptimierung oder Materialorientierung;
- Optimierung von Materialverteilung und -orientierung ohne direkten FLM-Bezug oder FLM-Anwendbarkeit;
- Die *Analyse* verschiedener Infills („Raster"), beispielsweise der Vergleich unterschiedlicher Füllgrade oder Füllmuster, nicht aber die zielgerichtete *Synthese* kraftflussgerechter Infill-Muster;
- Die Generierung von Rastern für spezielle Anwendungsfälle (Oberflächenqualität, bestimmte Anwendungsbereiche wie Biomedizin);
- Die Analyse einzelner Werkstoffe (FKV-Filamente);
- Die Analyse von Werkstoffparametern, etwa Faservolumenanteil;
- Die Analyse von geeigneten Druckparametern.

Ziel ist demgegenüber daher die Erforschung eines strukturierten, umfassenden Ansatzes zur Unterstützung von Produktentwickelnden bei der Auslegung beanspruchungsgerechter FKV-FLM-Bauteile, die auch für strukturrelevante Anwendungen eingesetzt werden können. Hierbei liegt ein besonderer Fokus auf der umfassenden Ausnutzung der Anisotropie.

Wie im nächsten Unterkapitel 2.5.2 dargelegt, soll ein Beitrag zur Schließung der aufgezeigten Forschungslücken geleistet werden.

2.5.2 Erforschung

Ein durchgängiger Ansatz muss die oben aufgelisteten Erkenntnisse integrieren und gleichzeitig Fehlendes ergänzen. So erfordert die ausgeprägte, fertigungs- und werkstoffinduzierte Bauteilanisotropie insbesondere in Richtung der Druckerhochachse umfassende Berücksichtigung. Die spätere Grobgestalt (Topologie) und innere Feingestalt („Infill", vgl. Kapitel 2.2.3) des Bauteils müssen ebenfalls so ausgelegt werden, dass die Anisotropie genutzt wird. Dies muss auch unter mehreren Lastfällen möglich sein. Der Ansatz sollte für verschiedene Faser-Matrix-Kombinationen und das sich dadurch ergebende Materialverhalten einsetzbar sein. Das generierte Bauteil soll aufgrund der hohen Bauteilkompliziertheit rechnerunterstützt nachgerechnet werden können. Zur Optimierung und Nachrechnung ist ein geeignetes Materialmodell nötig, welches aus entsprechenden Prüfverfahren gewonnen werden kann. Für diese Bereiche – Baurichtung, Optimierung von Materialverteilung und -orientierung, Generierung von daraus abgeleiteter Fertigungsinformation, Simulation – werden geeignete Methoden und Werkzeuge erforscht.

2.5.3 Anforderungen und Evaluierung

Die gewonnenen Einzelbestandteile des Ansatzes müssen vorher definierten Erfolgskriterien („criteria of success" [218]) genügen. Dazu wird hier folgende Forschungsfrage formuliert:

Lassen sich durch geeignete Optimierungsmaßnahmen der Außengestalt und Innenstruktur – aufgrund der besseren Ausnutzung der fertigungsinduzierten Materialanisotropie – hinsichtlich Steifigkeit und Festigkeit bessere FLM-Bauteile generieren als durch konventionelle Außengestalt und Innenstrukturen?

„Konventionelle Außengestalt" entspricht dabei einer Konstruktion, die die Materialanisotropie nicht explizit mitberücksichtigt; „Konventionelle Innenstrukturen" bedeutet nicht-optimierte, in Slicer-Software verfügbare Infill-Muster. Es werden folgende Anforderungen berücksichtigt:

1. Fertigungs- und werkstoffinduzierte Materialanisotropie sollen in jedem Schritt des Ansatzes berücksichtigt werden.
2. Dadurch gehobenes Leichtbaupotenzial soll aufgezeigt und an Demonstratoren quantifiziert werden.

3. Der Ansatz muss die Berücksichtigung mehrerer Lastfälle und Anforderungen von Produktentwickelnden hinsichtlich der Beibehaltung von Anbindungsstellen erlauben.
4. Der Ansatz soll für Produktentwickelnde einfach anwendbar bleiben, indem die einzelnen Schritte durchgängig und sequenziell durchführbar sein und möglichst wenig manuelle Interaktion benötigen sollen.
5. Die erzeugten Bauteile sollen auf konventionell erhältlichen FLM-Druckern mit entsprechender Umrüstung für FKV-Filament fertigbar sein.

Einen abschließenden Überblick über die systematische Darlegung des Handlungsbedarfs gibt Bild 2.21.

Ableitung der Ziele
Research Clarification

- Bedarf an belastbaren FLM-Bauteilen
- Fertigungs- und Beanspruchungsgerechtheit erfordern Symbiose

Ziel: Umfassender Ansatz zur Unterstützung von Produktentwickelnden bei der Auslegung kraftflussgerechter FLM-Bauteile

Verständnis
Descriptive Study I

- Einflüsse: AM – Chancen & Möglichkeiten
- Qualität (Optimierung) – Zeit (Konvergenz und Strukturierung) – Kosten (Verfahrensauswahl)

Erforschung
Prescriptive Study

- „Vom Bauraum zum Bauteil"
- Optimierung – Pfadgenerierung – Simulation

Evaluierung
Descriptive Study II

- Untersuchung der Einzelschritte des Ansatzes
- Durchgehende Anwendung des Ansatzes auf realitätsnahes Beispielbauteil

Bild 2.21: Aufzeigen des Handlungsbedarfs nach dem Schema der *Design Research Methodology* [18; 218].

Um strukturrelevante FLM-Bauteile auslegen und herstellen zu können, bedarf es einer Symbiose aus Beanspruchungsgerechtheit und Fertigungsgerechtheit. Bisherige Ansätze fokussieren überwiegend auf eine der beiden Seiten. Daraus leitet sich das Ziel ab, im vorliegenden Ansatz beide Anforderungen zu berücksichtigen, um Forschungslücken zu schließen und Produktentwickelnde strukturiert bei der Erarbeitung von Leichtbaulösungen anzuleiten. Die Chancen und Möglichkeiten von AM werden hierfür genutzt, wie im Stand der Technik dargelegt, um Anforderungen wie Qualität, benötigte Zeit und Kosten in Auslegung *und* Fertigung zu berücksichtigen. Die Erforschung der notwendigen und möglichen Vorgehensweisen erfolgt umfänglich vom Bauraum zum Bauteil, von der Optimierung über Preprocessing für die Fertigung bis zur (Nach-)Simulation. Die Einzelschritte des Ansatzes werden abschließend untersucht und durchgehend auf ein Beispielbauteil angewandt, um die praktische Anwendbarkeit und Erfüllung der gestellten Anforderungen zu prüfen. Das erzielte Leichtbaupotenzial wird untersucht und quantifiziert.

3 Ansatz zur kraftflussgerechten Auslegung von FLM-Faserverbundbauteilen

Im vorherigen Kapitel wurde die Notwendigkeit eines Vorgehens zur Auslegung beanspruchungsgerechter FLM-FKV-Bauteile aufgezeigt. Davon ausgehend wird in den folgenden Kapiteln der neue Ansatz erläutert. Zwischenschritte werden anhand einfacher 2D-Beispiele illustriert, bevor in Kapitel 4 eine ausführliche Studie mit einem 3D-Demonstrator durchgeführt wird. Die übergeordnete Idee des Ansatzes richtet sich nach den Anforderungen, die aus dem Stand der Technik abgeleitet wurden (Kapitel 2.5.3).

Die fertigungs- und werkstoffinduzierte Materialanisotropie wird in jedem Einzelschritt berücksichtigt (1. Anforderung). Dies erfolgt zunächst in der **Baurichtungsoptimierung** (Kapitel 3.1.1). Die globale Orientierung des Bauteils auf der Bauplattform entscheidet über die Aufbaurichtung der Schichten und ist damit maßgeblich für den Anteil der Lasten, der *zwischen* den Schichten transferiert wird – und damit dort, wo das orthotrope FLM-FKV-Materialmodell die niedrigste Steifigkeit und Festigkeit aufweist (vgl. Kapitel 2.2.2.2). Weiterhin wird die Anisotropie direkt in der **Topologieoptimierung** mit orthotropem Materialmodell berücksichtigt, wobei parallel Materialverteilung (Außengestalt) und Materialorientierung (Innenstruktur, Extrusionspfade) optimiert werden (Kapitel 3.1.2). Dies bedeutet, dass die Materialverteilung *bereits während der Iterationen* die Materialorientierung beeinflusst und umgekehrt. Die Effektivität dieser *gleichzeitigen* Optimierung gegenüber einer *sequenziellen* Optimierung wird aufgezeigt (bei der sequenziellen Optimierung erfolgt erst die Optimierung der Materialverteilung mittels isotroper TO, dann der lokalen Materialorientierung, z. B. mittels CAIO). Die **Pfadgenerierung,** Kapitel 3.2, führt direkt zu Extrusionpfaden als Building Source, die mittels eines FLM-Druckers gedruckt werden kann. Da diese Pfade direkt auf den gewonnenen Materialorientierungen aufbauen, berücksichtigen auch diese die anisotropen Eigenschaften. Auch die nachgeschaltete **Simulation** zum Vergleich verschiedener Infill-Muster bildet Extrusionspfade aus der Building Source direkt auf ein FE-Modell ab und berücksichtigt so deren Verlauf (Kapitel 3.3). Das gehobene Leichtbaupotenzial wird stets an Demonstratoren quantifiziert (2. Anforderung). Hierzu dient meist ein Vergleich der erzielten, zu minimierenden Dehnenergie und des dafür aufgewendeten Volumens.

Um der Anforderung 3 (mehrere Lastfälle und Beibehaltung von Anbindungsstellen) gerecht zu werden, erfolgt eine entsprechende Modifikation des TO-Algorithmus in Kapitel 3.1.4. Alle Schritte bauen sequenziell aufeinander auf (4. Anforderung), Iterationen des Vorgehens werden später diskutiert (Kapitel 5.1). Zuletzt dient die Pfadgenerierung (Kapitel 3.2 zur 5. Anforderung) der direkten Druckbarkeit auf FLM-Druckern. Nötige Umrüstungen werden beschrieben (Kapitel 4.4.2).

3.1 Optimierung

Die Optimierung besteht aus zwei Hauptbestandteilen. Zunächst wird ein Verfahren zur Optimierung und Festlegung der Baurichtung auf der Druckplattform der AM-Maschine vorgestellt. Darauf aufbauend wird eine TO mit orthotropem Materialmodell eingeführt, die den schichtweisen Aufbau des Bauteils unter mehreren Lastfällen berücksichtigt.

Den großen Einfluss der Bauteilorientierung auf die folgenden Steifigkeits- und Festigkeitseigenschaften – und damit die Wichtigkeit für die Auslegung – illustriert Bild 3.1.

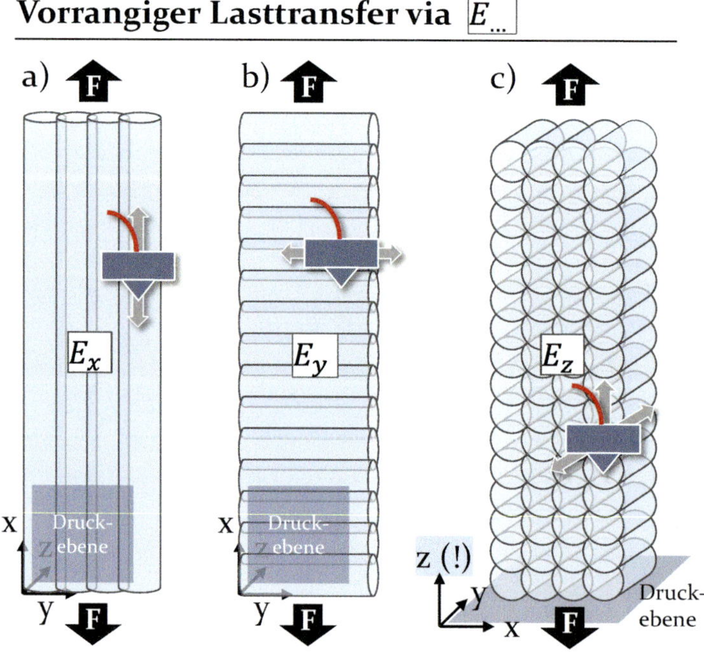

Bild 3.1: Einfluss der Extrusionpfadrichtung relativ zur Beanspruchung, a) Kraftfluss in Extrusionspfadrichtung (E_x hauptsächlich beansprucht), b) Kraftfluss quer dazu in Druckebene (E_y dominant) und c) Kraftfluss in Höhenrichtung (E_z hauptsächlich beansprucht).

In Bild 3.1 a) bis c) ist jeweils der gleiche Zuglastfall abgebildet. Relativ zur Extrusionspfadorientierung ergeben sich jedoch unterschiedliche Lastpfadverläufe. Die vorgestellten Materialien in Kapitel 2.2.2.2 weisen zumeist $E_x > E_y > E_z$ auf, einerseits aufgrund der Ausrichtung der Fasern in Extrusionpfadrichtung und Leerstellen (hoher Längs-E-Modul E_x und geringerer Quer-E-Modul in der Druckplattformebene E_y), andererseits unter anderem aufgrund der unterschiedlichen Temperaturen der Extrusionsstränge zwischen den Schichten beim Aufbringen (geringerer E_z). Ähnliches gilt für die Zugfestigkeiten. So liegt auf der Hand, dass für den vorgegebenen Lastfall die Orientierung in Bild 3.1 a) hinsichtlich Steifigkeit und Festigkeit gegenüber den Orientierungen b) und c) günstiger ist, da dort der größte E-Modul E_x vorrangig genutzt wird. Diese Erkenntnis soll in allgemeinerer Form im Folgenden als Ausgangspunkt dienen.

3.1.1 Berechnung der Baurichtung

Wie im Stand der Technik dargelegt (Kapitel 2.2.2) und eben verdeutlicht, besitzen FLM-Bauteile eine deutlich ausgeprägte Anisotropie. Insbesondere zwischen den Druckschichten sind Steifigkeit und Festigkeit stark reduziert. Der neue Ansatz zielt darauf ab, diesen Einfluss zu berücksichtigen.

Hierzu wird nach einer ersten FE-Simulation des Bauraums und den so abgeleiteten Kraftflussrichtungen (Hauptspannungstrajektorien) eine Bauorientierungsoptimierung durchgeführt. Ziel ist es, die Kraftflüsse so weit wie möglich in die XY-Ebene der AM-Maschine zu bringen und den Lasttransfer durch die Schichten zu reduzieren. Die Umlagerung der Kraftflüsse durch die neue Materialverteilung bzw. Materialorientierung aus der darauf aufbauenden TO und die dadurch möglicherweise veränderte, optimierte Baurichtung werden in den Kapiteln 4.1 und 4.2 untersucht.

3.1.1.1 Einführung der Baurichtungsorientierung

Zur Ermittlung der Bauorientierung dient der in Bild 3.2 dargestellte Optimierungsprozess. Im ersten Schritt erfolgt eine FE-Simulation des gesamten Bauraums unter den TO-relevanten Randbedingungen und Lasten (1). Aus den gewonnenen Spannungstensoren werden *alle* Hauptspannungen und Hauptspannungsrichtungen berechnet (2). Durch die z-Achse $\vec{z}$ (aus dem Bauraum-CAD) wird initial eine Druckplattform-XY-Ebene festgelegt. Zu dieser werden anschließend die minimalen Differenzwinkel $\delta \in [0°, 90°]$ zwischen Ebene und Hauptspannungsrichtungen berechnet (3).

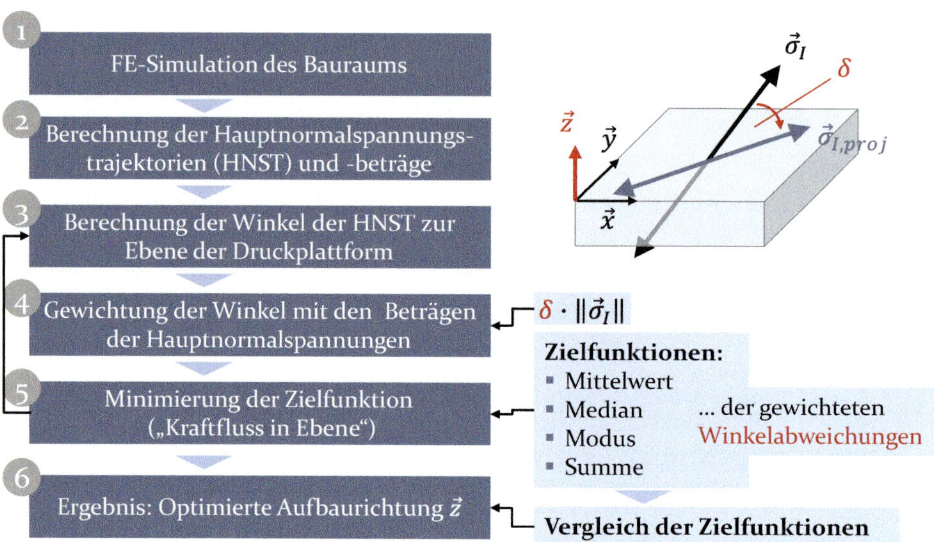

Bild 3.2: Ablauf der Optimierung der Baurichtung $\vec{z}$.

Anschließend werden diese mit den Beträgen der Hauptnormalspannungen gewichtet (4). Die Gewichtung der Hauptspannungen (in MPa) mit der Winkeldifferenz (in Grad, °) führt bei den gewichteten Hauptnormalspannungen zur Einheit Grad · Megapascal, also °MPa. Exemplarisch für die erste Hauptspannung $\sigma_{I,i}$ mit der Winkelabweichung $\delta_{I,i}$ des Hauptspannungsvektors $\overrightarrow{\sigma_{I,i}}$ zur Druckplattform für ein Finites Element i wird die gewichtete Winkelabweichung $\delta_{I,i,w}$wie folgt berechnet, Formel (3):

$$\delta_{I,i,w} = \delta_{I,i} \cdot \sigma_{I,i} \tag{3}$$

Analog erfolgt dies für alle anderen Elemente, Hauptspannungen und Winkelabweichungen. Das Vorgehen wurde vom Autor veröffentlicht [19]. Die Gewichtung erzeugt in der Optimierung dann die in Bild 3.3 dargestellte Modifikation in verschiedenen Fällen. Um auch den Einfluss der lokalen Beanspruchung und nicht lediglich Orientierungsinformationen zu berücksichtigen, werden die Differenzwinkel mit Hauptspannungen gewichtet. Daraus ergibt sich die obige Vierfeldertafel (Bild 3.3): Kleine Differenzwinkel mit geringen Hauptspannungen werden in der Zielfunktion geringer gewichtet, ebenso werden große Differenzwinkel dort, wo geringe Beanspruchung auftritt, geringer gewichtet. Hingegen werden auch *kleine* Differenzwinkel dort, wo die Beanspruchung groß ist, in der zu minimierenden Zielfunktion stärker gewertet. Bereiche mit großen Differenzwinkeln zur Druckplattform *und* großen Hauptspannungen erhalten den insgesamt höchsten Gesamtbeitrag.

Winkelabweichung δ / Betrag der Hauptspannung	**Gering**	**Groß**
Gering	Gewichtete Winkelabweichung fällt: *„unkritisch"*	Geringe Hauptsp. gewichtet große δ geringer in Zielfunktion: *„Winkelabweichung groß, aber Beanspruchung unkritisch"*
Groß	Große Hauptsp. gewichtet kleine δ höher in Zielfunktion: *„Winkelabweichung gering, aber Beanspruchung lokal hoch"*	Gewichtete Winkelabweichung steigt: *„kritisch"*

Bild 3.3: Modifikation des Optimierungsproblems durch Gewichtung der Winkelabweichungen.

Anschließend wird aus den gewichteten Differenzwinkeln die Zielfunktion gebildet, Bild 3.2 (5). Um den Einfluss der Wahl der Zielfunktion auf das Ergebnis betrachten zu können, werden insgesamt vier Zielfunktionen verwendet, die jeweils minimiert werden:

1. Arithmetischer Mittelwert der gewichteten Winkelabweichungen;
2. Median der gewichteten Winkelabweichungen, um den Einfluss von Ausreißern (z. B. wenige sehr hohe oder niedrige Werte) auszugleichen;
3. Modus der auf eine Nachkommastelle gerundeten gewichteten Winkelabweichungen (Minimierung des häufigst auftretenden Werts, der nur gefunden werden kann, wenn die Winkelabweichungen in diskrete Schritte unterteilt werden. Wären Schritte nicht diskret, wäre jeder Wert durch die Nachkommastellen einzigartig und die Ermittlung des häufigsten Werts nicht möglich.);
4. Summe der gewichteten Winkelabweichungen.

Die spätere Drucker-z-Achse $\vec{z}$ mit den drei Komponenten (x_z, y_z, z_z) ist die Optimierungsvariable. Als gültiger Wertebereich für die drei Komponenten gilt $x_z, y_z, z_z \in [-1{,}1]$. Für die Zielfunktionen Mittelwert, Median und Summe wird zur Optimierung der *fmincon*-Algorithmus aus MATLAB verwendet. Für den Modus als Zielfunktion wird der genetische Algorithmus (GA) aus MATLAB verwendet, da der Modus unstetige Funktionswerte zurückgibt (der häufigst auftretende Wert „springt" diskret durch die Rundung auf eine Nachkommastelle). Um dem Zufallsprinzip von genetischen Algorithmen bei der Initialisierung der Populationen und während der Mutationen Rechnung zu tragen, wird der GA jeweils mehrere Male mit unterschiedlichen Random Seeds durchgeführt und daraus das beste Ergebnis berechnet. Histogramme werden verwendet, um die beste Zielfunktion zu ermitteln: Ein großer Anteil kleiner gewichteter Winkelabweichungen ist dann aus den jeweiligen Bins („Behältern" der Histogramme zwischen zwei Werten) ablesbar. Zudem wird die Summe der gewichteten Abweichungen verglichen. Anschaulich zeigt dieses Vorgehen das folgende Kapitel 3.1.1.2. In den darin enthaltenen und späteren Ergebnisdarstellungen wird der gefundene Baurichtungsvektor jeweils auf die Länge 1 normiert angegeben, da dieser nur Richtungsinformation beinhaltet.

3.1.1.2 Demonstration an einem einfachen Demonstrator

Zur besseren Veranschaulichung der Baurichtungsoptimierung wird in diesem Kapitel ein einfacher Demonstrator unter zwei Lastfällen optimiert, siehe Bild 3.4. Dieser dient der Verständlichkeit, ausführlich wird die Methode in Kapitel 4.1 angewandt und in Kapitel 5.1 diskutiert.

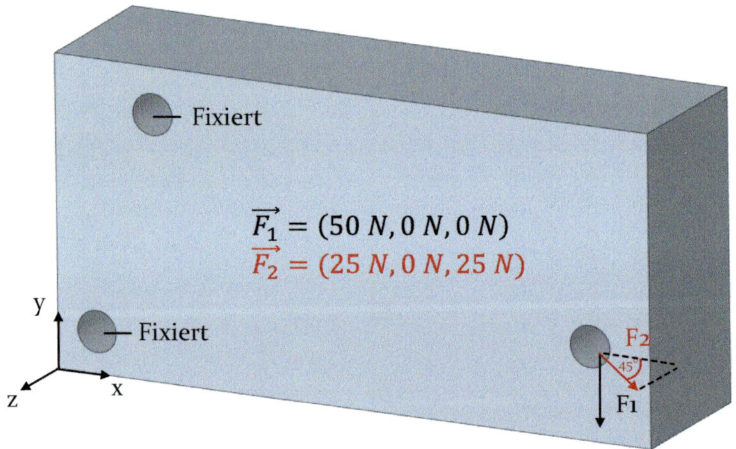

Bild 3.4: Einführung der Lastfälle für die Baurichtungsoptimierung.

Die beiden linken Bohrungen werden fest eingespannt (alle Verschiebungsfreiheitsgrade gleich null). An der rechten Bohrung wirkt im ersten Lastfall eine Kraft mit 50 N in negative y-Richtung (F_1), im zweiten Lastfall eine Kraft 45° diagonal in der XZ-Ebene ($F_{2x} = F_{2z} = 25\,N$). Betragsmäßig ist die Kraft im zweiten Lastfall geringer (gesamt 35,35 N). Bild 3.5 illustriert die Vektorfelder und zeigt die Hauptspannungsrichtungen. Die Längen der Vektoren entsprechen deren Betrag (Hauptspannungen). Dabei sind Zughauptspannungen in rot und Druckhauptspannungen in blau dargestellt.

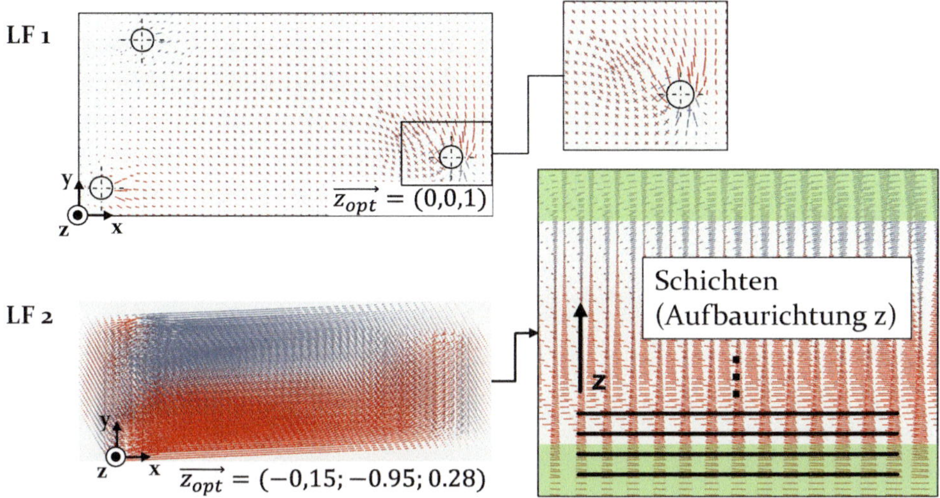

Bild 3.5: Ergebnisvektorfelder der beiden Lastfälle bei Draufsicht (Lastfall 1, ebener Spannungszustand) und von der Seite (Lastfall 2).

Für den ersten Lastfall ergibt sich $\vec{z} = (0{,}0{,}1)$ als optimierte Richtung mit geringster durchschnittlicher Winkelabweichung von 0,61 °MPa. Dieses Ergebnis entsteht bei Minimierung des Mittelwerts bzw. der Summe der gewichteten Winkelabweichungen als Optimierungsziel. Es passt zur ebenen Geometrie und der Last, die ebenfalls innerhalb der XY-Ebene wirkt. Für den zweiten Lastfall wäre angesichts der Last in der XZ-Ebene $\vec{z} = (0{,}1{,}0)$ zu erwarten. Es ergibt sich dann aufgrund der asymmetrischen Lasteinleitung die optimierte Baurichtung $\overrightarrow{z_{opt}} = (-0{,}15; -0{,}95; 0{,}28)$, die wegen des ebenfalls leicht schiefen Kraftflussverlaufs durch asymmetrische Lagerungen und Lasteinleitung etwas von der y-Achse abweicht. Das Vektorfeld für Lastfall 2 in Bild 3.5 zeigt die Biegespannungen bei Draufsicht auf die optimierte z-Achse, die dann genau innerhalb der Druckebene verlaufen. Die Abbildung auf der rechten Seite zeigt schematisch den späteren schichtweisen Aufbau. Die Schichten sind hier durch schwarze, dicke Linien markiert. Insbesondere in den grünen Bereichen hoher Beanspruchung (lange Vektoren) zeigt sich hier, dass die Hauptspannungsrichtungen deutlich parallel zur neuen XY-Ebene (spätere Bauplattform) liegen. Zum Vergleich unterschiedlicher Optimierungsziele zeigt Bild 3.6 eine Gegenüberstellung der mittleren gewichteten Winkelabweichungen der Hauptspannungsvektoren zur Bauplattform. Das Diagramm zeigt die Optimierungsergebnisse für Lastfall 1, Lastfall 2 und die kombinierte Optimierung. Für Lastfall 1 ergeben Mittelwert, Median und Summe gleichermaßen (0,0,1) als optimierte Baurichtung und damit auch dieselbe mittlere gewichtete Winkelabweichung von 0,61 °MPa.

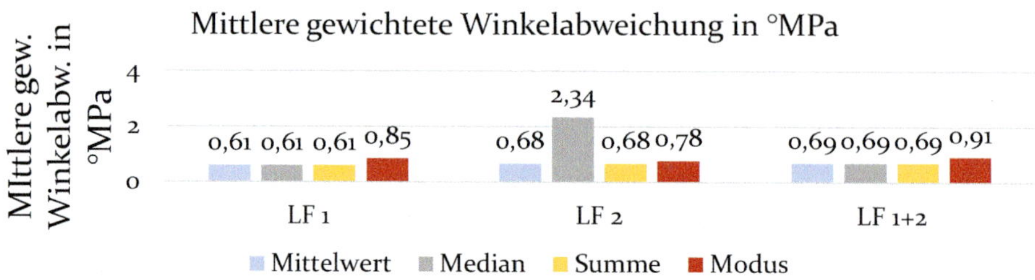

Bild 3.6: Gegenüberstellung der mittleren, gewichteten Winkelabweichungen in °MPa.

Für Lastfall 2 ergibt die Verwendung des Medians eine völlig andere Orientierung (−0,85; −0,69; −0,99) und eine wesentlich höhere gewichtete Winkelabweichung. Das Optimierungsziel scheint – obgleich es mit dem Median zur Reduzierung von Ausreißerwerten neigt – nicht geeignet und wird in Kapitel 4.1 erneut untersucht. Für die einzeln optimierten Lastfälle erscheint auch die Verwendung des Modus, also des häufigsten Werts der mittleren Winkelabweichungen, der Optimierung des Mittelwerts unterlegen. Ein ähnliches Bild ergibt sich für die kombinierten Lastfälle 1 und 2. Zudem werden mehrere Durchläufe für dieses beste Ergebnis benötigt, da der genetische Algorithmus zufällig initialisiert wird. Daher wird dieser, wie oben beschrieben, mehrfach durchgeführt und dessen bestes Ergebnis verwendet. Diese Vorgehensweise ist deutlich ineffizienter als die Verwendung der anderen Kriterien. Die anderen Kriterien und verwendeten Vorgehensweisen bei der Optimierung erscheinen aus dieser Perspektive vorteilhaft. Einzelergebnisse zeigt Bild 3.7.

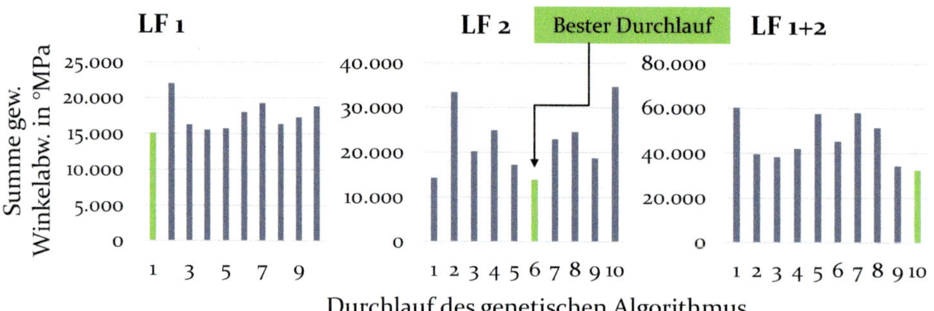

Bild 3.7: Vergleich der Ergebnisse der Durchläufe des genetischen Algorithmus für Lastfall 1, Lastfall 2 und beide Lastfälle kombiniert.

Die Zielfunktionen „Mittelwert“ und „Summe“ ergeben die besten Ergebnisse (hier sind beide Formulierungen aufgrund gleicher Elementanzahl gleichwertig). Um auch Modus und Median mit einer unabhängigeren Darstellung als dem Mittelwert vergleichbar zu machen, sind die gewichteten

Winkelabweichungen einzeln in Histogrammen in Bild 3.8 dargestellt. Die y-Achse zeigt hierbei die Anzahl gewichteter Winkelabweichungen mit einem bestimmten Wertebereich auf der x-Achse und ist logarithmisch (Basis 10) skaliert. Es wird jeweils die ermittelte Baurichtung aus der Minimierung der vier Optimierungsziele verwendet.

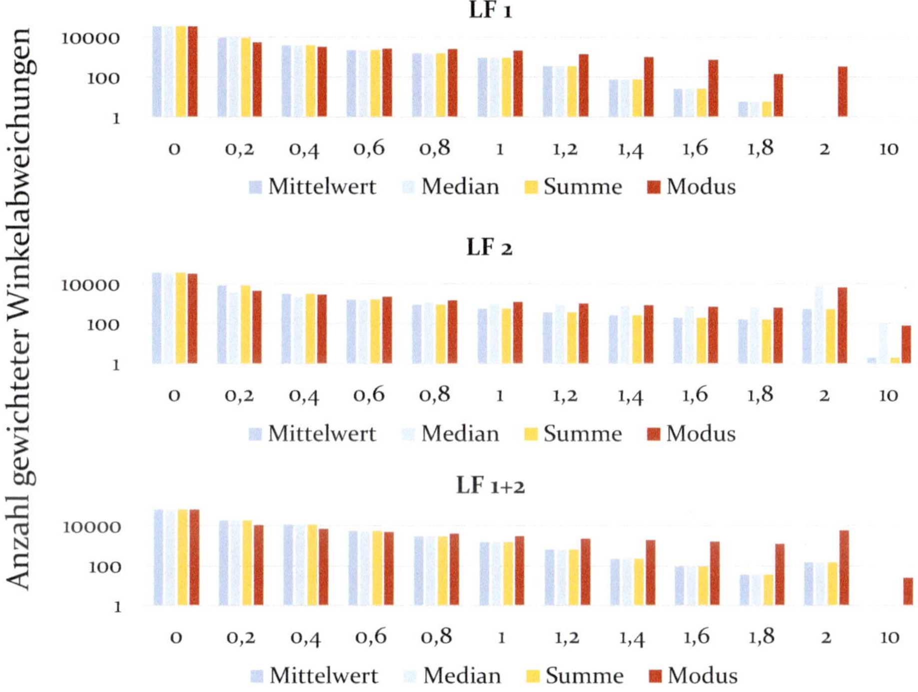

Bild 3.8: Histogramm aller gewichteten Winkeldifferenzen.

Es zeigt sich bei **Lastfall 1** aufgrund des ebenen Spannungszustands eine Anhäufung geringer Abweichungen zwischen 0 und 1,6 °MPa für Mittelwert, Median und Summe (gleiches Optimierungsergebnis) und deutlich mehr höhere Abweichungen für Modus (rot). Für **Lastfall 2** sind bei allen Kriterien deutlich mehr Winkelabweichungen größer 1,6 °MPa zu beobachten, da der Spannungszustand nicht mehr eben ist. Dort zeigen Median und Modus wesentlich mehr höhere gewichtete Winkelabweichungen im Vergleich zu Durchschnitt und Summe. Für die **Kombination der Lastfälle** ergibt sich als beste optimierte Orientierung $(-0{,}02;\ -0{,}01; 0{,}99)$ bei Mittelwert und Summe und damit etwa die Orientierung von Lastfall 1. Dies lässt sich damit erklären, dass auch bei Verwendung der ursprünglichen z-Achse des Bauraums als Bauorientierung die Biegespannungen von Lastfall 2 relativ parallel zur XY-Ebene liegen und die Orientierung zugleich für Lastfall 1 sehr vorteilhaft ist. Es ergibt sich also hier nicht ein Vektor, der *zwischen* denen der beiden Einzellastfälle liegt, sondern ein eigenständig optimierter Baurichtungsvektor für den kombinierten Fall. Die durchschnittliche Winkelabweichung liegt dann im Bestfall bei 0,69 °MPa, der Modus zeigt wieder mehr höhere Winkelabweichungen (0,91 °MPa). Der Median für beide Lastfälle ergibt wie für Lastfall 1 den Vektor (0;0;1). Der beste Wert (0,69 °MPa) ist höher als der der jeweiligen Einzellastfälle und deutet insbesondere auf die ungünstigere Orientierung der kombinierten Aufbaurichtung für Lastfall 2 hin. Durch die höhere erzeugte Beanspruchung in Lastfall 1 gegenüber Lastfall 2 ist zudem auch die Gesamtgewichtung von dessen Winkelabweichungen höher. Die sich einstellenden Ergebnisse erscheinen plausibel, insbesondere ergibt die Minimierung der durchschnittlichen gewichteten Winkelabweichung (oder, bei gleichbleibender Elementanzahl, der Summe) die besten Ergebnisse sowohl im Zielkriterium „Durchschnitt“ oder „Summe“ gegenüber den anderen Optimierungsverfahren als auch visuell im Histogramm. Das Verfahren erlaubt also die Einbeziehung unterschiedlich großer Lastfälle und eine Priorisierung. Als Zielkriterium empfiehlt sich nach dieser ersten Studie der Durchschnitt oder die Summe gewichteter Winkelabweichungen.

3.1.2 Erzeugung lastpfadgerechter Materialorientierung und Materialverteilung durch Topologieoptimierung mit anisotropem Materialmodell

Nach der Bestimmung einer optimierten Aufbaurichtung wird im nächsten Schritt des Ansatzes eine lastpfadgerechte Geometrie ermittelt. Um die gegebenen, orthotropen FLM-Materialeigenschaften zu berücksichtigen, reicht eine reine isotrope Topologieoptimierung nicht aus. Daher wurde ein Topologieoptimierungsansatz mit anisotropem Materialmodell entwickelt, an welchen folgende Kriterien gestellt werden:

1. Effiziente Berechnung, d. h. schnelle Konvergenz durch wenige Iterationen oder wenig Zeit pro Iteration,
2. Berücksichtigung der material- und fertigungsinduzierten orthotropen Materialeigenschaften von FLM-Werkstoffen, und
3. Sicherstellung einer Mindeststrukturgrößenbeschränkung (Minimum Member Size Filter), um die beschränkte Auflösung des FLM-Verfahrens zu berücksichtigen (zum Beispiel keine Strukturbestandteile, die schmaler als ein bestimmtes ganzzahliges Vielfaches der Extrusionspfadbreite sind).

Entwickelt wurde hierzu ein empirischer BESO-Algorithmus (vergleiche Kapitel 2.4.2.3). Diese Klasse von Topologieoptimierungsalgorithmen zeichnet sich unter verschiedenen Problemstellungen im Vergleich zu mathematischen Algorithmen durch schnelle Konvergenz und Robustheit aus. BESO-Algorithmen erlauben eine direkte physikalische Begründbarkeit der Ergebnisse und sind, wie die mathematischen Algorithmen, durch Minimum Member Size Filter erweiterbar. Der Algorithmus liefert sowohl Materialverteilung als auch lokale Materialorientierungen, die später als Ausgangspunkt für eine Pfadgenerierung dienen. Der Ansatz baut generell auf der CAIO-Methode (für Materialorientierungen, linke Hälfte in Bild 3.9) und der SKO-Methode (für Materialverteilung, rechte Hälfte) nach MATTHECK [189] auf, die in Kapitel 2.4.2.3 vorgestellt wurden. Diese laufen parallel miteinander ab. Die Funktionsweise des neuen Algorithmus zeigt das folgende Bild 3.9.

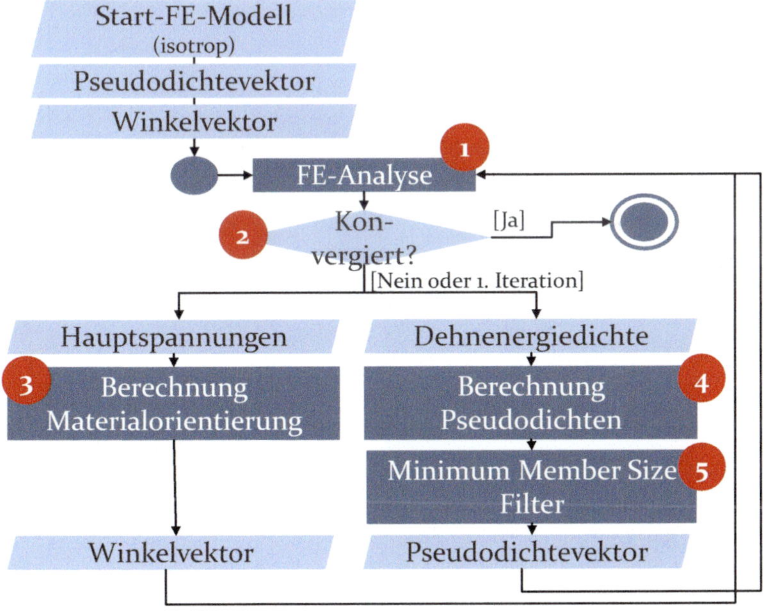

Bild 3.9: Gesamtablaufdiagramm des neuen TO-Algorithmus.

Ausgehend von einem FE-Modell des Designraums mit Randbedingungen und Lasten (hierfür kann die Erstiteration aus der Baurichtungsoptimierung verwendet werden), werden in einer **ersten Iteration** (1) Spannungstensoren und die Dehnenergiedichte je Element ermittelt. Eine **Konvergenzprüfung** wird nach jeder Rechnung durchgeführt (2), die in der ersten Iteration noch keine Konvergenz anzeigt. Aus den Spannungstensoren werden dann Hauptspannungsbeträge und Hauptspannungstrajektorien ermittelt. Jedem Element wird anschließend als **Materialhauptachse** die Orientierung des Hauptspannungsvektors mit maximalem betragsmäßigen Hauptspannungswert zugewiesen (die Begründung dazu folgt in Kapitel 3.1.2.1) (3). Für die **Materialverteilung** (Kapitel 3.1.2.2) wird jedem Element eine Pseudodichte zwischen Null und Eins zugewiesen, die wiederum proportional die E-Moduln E_x, E_y, E_z steuert (4). Auf diese Pseudodichtenverteilung wird dann ein **Minimum Member Size Filter** (5) (Kapitel 3.1.2.3) angewandt, der für eine definierte Mindeststrukturgröße sorgt. Die neue Materialverteilung mit -orientierungen wird anschließend erneut in einer FE-Analyse, ab dann mit orthotropem Materialmodell, berechnet. Dieser Zyklus wiederholt sich bis zur Konvergenz, die durch das **Konvergenzkriterium** (2) (Kapitel 3.1.2.4) festgestellt wird.

Für Mehrlastfallprobleme wird der Ansatz analog durchgeführt, jedoch mit Anpassungen bei Materialorientierungs- und Materialverteilungsberechnung, die in den Folgekapiteln ausgeführt werden.

3.1.2.1 Berechnung der lokalen Materialorientierung

In der ersten Iteration werden für jedes Finite Element Hauptspannungen (Eigenwerte) und deren Richtungen (Eigenvektoren des Spannungstensors) ermittelt. Für die zugrundeliegende CAIO-Methode wurden bei diesem Startwertproblem mehrere Vorschläge gemacht: zufällige Orientierung [189], unidirektionale Orientierung (alle Elemente gleich) [188] und Verwendung isotropen Materials und damit Hinfälligkeit einer Startorientierung unter der Annahme, dass dies eine gute Annäherung an die final optimierten Hauptnormalspannungstrajektorien darstellt [192]. Hier wird aufgrund der Erkenntnisse aus letzterer Quelle die Erstiteration mit isotropem Material durchgeführt. Die Materialhauptachsen der Elemente werden anschließend für die zweite und alle folgenden Iterationen in Richtung der Hauptspannungstrajektorien mit maximalem betragsmäßigem Eigenwert gelegt – das heißt, bei größerer Zug- als Druckhauptspannung in die Zugrichtung und umgekehrt. Diese Ausrichtung folgt der Forschung nach Spickenheuer [191], wonach sich so stetigere Verläufe ergeben. Zudem lassen sich nur so Orientierungen für Bauteilbereiche finden, in denen ausschließlich Zug- oder ausschließlich Druckspannungen vorherrschen. Je nach Zug-Druck-Asymmetrie des Werkstoffs, der in der Literatur unterschiedlich angegeben wird – von nicht relevant bis zu einer ca. vierfach höheren Druck- als Zugfestigkeit [219–221] – könnte das Kriterium angepasst werden, hier wird jedoch von symmetrischer Festigkeit ausgegangen. Durch die Hauptspannungsorientierung wird eine für die Festigkeit von

FKV vorteilhafte Schubspannungsreduktion hervorgerufen [189]. Durch die folgende Iteration mit orthotropem Materialmodell (im FLM-Beispiel etwa kurzkohlefaserverstärktem PETG) entsteht ein neuer Spannungszustand, der wiederum neue Hauptspannungsrichtungen und damit Faserorientierungen bedingt. Die CAIO-Methode, wie sie detailliert vom Autor der vorliegenden Arbeit in [24] untersucht wurde, weist dabei in der ersten Iteration bereits eine sehr hohe Reduktion der Schubspannungen auf. Dies macht sich der vorliegende Algorithmus zu Nutze, indem je übergeordneter Iteration der Topologieoptimierung die Hauptspannungsberechnung nur einmal erfolgt (das heißt, nicht bis zur vollständigen „Unter"-Konvergenz der CAIO-Methode), was je TO-Iteration zusätzliche FE-Berechnungen und damit Rechenzeit bei nur geringem Unterschied der Materialorientierung/Schubspannungsreduktion spart.

Bild 3.10 zeigt zusätzlich zur Ausrichtung der Materialorientierungen nach Hauptnormalspannungstrajektorien die *Projektion* der Trajektorien in die Druckplattform-Ebene der AM-Maschine. Diese ist nötig, da der Druckkopf nur in diese Ebene verfahren kann und diese Eigenschaft der Fertigung in der Optimierung Berücksichtigung finden soll.

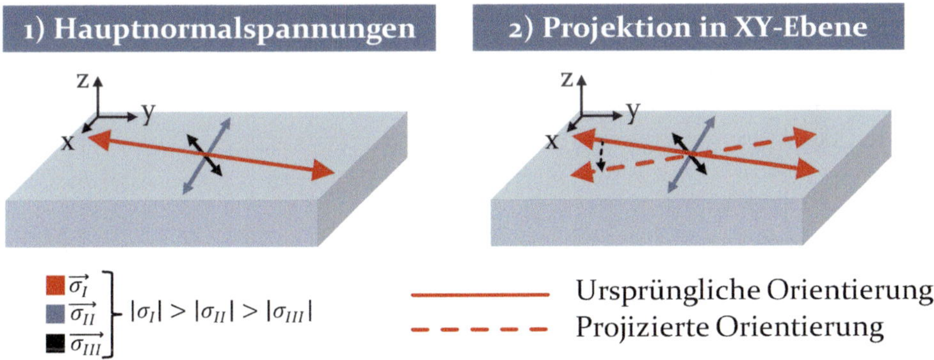

Bild 3.10: Berechnung der Materialorientierung.

Der vorliegende Algorithmus funktioniert sowohl mit Schalen- [21] als auch mit Solid-Elementen. Für den FLM-Anwendungsfall sind jedoch auch nicht-dünnwandige Bauteile unter mehrachsigen Spannungszuständen relevant, wodurch hier auf Solid-Elemente beschränkt wird. Wird das Koordinatensystem der AM-Maschine zugrunde gelegt, so liegen die Hauptspannungstrajektorien in vielen Lastfällen nicht in der XY-Ebene, sondern dreidimensional im Raum, (1) in Bild 3.10. Die sich ergebende, optimierte Geometrie soll jedoch berücksichtigen, dass der FLM-Drucker lediglich *innerhalb* der XY-Ebene verfahren kann. Als Materialhauptachsenrichtung wird daher der *in die XY-Ebene projizierte Hauptvektor* mit dem größten zugehörigen Betrag verwendet, (2) in Bild 3.10. In Kapitel 3.1.2.5 werden die dadurch erzeugten Geometriemodifikationen gegenüber einem nicht-projizierenden Ansatz aufgezeigt.

Die CAIO-Methode ist ursprünglich bionisch nach dem Vorbild von Holzfaserwachstum in Bäumen bzw. Knochenmineralisation inspiriert. Sie steht auch in Übereinstimmung mit den Optimalitätsuntersuchungen nach GEA/LUO [222] und CHENG/PEDERSEN [223]. Unter bestimmten Werkstoffbedingungen ist die Hauptspannungsorientierung für eine zweidimensionale Struktur mit linear elastischem Materialverhalten steifigkeitsoptimal. Nach [S1] und Anhang 3 sind diese Bedingungen [222] beschrieben in Formel (4):

$$d < 0 \text{ mit } d = \frac{S_{11}^0 - S_{12}^0 + S_{22}^0 - S_{66}^0}{2} \text{ und} \tag{4}$$

$$S_{11}^0 = \frac{1}{E_\parallel}; S_{12}^0 = -\frac{\nu_{\parallel\perp}}{E_\perp}; S_{22}^0 = \frac{1}{E_\perp}; S_{66}^0 = \frac{1}{G_{\perp\parallel}}$$

Dabei sind S_{ij}^0 Einträge der Nachgiebigkeitsmatrix für das jeweilige Materialmodell. Nach [223] ist die Bedingung, ausgedrückt in Ingenieurkonstanten, Formel (5):

$$G_{\perp\parallel} < \frac{E_\parallel E_\perp}{E_\parallel + (1 + 2\nu_{\perp\parallel})E_\perp} \tag{5}$$

Eine Überprüfung der Bedingung bei den im Folgenden verwendeten Materialmodellen zeigt, dass diese den formulierten Optimalitätsbedingungen genügen (Tabelle 3.1).

Tabelle 3.1: Optimalitätsbedingung verschiedener Materialmodelle.

Ing.-konstanten	**CFK**	**PLA [129]**	**ABS-GF20 [224]**	**ABS-CF20 [225]**	**PETG-CF20 (Kap. 3.4.2)**
E_{xx} **in MPa**	123340	3500	5700	8400	7920
E_{yy} **in MPa**	7780	2316	2500	2600	2420
E_{zz} **in MPa**	7780	3360	2500	2600	970
ν_{xy}	0,27	0,36	0,3	0,3	0,3
ν_{yz}	0,42	0,36	0,4	0,4	0,3
ν_{xz}	0,27	0,36	0,3	0,3	0,3

Ing.-konstanten	CFK	PLA [129]	ABS-GF20 [224]	ABS-CF20 [225]	PETG-CF20 (Kap. 3.4.2)
G_{xy} in MPa[4]	5000	610	962	1000	870
G_{yz} in MPa	3080	650	750	780	180
G_{xz} in MPa	5000	884	962	1000	370
Untersuchte, abgeleitete Größen ↓					
S11	8,11E-6	2,86E-4	1,75E-4	1,19E-4	1,26E-4
S12	-3,47E-5	-1,55E-4	-1,20E-4	-1,15E-4	-1,24E-4
S22	1,29E-4	4,32E-4	4,00E-4	3,85E-4	4,13E-4
S66	2,00E-4	1,64E-3	1,04E-3	1,00E-3	1,15E-3
d < 0?	-3,27E-5	-9,09E-4	-4,32E-4	-4,40E-4	-5,49E-4
G12	5000	610	962	1000	870
Vergleichs-term	7091	1083	1469	1739	1625
G12 < Vergleichsterm?	Ja	Ja	Ja	Ja	Ja

3.1.2.2 Berechnung der Materialverteilung (Pseudodichten)

Grundlage der Berechnung der Materialverteilung ist das SKO-Verfahren mit der Heuristik, hochbeanspruchte Bereiche auszusteifen und niedrig beanspruchte Bereiche nachgiebiger zu gestalten. Statt der ursprünglich vorgeschlagenen Vergleichsspannung wird im neuen Ansatz jedoch die Dehnenergiedichte als Zielgröße verwendet. Dies folgt einerseits der Erkenntnis nach PEDERSEN [227], dass homogene Dehnenergiedichte für einen Einzellastfall steifigkeitsoptimal ist. Dies gilt auch bei orthotropen Materialien, wenn deren Materialhauptachsen nach Hauptspannungsrichtungen orientiert sind. Andererseits soll der Algorithmus für anisotrope Materialien wie

[4] Schubmoduln geschätzt über Formel für isotrope Werkstoffe $G = \frac{1}{2(1+\nu)}E$ (Rösler et al. 2016) und geometrische Korrekturfaktoren für eine angenommene FDM-Leerstellendichte nach Li et al. 2002, vergleiche Kapitel 2.3.1.

FKV funktionieren, wofür die Vergleichsspannung laut SCHÜRMANN [15] keine physikalisch begründete Festigkeitsanalyse erlaubt. Von PEDERSEN [228] wird das Problem einer Festigkeitsoptimierung als Min-Max-Problem bezeichnet: Designanpassungen sollen so durchgeführt werden, dass der nach einem gewissen Festigkeitskriterium schlechteste Bereichswert (Max) möglichst minimiert wird (Min). Wird die Dehnenergiedichte als Festigkeitskriterium genutzt, ergibt das steifste Design auch das festeste Design (also das Minimum der maximalen Dehnenergiedichte) [228]. Dieses steifste und festeste Design wird wiederum durch ein Design mit *homogener* Dehnenergiedichte erzielt, was hier ausgenutzt wird. Diese Übereinstimmung von Steifigkeits- und Festigkeitsoptimalität trifft bei Verwendung anderer Festigkeitskriterien wie TSAI-HILL oder TSAI-WU nicht mehr zu. Deren Verwendung wird für FLM-Bauteile zwar erforscht und erste vielversprechende Ergebnisse, auch für Optimierung, liegen vor [152]. Jedoch ist hier noch eine detaillierte Untersuchung nötig, insbesondere, wenn freie Bahnverläufe statt einfachen ±45°-Orientierungen verwendet werden. Daher wird im weiteren Verlauf das einfachere Dehnenergiedichte-Kriterium verwendet, welches eine einfache Abschätzung lokaler Beanspruchung erlaubt. Die Dehnenergiedichte $SEND$ (Strain ENergy Density gemäß Abkürzung in ANSYS) eines Elements i ermittelt sich aus Verschiebungsvektor u, Elementsteifigkeitsmatrix k und Elementvolumen V wie folgt, Formel (**6**):

$$SEND_i = \frac{\frac{1}{2} u_i^T k_i u_i}{V_i} \tag{6}$$

Jedem Element wird in der Optimierung als Designvariable eine sogenannte Pseudodichte $\rho \in]0;1]$ zugewiesen. Diese steuert (in gleichem Verhältnis) die E-Moduln des gewählten Materialmodells. Ein Wert nahe null steht für ein „Loch“ (nicht gleich null, um singuläre Matrizen zu vermeiden), der Wert Eins für „Vollmaterial“. In Anlehnung an die in Kapitel 2.4.2.3 vorgestellte SIMP-Methode berechnet sich die Pseudodichte eines Elements i in der Iteration t mit dem Penalisierungsfaktor p wie folgt, Formel (**7**):

$$\rho_{i,t} = \max\left(1 \cdot 10^{-6}, \min\left(1, \rho_{i,t-1} \cdot \frac{SEND_{i,t}}{\overline{SEND}_{ref,t}}\right)^p\right) = \\ = \max\left(1 \cdot 10^{-6}, \min\left(1, \rho_{i,t-1} \cdot \frac{\frac{\frac{1}{2} u_{i,t}^T k_{i,t} u_{i,t}}{V_i}}{\overline{SEND}_{ref,t}}\right)^p\right) \tag{7}$$

Auf den Penalisierungsfaktor wird im folgenden Kapitel näher eingegangen. Für $p = 1$ (das heißt, ohne Penalisierung), ergibt sich folgende Funktionsweise: Die Pseudodichte aus der vorhergehenden Iteration wird entweder erhöht oder verringert. Ist der aktuelle Wert der Dehnenergiedichte des Elements $SEND_{i,t}$ größer als ein bestimmter Referenzwert $\widehat{SEND}_{ref,t}$, so wird die Pseudodichte (und damit die Steifigkeit des Elements) aufgrund einer relativ zum Referenzwert hohen Beanspruchung erhöht, im umgekehrten Fall verringert. Um Pseudodichten von Null zu vermeiden, wird die minimale Dichte durch eine max-Funktion sichergestellt. Die minimale Dichte ist auf den Wert $1 \cdot 10^{-6}$ festgelegt, was lokal E-Moduln von ca. 0,001 MPa entspricht. Der maximale Wert der Pseudodichte ist Eins, was durch die Minimum-Funktion $\min(1, \dots)$ sichergestellt wird. Um eine vorher definierte Volumenfraktion festlegen zu können (den Anteil des Designraums, der für den späteren Geometrievorschlag zur Verfügung steht), wird der Referenzwert für die Dehnenergiedichte abhängig von der Volumenfraktion VF und einer Zielvolumenfraktion $\widehat{VF}$ festgelegt, Formel (8):

$$\widehat{SEND}_{ref,t} = \widehat{SEND}_{ref,t-1} \cdot \left(\frac{VF}{\widehat{VF}}\right)^{d} \tag{8}$$

Die Volumenfraktion VF ergibt sich aus der Summe der mit den Pseudodichten gewichteten Einzelelementvolumina. Liegt die sich ergebende Volumenfraktion mit dem aktuellen Referenzwert *über* der Zielvolumenfraktion, so wird der Bruch $VF/\widehat{VF} > 1$ und erhöht damit den Referenzwert der Dehnenergiedichte. Dadurch liegen nach Formel (7) bei den stets gleichbleibenden Dehnenergiedichten innerhalb der Iteration t mehr Elemente unterhalb der Referenzspannung und erhalten so geringere Pseudodichten, was insgesamt die Volumenfraktion senkt – und umgekehrt. Die Anpassung des Referenzwerts geschieht *innerhalb einer bestimmten Iteration* so lange, bis die Zielvolumenfraktion (rund um eine vorgegebene, beliebig genaue Toleranz) erreicht ist. Der Dämpfungsfaktor $d \in]0;1[$ sorgt für eine geringere Schwankung des Referenzwerts während seiner Anpassung, insbesondere bei großen Abweichungen zwischen aktueller und Zielvolumenfraktion. Für das eigentliche Optimierungsergebnis ist dieser Faktor nicht relevant, er bestimmt lediglich die Anzahl an nötigen Anpassungsschleifen des Referenzwerts der Dehnenergiedichte *zwischen* den Iterationen. Im Folgenden wird als Richtwert $d = d_{richt} = 0,5$ gesetzt.

3.1.2.3 Filter und Penalisation

Der vorliegende Algorithmus wird, wie zu Beginn des Kapitels beschrieben, um die Funktionalität einer Mindeststrukturgrößenbeschränkung erweitert. Dieser Filter ist in [165] nach SIGMUND et al. beschrieben und funktioniert durch eine gewichtete Mittelwertbildung der Pseudodichten nach Formel (9):

$$\rho_i = \frac{\sum_{k=1}^{n} H_k \rho_k}{\sum_{k=1}^{n} H_k} \tag{9}$$

Der Gewichtungsfaktor H_k bestimmt hierbei, wie stark die Pseudodichte eines bestimmten Elements von seinen Nachbarn bestimmt wird – je weiter entfernt, desto geringer der Einfluss, vergleiche Formel (10):

$$H_k = \left(\frac{r_{min} - dist(k,i)}{r_{min}}\right)^{rp} \quad \{i \in \mathbb{N} | dist(k,i) \leq r_{min}\} \tag{10}$$

Betrachtet werden sämtliche Elemente, deren Mittelpunkte innerhalb eines Suchradius r_{min} liegen (rechter Teil der Formel (10)). Deren Abstand zum aktuellen Element $dist(k,i)$ wird dann vom Suchradius abgezogen, dadurch erhalten nähere Elemente größere Gewichtungen. Normiert werden die Distanzen auf den Suchradius im Nenner. Bild 3.11 zeigt beispielhaft die Wirkweise des Filters an neun Elementen. Das mittlere Element ist beispielhaft vor Anwendung des Filters mit einer Pseudodichte von eins (maximaler E-Modul) versehen. Nach Anwendung des Filters findet eine Mittelung über die Nachbarn statt, die zu einer „Weichzeichnung" der Materialverteilung führt. Dadurch wird immer eine Mindestbreite (begrenzt durch die Elementkantenlängen) des Designs sichergestellt und es bilden sich generell gröbere Strukturen aus.

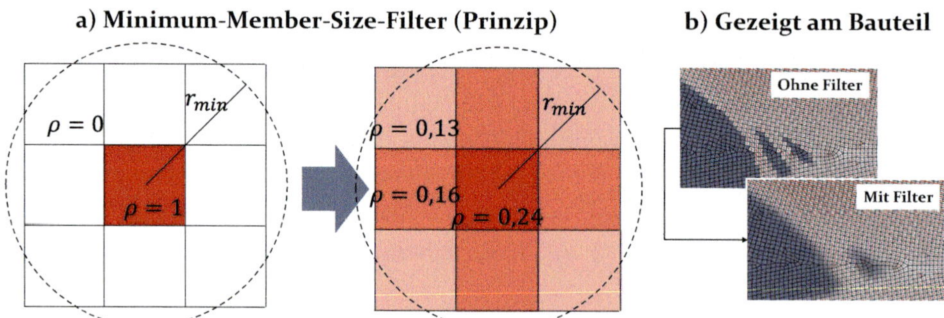

Bild 3.11: Wirkweise des Minimum-Member-Size-Filters.

Der Filter wurde noch mit dem Radius-Penalty-Faktor $rp \geq 1$ modifiziert. Dadurch können zusätzlich weiter entfernte Dichten weniger stark gewichtet werden, was bei feinen Netzen zu „schärferen" Kanten führt, vergleichbar mit dem genannten quadratischen/kubischen Filter in [154]. Zusätzlich zur Mindeststrukturgrößenbeschränkung wurde der Ansatz um einen Penalty-Faktor p erweitert, wie in der SIMP-Methode üblich, vergleiche bereits Formel (7). Dieser erlaubt eine „Bestrafung“ von Werten der Pseudodichten zwischen Null und Eins („Grauwerten“, Kapitel 2.4.2.3) und führt so zu reinen 0-1-Designs, wenn auch unter geringerem ausgeschöpftem Leichtbaupotenzial. Dies ist auch intuitiv erfassbar, da Grauwerte (vergleichbar „Multimaterialbauweise“) näher am globalen Optimum sein können als eine „erzwungene“ 0-1-Verteilung. Im vorliegenden Algorithmus beschleunigt dieser Faktor die Konvergenz auf Kosten der erzielten Steifigkeit. Um zu Beginn der Iterationen eine möglichst unbeeinflusste Optimierung zu gewährleisten, wird der Penalty-Faktor in Übereinstimmung mit [165] graduell während der Iterationen von 1 auf 2...3 erhöht.

3.1.2.4 Abbruchkriterium bzw. Konvergenzkriterium

Als Konvergenzkriterium für den Topologieoptimierungsalgorithmus wird – übereinstimmend auch mit dem Ziel maximaler Steifigkeit – die globale Dehnenergie verwendet. Unterschreitet die relative Änderung der Dehnenergie einen bestimmten Schwellenwert, wird die Optimierung beendet. Je kleiner dieser Schwellenwert, desto mehr Iterationen werden durchgeführt, die Steifigkeit wird also weiter erhöht und das Leichtbaupotenzial zunehmend ausgeschöpft. Hingegen wird jedoch die Zeitdauer der Optimierung erhöht, was im Gegensatz zur Effizienz steht. Daher wird ein höherer Grenzwert angesetzt, beispielsweise 1 % Änderung. Vor dem Hintergrund, dass eine nachgelagerte Rückführung in CAD-Geometrie bzw. eine Glättung der Außenkontur durch die in Kapitel 3.2 erläuterte Pfadgenerierung aufgrund der Geometrieänderung ohnehin einen ähnlichen Einfluss auf die im Endprodukt erzielte Steifigkeit ausüben, erscheint eine solche Vereinfachung zielführend. Für den Fall ausbleibender Konvergenz wird auch eine maximale Iterationsanzahl vorgegeben. Ausbleibende Konvergenz wurde zum Beispiel bei sehr kleinen Volumenfraktionen (demonstratorabhängig) festgestellt, da dann keine dem Lastfall gerechte Geometrieausbildung möglich ist.

Zur Veranschaulichung der Topologieoptimierung wird im folgenden Kapitel ein einfacher 2D-Demonstrator optimiert. Kapitel 4 zeigt dann den vollständigen Ansatz anhand eines 3D-Tragwerkknotens, um die gesamte Funktionalität zu demonstrieren.

3.1.2.5 Einfluss der Projektion von Hauptspannungsrichtungen und Studie zu aufsteigenden E-Moduln in z-Richtung

Der Topologieoptimierungsansatz weist gegenüber anderen Ansätzen mit anisotropen Materialmodellen die Besonderheit auf, dass die Materialhauptachsen nur in der Drucker-XY-Ebene ausgerichtet werden. Dies dient dazu, die Materialeigenschaften des in Schichten gedruckten FLM-Bauteils möglichst gut anzunähern. Diese Projektion hat Auswirkungen auf das Optimierungsergebnis gegenüber einer freien Orientierung im Raum ohne Projektion. Im Folgenden wird der Unterschied näher untersucht, um die Designveränderungen zu veranschaulichen. Die Studie gibt außerdem Aufschluss über die Abhängigkeit des Designs vom E-Modul in z-Richtung. Bild 3.12 zeigt diese Auswirkungen an einem einfachen Demonstrator. Das bekannte Kragträger-Problem (in der TO-Literatur oft „Cantilever“ genannt) wird hier verwendet. Der Träger ist unten fest eingespannt, eine Kraft wirkt mit -1 N am oberen linken Ende. Die beizubehaltende Volumenfraktion ist auf 50 % festgelegt.

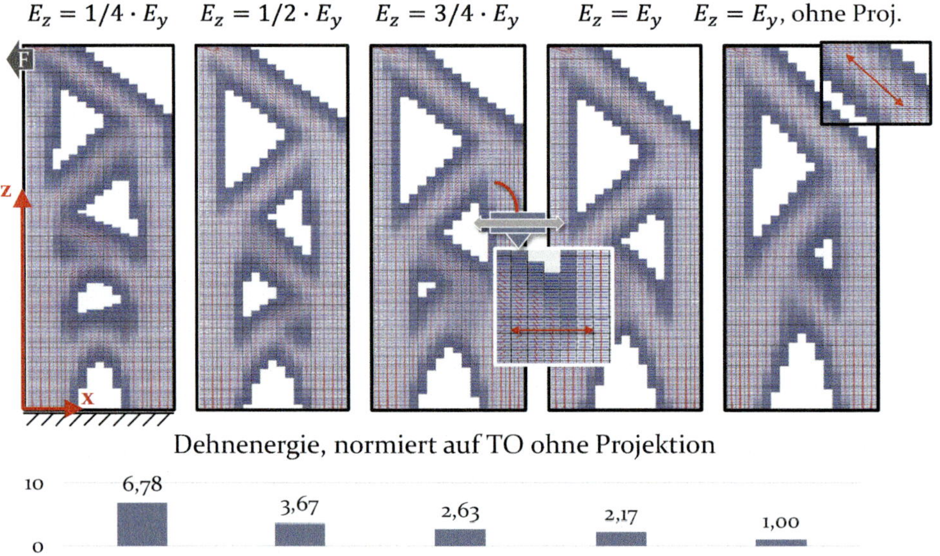

Bild 3.12: Einfluss der Projektion von Hauptspannungsrichtungen bei verschiedenen Längs-zu-Quer-E-Modul-Verhältnissen. Ganz rechts transversal-isotrop ohne Projektion.

Wie in Kapitel 3.1.2.1 dargestellt, werden die HNST in die XY-Ebene projiziert. Im gezeigten Kragträger-Beispiel sind also sämtliche Trajektorien waagrecht in der Abbildung (vgl. kleines Detail), der Demonstrator würde damit im FLM-Verfahren schichtweise von unten nach oben aufgebaut. Hier wurde *keine* Baurichtungsoptimierung durchgeführt, die ungünstige

Ausrichtung dient nur Demonstrationszwecken. E_x bleibt konstant und ist doppelt so groß wie E_y. Von links nach rechts nimmt der E-Modul in z-Richtung E_z zu, bis er schließlich genauso groß wird wie der E-Modul quer in der Ebene E_y. Ganz rechts wird dieses (transversal isotrope) Materialmodell dann erneut verwendet, jedoch *ohne Projektion*. Eine Ausrichtung der Materialhauptachsen in der XZ-Ebene ist dann also möglich (vgl. roter Pfeil im Detail rechts). Rein visuell nimmt die Gesamtzahl an Streben von geringem E_z hin zu höheren Werten ab. Die Struktur weist zur z-Achse dann mehr flache Winkel auf und erscheint weniger breit. Auch die Anzahl an Elementen mit Zwischendichten (nicht 0 oder 1) wird geringer. Ein möglicher Grund dafür ist, dass ein geringer E_z-Modul insgesamt mehr Querschnittsfläche zur Einhaltung der homogenen Dehnenergiedichte erfordert. Mit zunehmendem E_z-Modul nimmt die Dehnenergie ab, da sich die Steifigkeit erhöht. Eine weitere solche Studie an einem anderen Demonstrator findet sich in einer Publikation des Autors [19]. Eine interessante Erkenntnis ergibt sich unter Verwendung des projizierten im Vergleich mit dem nicht-projizierten transversal isotropen Materialmodell: Hier ist bei *gleichem* Materialmodell die Dehnenergie etwa halb so groß, wenn die Materialhauptachsen sich auch im Raum ausrichten, das heißt auch nicht-eben sein können. Dies weist auf ein interessantes Weiterentwicklungspotenzial hin, das im Leichtbau durch nicht-schichtweisen 3D-Druck (also „echten", gekrümmten 3D-Druck statt 2,5D-Druck) nutzbar ist.

3.1.3 Optimierung eines 2D-FLM-Bauteils

In diesem Kapitel wird erneut der Demonstrator aus Kapitel 3.1.1 mit Änderungen der Lochpositionierung verwendet.

3.1.3.1 Berücksichtigung der Orthotropie

Zunächst wird die Berücksichtigung orthotroper Werkstoffeigenschaften in der Optimierung vorgestellt. Bild 3.13 zeigt das Topologieoptimierungsergebnis für einen gegenüber Kapitel 3.1.1 abgewandelten Demonstrator unter Verwendung dreier Materialien: Stahl (Orthotropiegrad = 1), ABS-GF20 (2,28) nach Duty et al. [224] und als Extremvergleich CFK mit Endlosfasern (15,85) aus der ANSYS-Materialbibliothek [163].

Die verwendeten Optimierungsparameter sind hier: Verbleibende Volumenfraktion 66 %, Filterradius (Minimum Member) 1 mm, Penalisierung von Faktor 1 bis 3 in Schritten von 0,1. Die resultierenden Geometrievorschläge unterscheiden sich erkennbar und mit zunehmendem Orthotropiegrad immer mehr. Auffällig ist eine stärkere Ausprägung von Verästelungen mit höherem Orthotropiegrad hin zu einer „Tragwerkbauweise", die der deutlich erhöhten Steifigkeit in Richtung der Materialhauptachsen Rechnung trägt.

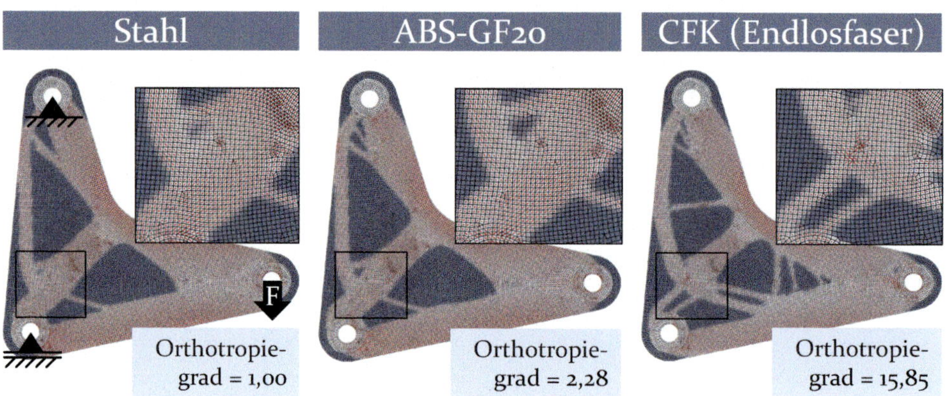

Bild 3.13: Optimierungsergebnisse verschiedener Materialien.

Um zu überprüfen, ob das jeweilige Optimierungsergebnis (zum Beispiel „Stahloptimierung für Stahlmaterialmodell") auch im Vergleich zu dem für andere Materialien optimiertem Ergebnis (zum Beispiel „optimiert für Stahl, aber CFK benutzt") bessere Steifigkeitseigenschaften zeigt, werden die Werte der Dehnenergie für die verschiedenen Optimierungs-Materialpaarungen verglichen. Bild 3.14 zeigt anhand des Demonstrators unter den dargestellten, kombinierten Torsions- und Biegelastfällen verschiedene Ergebnisse. Der Demonstrator wurde jeweils für ein Material mit beiden Lastfällen optimiert (Spalten) und mit diesem und den jeweils anderen beiden Materialien nachsimuliert (Zeilen). Bei diesem Vergleich zeigt sich hier anhand des Torsionslastfalls, dass das Optimierungsergebnis jeweils für das dafür eingesetzte Material die steifsten Designs erzeugt. Wird beispielsweise für den ABS-GF-Entwurf Stahl eingesetzt, so steigt die Dehnenergie um 2,32 %; wird für den CFK-Entwurf Stahl eingesetzt, so nimmt die Steifigkeit weiter ab (Dehnenergie +18,63 %). Die Unterschiede korrelieren mit den Orthotropiegraden, die Stahl- und ABS-GF-Ergebnisse sind also „ähnlicher" als die Stahl- und CFK-Ergebnisse. Die erhöhten Dehnenergiewerte für die FKV bei Optimierung für Stahl entsprechen den Ergebnissen einer isotropen SKO mit nachgeschalteter CAIO (das heißt sequenzieller statt simultaner Optimierung). Sie zeigen so den Mehrwert einer dedizierten, simultanen Optimierung. Im unteren Bereich von Bild 3.16 wird die Ursache deutlich: die im Vergleich zum isotropen Werkstoff gegenüber dem Längs-E-Modul stark herabgesetzte Quersteifigkeit der orthotropen Werkstoffe erfordert mehr Material im Inneren des Demonstrators (rot hervorgehobener Bereich: lokal *mehr* Material für die orthotropen Geometrievorschläge, blau: umgekehrt), um eine hohe Steifigkeit insbesondere beim Torsionslastfall hervorzurufen.

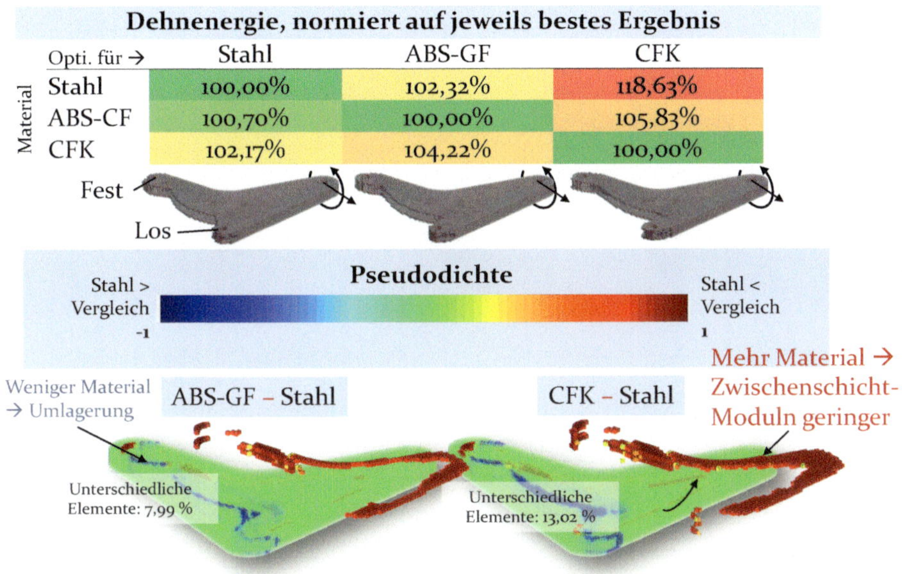

Bild 3.14: Vergleich der Ergebnisse für verschiedene Materialien. Unterschiedliche Elemente sind farblich gekennzeichnet (rot: lokal mehr Material als beim Stahlergebnis; blau: umgekehrt).

Beim Stahldesign genügen entsprechend weniger Innenstrukturen und es wird mehr Material in die Aussteifung gegen den Biegelastfall eingesetzt (blauer Bereich in Bild 3.16). Noch ausgeprägtere Ausschöpfung des Leichtbaupotenzials durch werkstoffgerechte Topologieoptimierung wurde an gekrümmten Schalenbauteilen vom Autor gezeigt [21].

3.1.3.2 Filter und Penalisation

Bild 3.15 zeigt zur Veranschaulichung verschiedene Einstellungen des Minimum-Member-Size-Filters. Verwendet wurde hier erneut das ABS-GF20-Materialmodell nach Duty et al. [224]. Mit zunehmender Filtergröße ergeben sich gröbere Strukturen, zum Beispiel an den markierten Bereichen A, B und C. Vorteilhaft für die spätere Fertigung durch FLM ist hier ein Radius, welcher die Fertigungsauflösung der AM-Maschine berücksichtigt - beispielsweise ein ganzzahliges Vielfaches der Bahnbreite unter Berücksichtigung der Überlappung zur Erzielung des „Negative Air Gap", Kapitel 2.2.2.1. Der Einfluss auf die sich ergebende Dehnenergie ist beim vorliegenden Demonstrator vernachlässigbar (< 0,1 %).

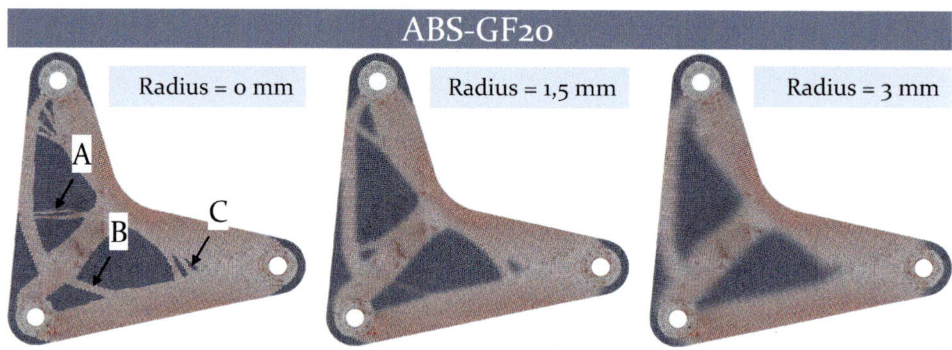

Bild 3.15: Auswirkung verschiedener Radien des Minimum-Member-Size-Filters.

Das folgende ganzseitige Bild 3.16 zeigt die Wirkung eines höheren Penalty-Faktors auf das Optimierungsergebnis am Stahl-Materialmodell bei sonst gleichen Parametern. Der Penalty-Faktor besitzt deutlichen Einfluss auf die Endstruktur. Bei gleichbleibendem Startwert von 1 (keine Penalisierung) ergibt sich mit zunehmenden Inkrementen, also Erhöhung des Parameters von Iteration zu Iteration (im Bild links unten) eine immer höhere Dehnenergie (im Bild rechts unten). Darauf deutet auch das Verschwinden der linken Strebe hin, Bilder oben. Jedoch hat ein zunehmendes Inkrement Effizienzvorteile: Die oberen Bildreihen zeigen die Ergebnisstruktur nach 5 bzw. 15 Iterationen. Bei einem Inkrement von 0,2 ist die Ergebnisstruktur mit 0-1-Verteilung im Gegensatz zur Variante ohne Penalisierung nach 5 Iterationen bereits sehr deutlich ausgeprägt, mit einer weiteren Dehnenergiereduktion von lediglich -6 % und nahezu gleichem Dehnenergieergebnis. Diese Einstellung erlaubt hier also eine Reduktion der nötigen Iterationen gegenüber dem Ergebnis ohne Penalisierung und damit auch eine Reduktion der Optimierungszeit bei nur geringem Verlust von Steifigkeit. Penalisierung erscheint damit als sinnvolle Möglichkeit, die Zeitersparnisse im Produktentwicklungsprozess bewirken kann.

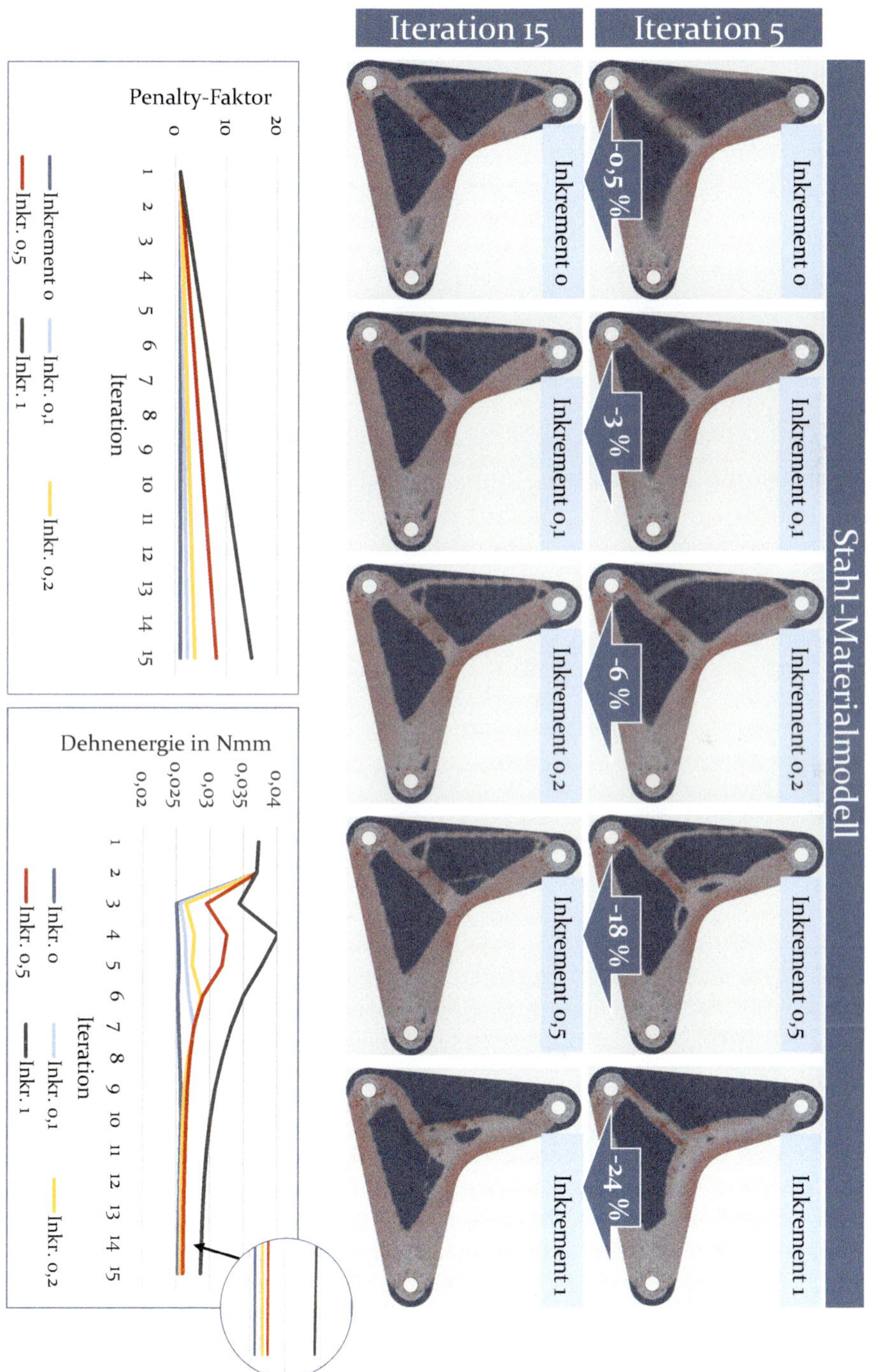

Bild 3.16: Auswirkung verschiedener Inkremente des Penalty-Faktors.

3.1.4 Erweiterung auf Mehrlastfalloptimierung

Die Möglichkeit zur Auslegung auf mehrere Lastfälle ist unerlässlich, um auch reale Bauteile mittels des TO-Algorithmus konstruieren zu können. Hierzu wurde der Algorithmus erweitert.

Für die Findung der **Materialverteilung** unter mehreren Lastfällen wird das Prinzip wie in [155] herangezogen. Dabei wird für jeden Lastfall und jedes Element die Dehnenergiedichte lokal ermittelt. Für die Berechnung der Pseudodichte, die die lokale Steifigkeit steuert, wird dann der jeweils maximale Wert der Dehnenergiedichte pro Element verwendet. Dies hat den Vorteil, dass tendenziell auch dort Strukturen von untergeordneten Lastfällen ausgebildet werden, wo hoch beanspruchende Lastfälle eigentlich kein Material benötigen. Zur **Beibehaltung von Elementen**, zum Beispiel Anschlussgeometrien, wird deren Dichte in der Optimierung konstant auf den Maximalwert 1 gesetzt. Für die **Materialorientierung** werden hingegen in jeder Iteration die Orientierungen aller Lastfälle einzeln berechnet, für die Orientierung der nächsten Iteration ebenfalls verwendet und für eine spätere Verwendung gespeichert, hier insbesondere für die Pfadgenerierung. So kann je Element diejenige Orientierung für den Extrusionspfad des FLM-Druckers gewählt werden, die der größten lokalen Beanspruchung entspricht (Maximum aus allen einzelnen Hauptnormalspannungen). Eine detaillierte Diskussion der Vorgehensweise folgt in Kapitel 4 im 3D-Anwendungsbeispiel.

3.2 Pfadgenerierung

Die Pfadgenerierung des neuen Ansatzes richtet sich nach den in Kapitel 2.2.3 vorgestellten Anforderungen: hohe Bauteiloberflächenqualität durch ausreichende Auflösung und möglichst ununterbrochene Verfahrwege; Druck des Bauteils ohne lokale Über- oder Unterfüllung; möglichst weitgehende Bauzeitreduktion; und natürlich vor allem Kraftflussgerechtheit durch möglichst genaue Annäherung an die ermittelten optimierten Materialorientierungen. Der Ansatz unterteilt die Aufgabe in zwei Bereiche: (1) Konturgenerierung („Shells") inklusive Ableitung von mehreren Außenkonturen ohne lokale Überlappung. Hierbei wird zudem ein flächiger Ausschlussbereich generiert, in welchem kein Infill generiert werden darf; und (2) Generierung des kraftflussgerechten Infills, ausgehend von einer linearen Interpolation von Bereichen ähnlicher Materialorientierungen, die ursprünglich von einem UD-Tapelaying-Algorithmus des Autors [26] abgeleitet ist. Die Shell- und Infill-Generierung wird im Folgenden detailliert vorgestellt.

Ausgangspunkt der gesamten Pfadgenerierung ist ein TO-Ergebnis mit Materialverteilung und -orientierungen aus Kapitel 3.1, welches aus einem Vektorfeld aus Elementmittelpunkten und Orientierungsvektoren sowie einer Punktewolke der zugehörigen Knoten besteht, vergleiche Bild 3.17.

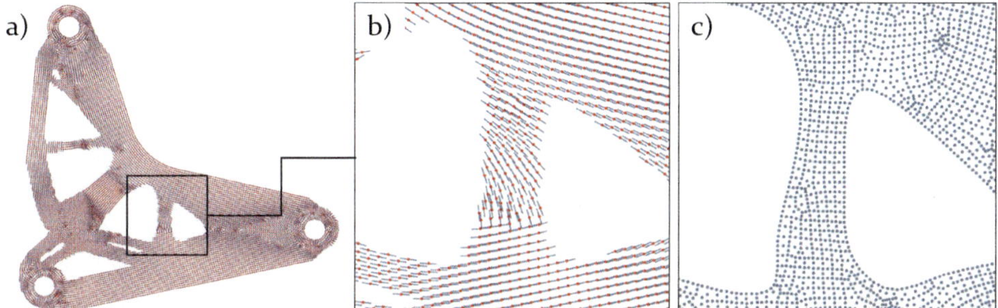

Bild 3.17: Ausgangsdaten der Pfadgenerierung: a) Gesamtansicht, b) Elementmittelpunkte mit optimierten Materialtrajektorien, c) Punktemenge der Knoten.

3.2.1 Konturfindung durch Alpha-Shapes

Für die Generierung der Wandungen (Shells) wird zunächst lediglich die Punktewolke der FE-Knoten benötigt.

3.2.1.1 Konturfindung

Aus den gegebenen Knotenkoordinaten müssen Außenkonturen abgeleitet werden, die zwei Zwecken dienen: (1.) als Shells, die durch den FLM-Drucker extrudiert werden und zur Außenbegrenzung des Bauteils dienen und (2.) andererseits als Ausschlussbereiche, in welchen kein Infill generiert werden darf. Die Konturen werden daher idealerweise als geschlossene Linienzüge dargestellt (zu 1.), um später in G-Code umgewandelt werden zu können; andererseits aber auch als flächiger Bereich, bei welchem festgestellt werden kann, ob Punkte innerhalb oder außerhalb liegen (zu 2.). Damit kann in folgenden Schritten die Überlappung von Kontur und Infill vermieden werden.

Im neuen Ansatz werden Alpha-Shapes nach EDELSBRUNNER et al. [229] verwendet, die eine Generalisierung von konvexen Hüllen darstellen. Konvexe Hüllen bestehen dabei aus der Schnittmenge aller Halbebenen, welche eine Punktmenge einschließen, während sogenannte „negative" [229] Alpha-Shapes die Schnittpunkte aller geschlossenen Anteile von Kreisen (oder in 3D: Kugeln) mit einem gewählten Alpha-Shape-Radius darstellen, die die Punktemenge enthalten. Ergebnis sind in 2D abschnittsweise lineare Kurven, die die Außenkontur einer Form ergeben – im Gegensatz zu konvexen

Hüllen also inklusive der „Löcher" – und zugleich Information über innenliegende bzw. außenliegende Bereiche erlauben. Anschaulich lässt sich die Generierung von Alpha-Shapes durch ein Annähern von Kreisscheiben an die Punktemenge und Verbindung der entstehenden Kreissehnen beschreiben, vergleiche Bild 3.18.

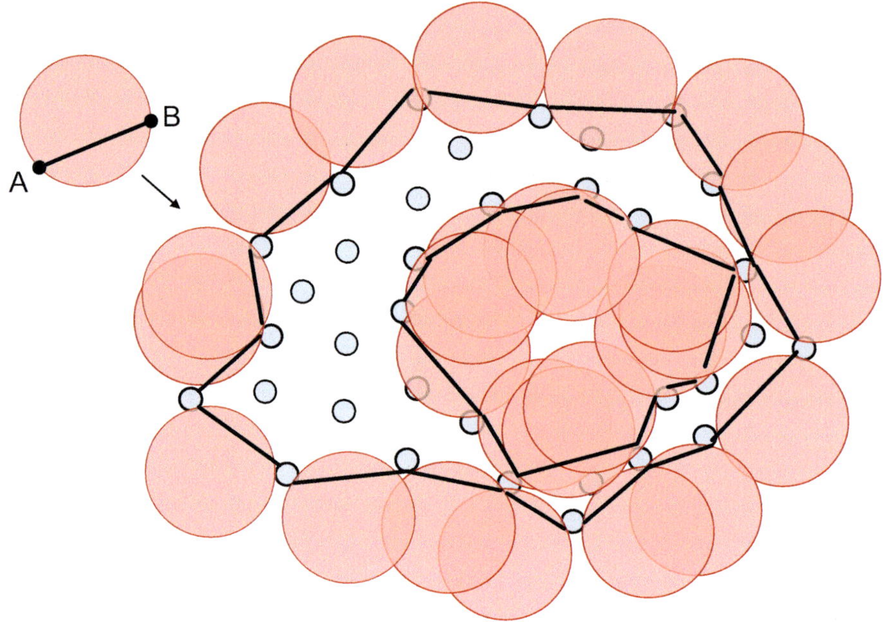

Bild 3.18: Alpha-Shape-Generierung aus Punktemengen nach MENDELA-ANZLIK et al. [230].

Alpha-Shapes erfordern eine korrekte Wahl des Alpha-Shape-Radius, um ein „Eindringen" der Kreisscheiben bzw. Kugeln in 3D zwischen den Punkten zu vermeiden. Im Ansatz wird hierfür ein mittlerer, minimaler Knotenabstand des FE-Netzes verwendet, der nötigenfalls manuell angepasst werden kann. Die Berechnung des genannten Knotenabstands von N Knoten funktioniert wie folgt:

1. Berechnung des euklidischen Abstands von jedem Knoten k zu allen anderen Knoten, dies ergibt *N-1* Abstandswerte $d_{1,k} \dots d_{N-1,k}$;
2. Ermittlung des minimalen Abstandswerts $d_{min,k} = \min\left(d_{1 \dots N-1,k}\right)$ für jeden Knoten k zu den anderen Knoten;
3. Berechnung des arithmetischen Mittelwerts aller minimalen Abstandswerte und Multiplikation des Werts mit $\sqrt{2}$ ergibt den Alpha-Shape-Radius (dies entspricht bei einem Hexaedernetz mit würfelförmigen Elementen dem Diagonalabstand zwischen den Knoten (Bild 3.19a), für unregelmäßiges Netz dargestellt in Bild 3.19b).

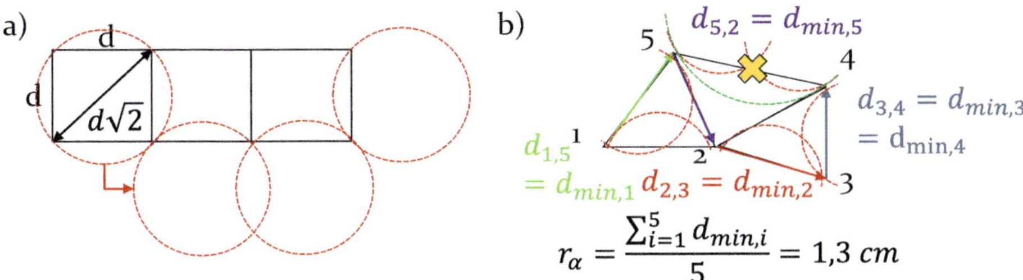

Bild 3.19: Berechnung des Alpha-Shape-Radius, a) Rechteckiges Netz, alle Abstände gleich, daher auch mittlerer Abstand *d* gleich; b) Dreiecksnetz, Abstände unterschiedlich, Mittelwert berechnet. Schwarz-gelbes x: Nachvernetzung oder manuelle Anpassung des Radius (grün) nötig.

Dies ergibt einen Richtwert, der in der praktischen Anwendung zu sinnvollen *Startwerten* für den Radius führte. Auch für Elemente mit Mittelknoten wird so ein korrekter Radius ermittelt. Für Geometrien mit sehr kleinen Hohlräumen, die Abmaße kleiner als der mittlere, minimale Knotenabstand aufweisen, oder unregelmäßige Netze ist eine feinere Nachvernetzung (zum Beispiel äquidistante Unterteilung der Kanten, schwarz-gelbes Kreuz in Bild 3.19) oder die Erhöhung des Radius nötig (dunkelgrün in Bild 3.19b). Dies betrifft nur die geometrischen Eingabegrößen der Alpha-Shape, in der vorangegangenen FE-Simulation ist dies nicht erforderlich, der Rechenaufwand der Simulation erhöht sich also nicht.

Einen visuellen Vergleich einer konvexen Hülle und einer Alpha-Shape im Anwendungsfall des verwendeten 2D-Demonstrators zeigt Bild 3.20.

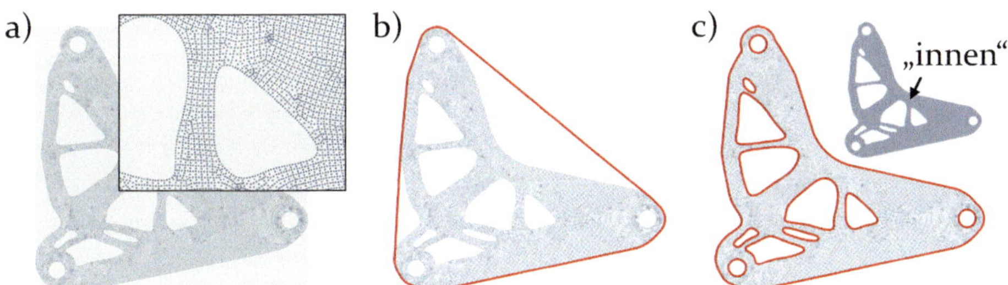

Bild 3.20: Darstellung a) einer Punktemenge aus Knoten des FE-Modells, b) der konvexen Hülle der Punktemenge in rot und c) der Alpha-Shape derselben Punktemenge in rot; b) und c) erzeugt mittels Funktionen aus der Software MATLAB [231].

Die so ermittelten Konturlinien (Bild 3.20c) können nun weiterverwendet werden, um Mehrfachwandungen (mehrere, konzentrische Shells zur Verbesserung der Oberflächenqualität und Widerstandsfähigkeit der Außenhaut) zu erstellen. Hierzu werden die einzelnen Liniensegmente nach innen verschoben.

Der lokale Verschiebungsvektor $\vec{b}$ wird dabei mathematisch durch das Kreuzprodukt aus z-Achse und dem Richtungsvektor des jeweiligen Liniensegments $\vec{a}$ ermittelt, Bild 3.21.

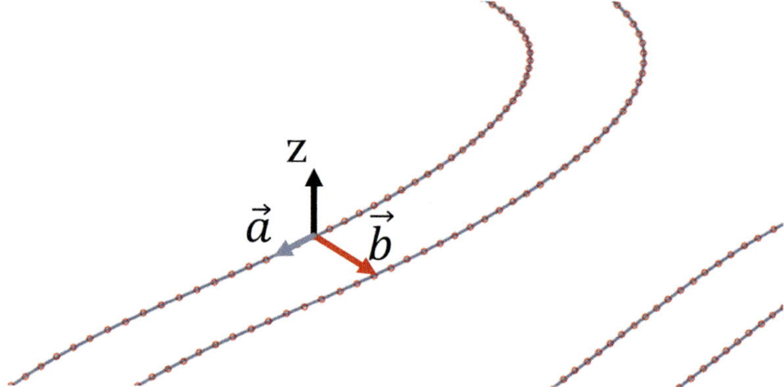

Bild 3.21: Offset der ursprünglichen Kontur zur Generierung der Shells.

Die korrekte Orientierung des Vektors $\vec{b}$ nach innen kann einfach überprüft werden: Der dadurch beschriebene Punkt am Ende des Vektors muss innerhalb der Alpha-Shape liegen. Dies wird für jede verschobene Kontur im Algorithmus geprüft. Die Länge des Verschiebungsvektors $\vec{b}$ entspricht einer Bahnbreite minus einem einstellbaren Überlapp, um ein Negative Air Gap zu erreichen (Kapitel 2.2.2.1).

Für **3D-Strukturen** entsteht kein Linienzug als Außenberandung der Alpha-Shape, sondern eine geschlossene, triangulierte Oberfläche. Hier ist also noch eine folgende Unterteilung in Schichten nötig („Slicing", Kapitel 2.2.3), um für jede Schicht die oben dargestellten Konturen zu generieren. Zur Unterteilung existiert bereits eine Lösung in vorhandener Slicing-Software, die auf dem Schnitt der Oberflächendreiecke mit zur Druckerplattform parallelen, äquidistanten Ebenen (entsprechend der Layerhöhe) basiert. In dieser Arbeit wird der Algorithmus [232] aus der Slicing-Software CURA [96] nachimplementiert und verwendet. Eine grafische Veranschaulichung am Beispiel findet sich in Kapitel 4.3.1.

3.2.1.2 Entfernung von Schleifen bei der Generierung von Mehrfachwandungen

Durch reine Verschiebung der Konturen nach innen (oder auch außen) entstehen je nach Offset lokal Überlappungen, Bild 3.22.

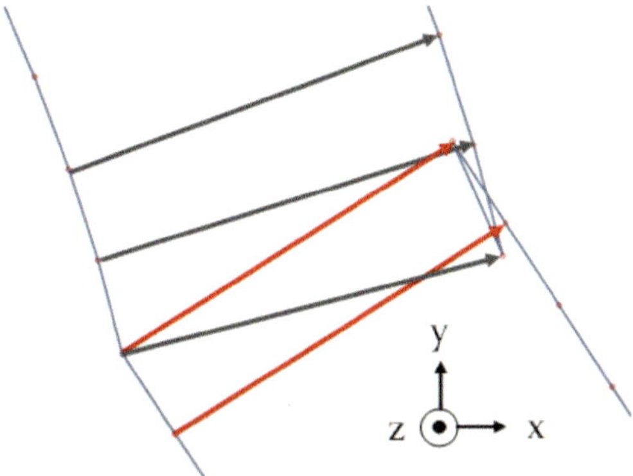

Bild 3.22: Entstehung von Überlappungen.

Zur Entfernung dieser Überlappungsschleifen wurde ein Algorithmus entwickelt und implementiert. Dessen Ablauf und Ergebnis zeigt Bild 3.23.

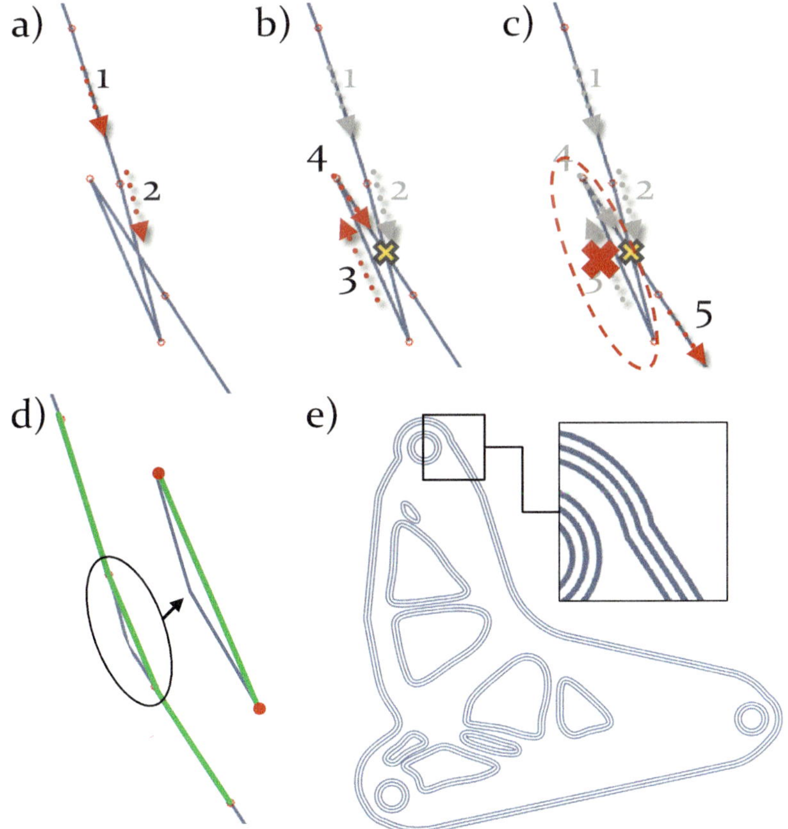

Bild 3.23: Ablauf und Ergebnis des Algorithmus zur Schleifenentfernung.

Der Algorithmus läuft für jede der Einzelkonturschleifen entlang der Liniensegmente (Bild 3.23a) bis er auf den Schnittpunkt zweier Segmente trifft (b). Anschließend eröffnet der Algorithmus eine neue Schleife ab dem Schnittpunkt, bis diese wieder durch den ursprünglichen Schnittpunkt beendet wird (c). Die bis dahin ermittelten Liniensegmente werden dann gelöscht und der dem Schnittpunkt vorhergehende und nachfolgende Punkt (somit leicht glättend) verbunden (d) und es ergeben sich Einzelkonturschleifen, die überlappungsfrei sind €. Um zudem möglichst gute Alpha-Shape-Generierung zu ermöglichen, sind gleichmäßige Punktabstände von Vorteil (vergleiche Bild 3.18). Daher werden die Außenkontursegmente rekursiv in gleichmäßige Längen unterteilt, auf welche der Alpha-Shape-Radius abgestimmt wird. Anschließend ergeben sich homogene, geschlossene Alpha-Shapes, die später als Ausschlussbereich für die Infill-Generierung dienen. Zudem werden überlappende Einzelkonturschleifen gelöscht. Die fertige Alpha-Shape basierend auf äquidistanten Abständen (rote Punkte) zeigt Bild 3.24.

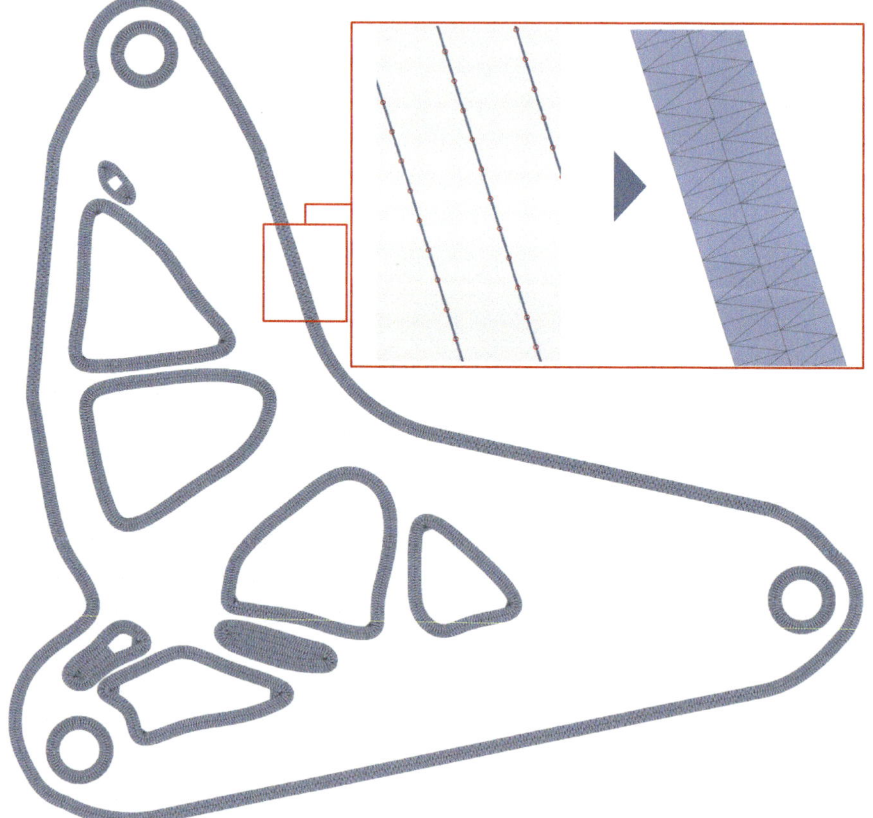

Bild 3.24: Generierte Alpha-Shape (rote Punkte mit einheitlichem Abstand).

3.2.2 Infill-Pfadgenerierung durch Clustering, lokal lineare Approximation und B-Splines zur Verbindung

Die Kraftflussgerechtheit des Bauteils soll neben der Außengestaltfindung durch die TO selbst durch lastpfadoptimierten Infill umgesetzt werden. Dieser geht von den optimierten Materialorientierungen aus (Bild 3.17) und generiert daraus Extrusionspfade, welche unter Einhaltung der in Kapitel 2.2.3 aufgezeigten Anforderungen an die Pfaderzeugung möglichst wenig Winkelunterschied zu diesen aufweisen sollen. Idealerweise sollten die Extrusionspfade exakt den optimierten Materialorientierungen tangential folgen, wie es beispielsweise durch Stromlinien und RUNGE-KUTTA-Algorithmen und auch diskrete Algorithmen (Schnittpunkte an Elementkanten) versucht wurde [191]. Diese Methoden haben jedoch für FLM-Anwendung den Nachteil, dass deren Ergebnis keine zueinander äquidistanten Trajektorien sind und somit lokal Lücken im Bauteil bleiben, Bild 3.25.

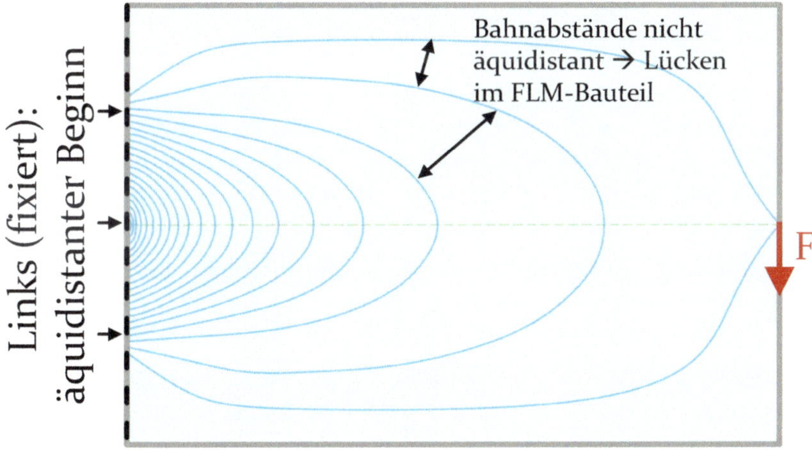

Bild 3.25: Ergebnis eines Algorithmus zur Generierung von Streamlines, manuell reproduziert nach SPICKENHEUER [191].

Daher wird hier ein diskreter Algorithmus vorgeschlagen, welcher auf einer bereichsweisen Generierung äquidistanter Liniensegmente basiert (Kapitel 3.2.2.1). Diese werden anschließend algorithmisch einander zugeordnet und durch B-Spline-Interpolation verbunden (Kapitel 3.2.2.2). Abschließend werden diese zur Reduktion von Verfahrwegen ohne Extrusion sortiert (Kapitel 3.2.2.3).

3.2.2.1 Clustering und Einzelpfadgenerierung

Den Ablauf der Generierung der Einzelliniensegmente zeigt Bild 3.26.

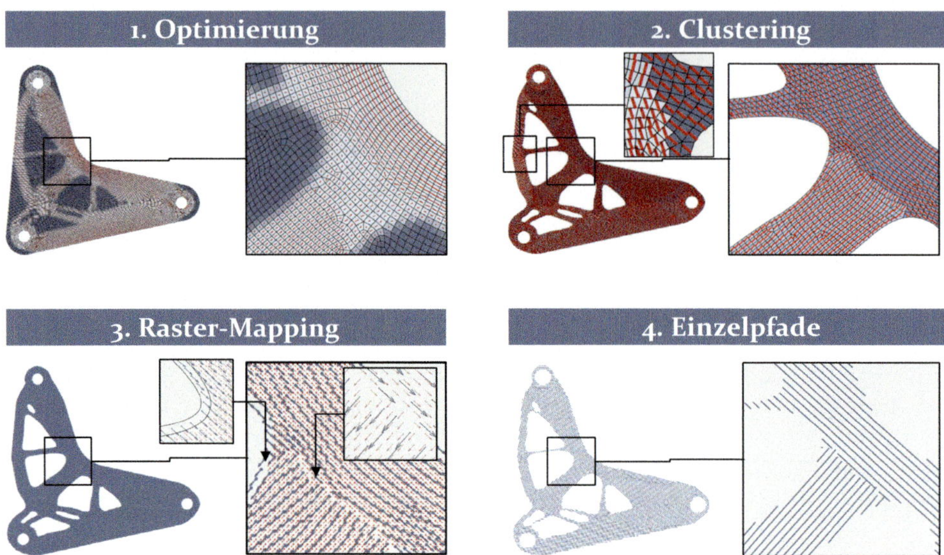

Bild 3.26: Vom Optimierungsergebnis zu einzelnen Extrusionspfaden.

Ausgehend vom Ergebnis der TO (Bild 3.26, Schritt 1) werden zusammenhängende Bereiche ähnlicher Materialorientierung identifiziert (Clustering, 2). Hierzu können verschiedene Clusteringalgorithmen verwendet werden, so die beispielsweise von GAN [233] allgemein erläuterten, etablierten Algorithmen. Clusteringalgorithmen sind Verfahren aus der Datenanalyse und unterteilen Datensätze in eine bestimmte Anzahl von Untergruppen [234]. Diese Untergruppen entsprechen hier Bereichen ähnlicher Materialorientierung. Im vorliegenden Beispiel wird der anwendungsspezifische Algorithmus für die Optimierung von FKV-Strukturen nach KLEIN [192] verwendet. Dieser basiert auf Nachbarelement-Orientierungswinkelvergleich mit einer festgelegten Winkelabweichungstoleranz. Eine sehr kleine Toleranz erzeugt viele kleine Cluster und umgekehrt. Diese Cluster basieren auf dem ursprünglichen FE-Netz und sind damit geometrisch eher grob begrenzt, vergleiche linkes Detail in Schritt 2. Als zeitsparendere Alternative wird ein K-Means-Clusteralgorithmus [233; 235; 236] und der Silhouettenkoeffizient als typisches Qualitätskriterium [237] in Kapitel 4.3.2 verwendet. Das Clustering ist hier selbst nicht Forschungsgegenstand. Um spätere Stoßstellen der Liniensegmente mit definiertem Abstand zu ermöglichen, wird in Schritt 3 das Vektorfeld aus Elementmittelpunkten und zugehörigen Materialorientierungen inklusive der Cluster-Zuordnung auf ein feines, äquidistantes Gitter gemappt (rote Pfeile in Schritt 3). Das Gitter besitzt dabei Punktabstände, die geringer sein müssen als der Düsendurchmesser der FLM-Maschine, um spätere Leerstellen sicher zu vermeiden. Die in Kapitel 3.2.1.1 vorgestellte Alpha-Shape aus dem

Bild 3.24, welche die Konturen umspannt, wird als „No-Go“-Bereich eingesetzt: sämtliche Gitterpunkte, welche in deren Bereich liegen, werden gelöscht. Dies ist aufgrund der Information der Alpha-Shape über innen- und außenliegende Bereiche einfach möglich (umgesetzt wird dies über die MATLAB-Bibliothek und den Befehl „inshape“). Damit wird eine Überschneidung von Infill und Kontur vermieden, siehe Detail links in Schritt 3. Anschließend werden mittels des vom Autor in [26] beschriebenen Tape-Laying-Algorithmus Liniensegmente über die einzelnen Cluster gelegt (4). Dieser Algorithmus wird in Bild 3.27 wiederholend verdeutlicht.

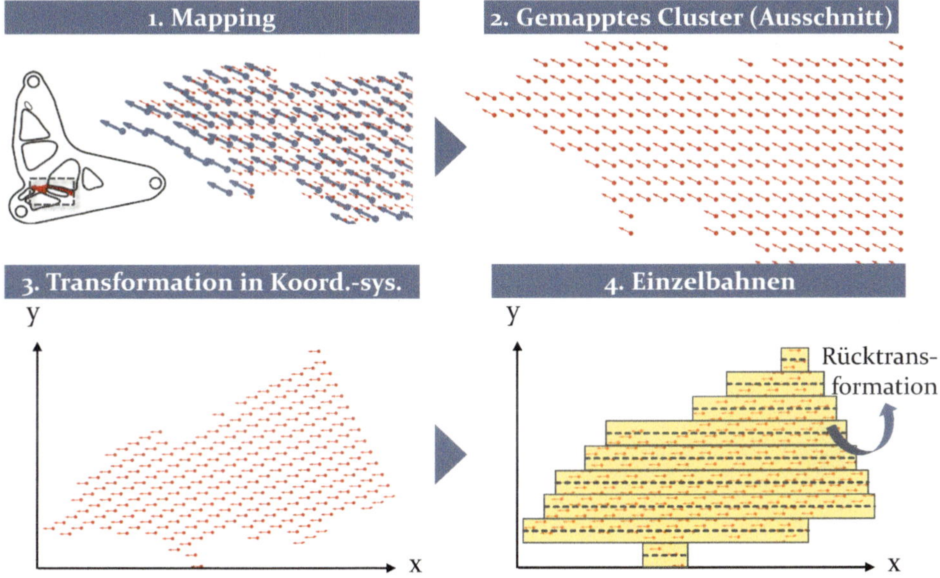

Bild 3.27: Generierung der Liniensegmente wie in [26].

Der Tape-Laying-Algorithmus transformiert die einzelnen Clusterbereiche (Schritte 1 und 2) in ein lokales Koordinatensystem so, dass dessen x-Achse mit der lokalen Materialorientierung übereinstimmt. Zudem wird der Bereich mittels eines Offsets so verschoben, dass dieser vollständig im ersten Quadranten des Koordinatensystems liegt (3). So können auf einfache Weise die Bahnen als Parallelverschiebung der x-Achse ermittelt werden (4). Die Bahnen werden dann rücktransformiert auf das ursprüngliche Koordinatensystem. Da trotz feinen Gitters kleinere Überschneidungen prinzipbedingt nicht vermieden werden können (Annäherung der beliebig geformten Clustergeometrie über Rechtecke), wird nachträglich eine zusätzliche Overlap-Entfernung durchgeführt, Bild 3.28. Der Overlap wird dabei sowohl zwischen einzelnen Clustern (A) als auch mit der Kontur-Alpha-Shape (B) geprüft. Zwischen den Clustern (A) basiert diese Entfernung wiederum auf Einzelcluster-Alpha-Shapes (dargestellt durch farblich unterschiedliche Bereiche in Bild 3.28).

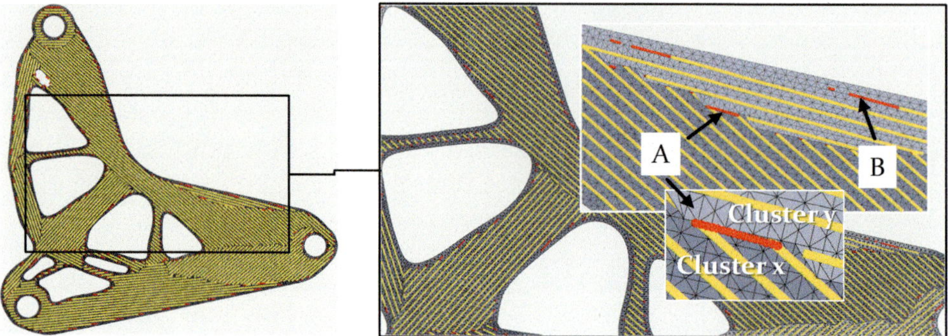

Bild 3.28: Entfernung von Überlappungen zwischen Clustern und mit dem Konturbereich.

Für jedes Liniensegment wird dabei geprüft, ob dessen Anfangs- und/oder Endpunkt in anderen Clustern als dem eigenen liegt. Ist dies der Fall, werden die Liniensegmente entsprechend verkürzt oder vollständig gelöscht. Ergebnis dieses Schritts sind überschneidungsfreie, äquidistante Liniensegmente, die ausschließlich im Bereich des Infills und damit nie im Bereich der Konturen liegen.

3.2.2.2 Zuordnungsalgorithmus für Einzelpfadsegmente, B-Spline-Interpolation

Um möglichst durchgängige Extrusionspfade zu generieren, müssen die so generierten Einzelliniensegmente nun einander zu Liniensegmentzügen zugeordnet werden. Hierbei ist es wichtig, möglichst stetige Übergänge zu garantieren, um wenig Richtungs- und Geschwindigkeitsänderungen der FLM-Maschine hervorzurufen. Dazu wurde ein Zuordnungsalgorithmus entwickelt, dessen Funktionsweise Bild 3.29 zeigt. Ausgehend von einem aktuellen Anfangs- oder Endpunkt einer Linie p wird dessen Abstand von allen Punkten i ermittelt, die weder im gleichen Cluster liegen (kein „Hin und Her" innerhalb des Clusters) und noch nicht zugeordnet sind. Der Abstand des nahestliegenden Punkts i wird ermittelt und es erfolgt eine Prüfung, ob dieser Abstand kleiner als ein vorher definierter Grenzwert ist. Ist dies der Fall, wird das Punktepaar gespeichert, um später verbunden zu werden; falls nicht, wird die Schleife mit dem nächsten Punkt analog fortgesetzt, so lange, bis alle „verbindbaren" Punkte verbunden wurden.

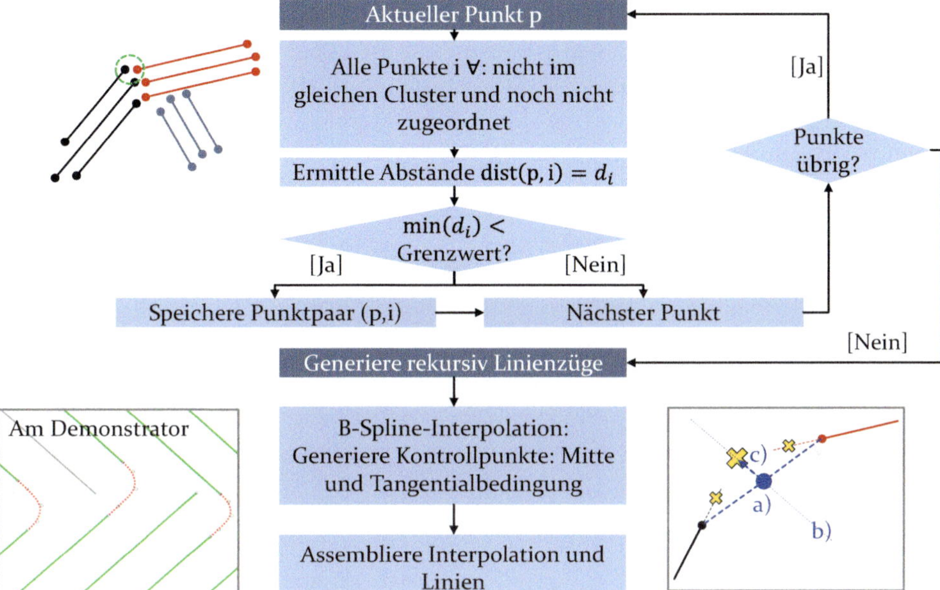

Bild 3.29: Funktionsweise des Zuordnungsalgorithmus.

Die so ermittelten Punktepaare werden nun über B-Splines verbunden. Zuvor werden die betroffenen Liniensegmente um eine bestimmte Länge (geeignet ist etwa ein halber Düsendurchmesser) gekürzt, um etwas längere und dadurch weniger stark gekrümmte Splines zu ermöglichen.Für die Splines werden insgesamt fünf Kontrollpunkte benötigt, Bild 3.29 rechts unten:

1. Der ermittelte Punkt des ersten Liniensegments (schwarz);
2. Der ermittelte Punkt des zweiten Liniensegments (rot);
3. Der Mittelpunkt (großes schwarz-gelbes Kreuz) des Splines. Dieser wird erzeugt, indem a) die Mitte zwischen den Punkten 1 und 2 berechnet wird, b) die Richtung des durchschnittlichen Richtungsvektors der beiden betroffenen Liniensegmente berechnet wird, und c) von der Mitte aus in diese Richtung ein Vektor aufgespannt wird, der 1/6 der Länge des Abstands der beiden Punkte beträgt (blau gestrichelt). Durch den heuristisch ermittelten Abstand wird Nähe zu den beiden Punkten sichergestellt, die durch den Schnittpunkt der verlängerten Liniensegmente gerade bei spitzen Winkeln nicht erfüllt ist und zu sich kreuzenden Splines führen kann;
4. Ein Offsetpunkt ausgehend vom ersten Liniensegment auf der Hälfte des Wegs zum Schnittpunkt;
5. Ein Punkt analog zum Punkt 4 des zweiten Liniensegments.

Dabei dienen die Kontrollpunkte 4 und 5 der Sicherstellung eines möglichst tangentialen Übergangs zu den beiden Liniensegmenten. Bild 3.29 links unten zeigt sich ergebende Verbindungen. Mit diesem Schritt ist die Generierung (ohne Sortierung) der Einzelpfade abgeschlossen, sich ergebende Extrusionspfade zeigt abschließend Bild 3.30.

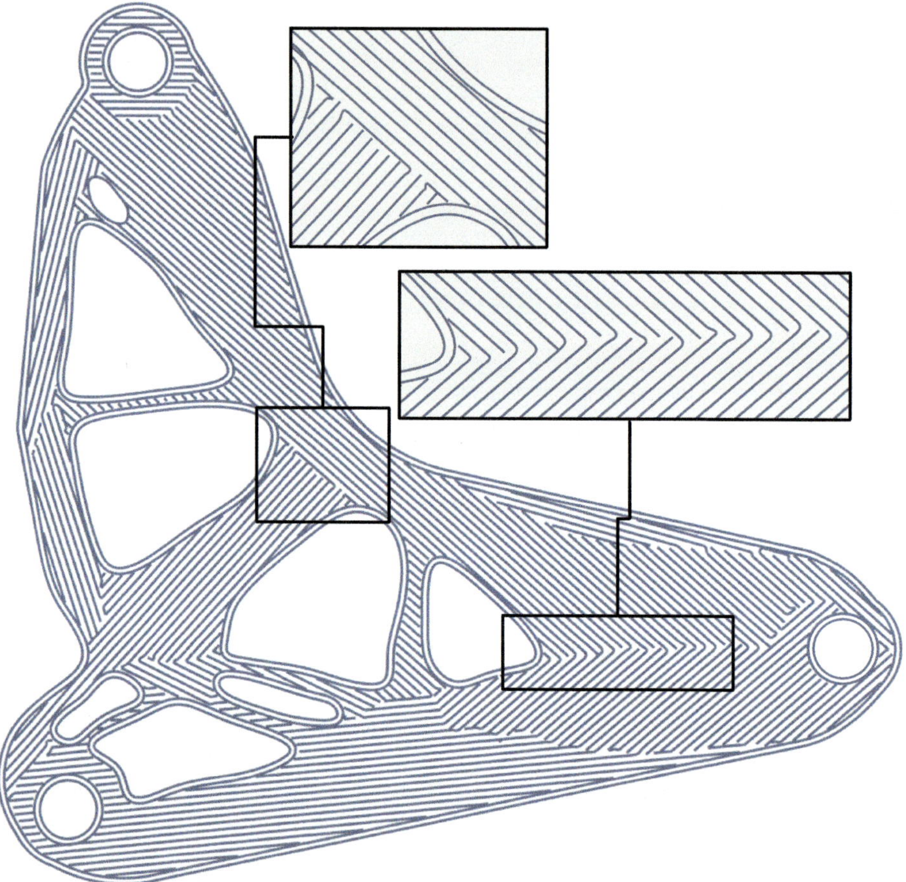

Bild 3.30: Ergebnis des Zuordnungsalgorithmus.

3.2.2.3 Sortieralgorithmus zur Travel-Reduktion

Bereits in Kapitel 2.2.3 zeigt sich anhand der vielen Beiträge die Notwendigkeit zur Reduktion der Bauzeit, die neben vielen Faktoren wie beispielsweise Form der Pfade sowie nötigen Geschwindigkeits- und Richtungsänderungen insbesondere von der Verfahrzeit ohne Extrusion („Travel") bestimmt wird. Um diese möglichst kurz zu halten, wird im vorliegenden Ansatz eine Nearest-Neighbour-Heuristik eingesetzt. Dieser Algorithmus beginnt bei einem zufälligen Pfad, sucht von dessen Endpunkt den nächstgelegenen Anfangspunkt eines anderen Pfades und wiederholt diesen Vorgang anschließend so lange, bis alle Pfade verknüpft sind. Bild 3.31 zeigt das Ergebnis einer solchen Sortierung.

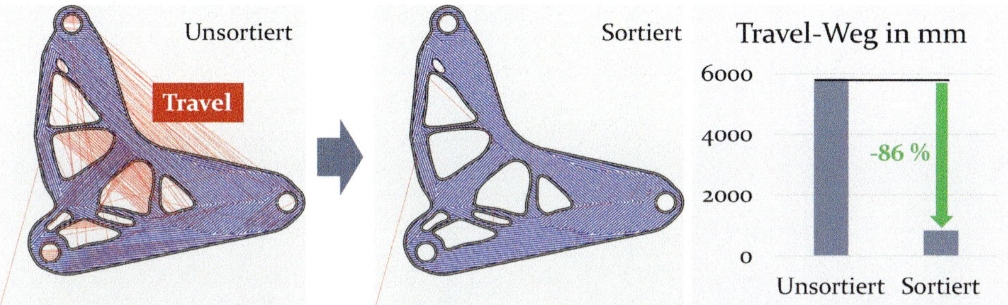

Bild 3.31: Beispielergebnis der Sortierung.

Travelpfade sind hier rot dargestellt; die unsortierten Pfade kommen direkt aus dem Pfadinterpolationsalgorithmus. Diese Reihenfolge ist zunächst beliebig und ergibt sich mittelbar aus der Anordnung der zugrunde liegenden Finiten Elemente. Nach Anwendung der Heuristik sind die sortierten Pfade in der Mitte dargestellt. Es ergibt sich eine Reduktion der Travelpfade von 5834,5 mm (unsortiert) auf 824,11 mm (sortiert). In [S14] wurden für diese Sortieraufgabe unterschiedliche Algorithmen untersucht. Hierbei zeigte sich gegenüber einer Auswahl alternativer Algorithmen zur Lösung des modifizierten Travelling-Salesman-Problems, dass die Nearest-Neighbour-Heuristik im Vergleich sehr rechenzeiteffizient ist. Dadurch erlaubt sie beispielsweise auch die Untersuchung *aller* Punkte als Startpunkte, um dann durch Auswahl (im Rahmen der Heuristik) die Druckroute mit geringstem Travel-Anteil zu finden. Da es zur Werkzeugwegsortierung bereits viele Ansätze gibt, zum Beispiel [105], steht die Erforschung der Sortierung selbst nicht im Fokus der Arbeit. Diese dient nur dazu, gewonnene Pfade druckbar zu machen.

3.3 Strukturmechanische FLM-Simulation

Durch eine strukturmechanische Simulation können bereits vor dem zeitaufwändigen FLM-Druck und zugehörigen Versuchen vergleichende Aussagen über Bauteileigenschaften getroffen werden. Ein Simulationsansatz für FLM wurde vom Autor vorgestellt [132] und wird im Folgenden detailliert beleuchtet. Den Ablauf des Simulationsansatzes für FLM-gefertigte Bauteile unter Berücksichtigung der lokalen Materialorientierung zeigt Bild 3.32.

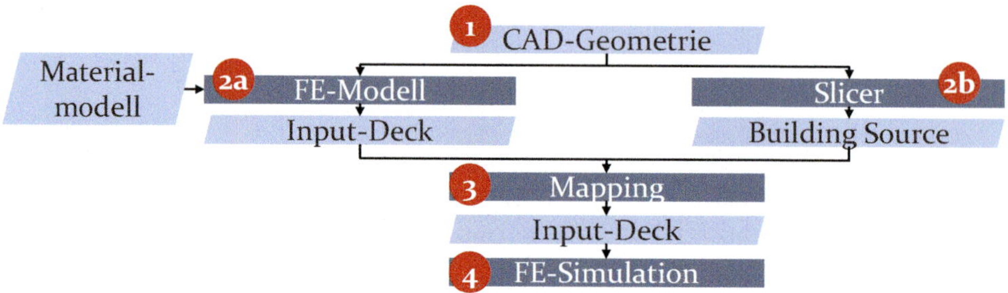

Bild 3.32: Ablauf der FLM-Simulation.

Ausgehend von einer CAD-Geometrie (1), der beispielsweise eine Topologieoptimierung vorausgegangen sein kann, wird zunächst ein FE-Modell aufgebaut (2a). Die Vernetzung dieses FE-Modells sollte zwei Voraussetzungen genügen. Einerseits sollen lokale Extrusionspfadrichtungen in der Ebene der Bauplattform abgebildet werden können, was eine ausreichend feine Vernetzung mit Elementkantenlängen ungefähr gleich der Extrusionspfadbreite (in etwa Düsendurchmesser der AM-Maschine) notwendig macht. Andererseits muss der schichtweise Aufbau realitätsgetreu abgebildet werden, was eine Elementschichthöhe gleich der Layerhöhe erfordert. Das FE-Modell enthält zudem Randbedingungen und Lasten und wird exemplarisch in Kapitel 3.3.1 vorgestellt. Auf dieses Netz wird anschließend die Building Source (2b) aus einem Slicing-Tool wie ideaMaker [97], CURA [96] oder auch dem eigenen Pfadgenerierungsansatz (Kapitel 3.2) gemappt (3). Das Mapping erfolgt so, dass die Materialhauptachsen in der FE-Simulation mit den Extrusionspfadrichtungen übereinstimmen (Kapitel 3.3.2 und 3.3.3). Die Simulation geringerer Infill-Dichten (nicht komplette Füllung im Inneren) wurde zudem vom Autor vorgestellt [27], wird hier aber nicht näher behandelt, da lediglich topologieoptimierte Bauteile mit 100 %-Infill betrachtet werden. Mit einem so aufgestellten Simulationsmodell (4) können dann beispielsweise verschiedene Infill-Muster verglichen werden (Kapitel 3.3.3). In den folgenden Kapiteln werden die oben genannten Schritte anhand des bereits verwendeten 2D-Demonstrators unter ebenem Lastfall dargestellt.

3.3.1 CAD- und FE-Modell des Bauteils

Bild 3.33 zeigt die notwendigen Ausgangsdaten für die Simulation. In Bild 3.33a) ist das CAD-Modell des Demonstrators mit aufgebrachtem Lastfall dargestellt: einer Fest-Los-Lagerung an den hinteren zwei Hülsen und aufgebrachter Kraft in negative y-Richtung an der vorderen Hülse. Das CAD-Modell wird dann an eine FE-Simulation übergeben und dort vernetzt.

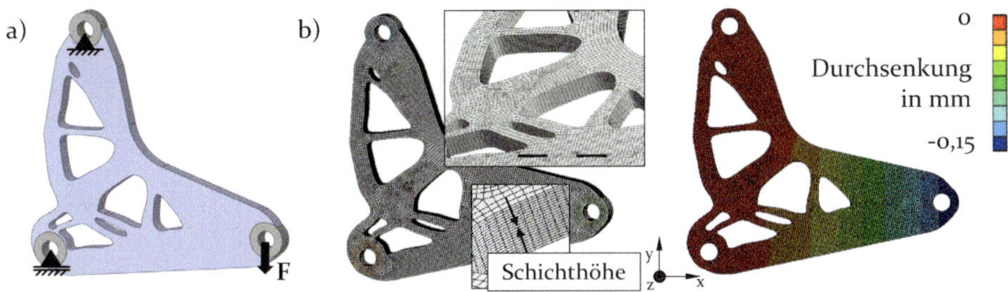

Bild 3.33: a) CAD-Modell mit späteren FE-Randbedingungen und b) FE-Modell des Bauteils mit Auswertung der Durchsenkung in y-Richtung.

Die Vernetzung erfolgt so, dass später die einzelnen FLM-Schichten direkt auf das Netz gemappt werden können, das heißt die Elementhöhe entspricht der Schichthöhe (Bild 3.33b). Zudem wird innerhalb der Bauplattformebene eine Vernetzungsfeinheit gewählt, die der Bahnbreite des G-Codes entspricht, um die Ablagerichtung in der Ebene abbilden zu können. Randbedingungen und Lasten werden aufgebracht und bilden so die Basis für die nachfolgenden Mappingschritte (Bild 3.33b, rechts).

3.3.2 Erzeugte Building Source

Mittels einer Slicing-Software oder auch der bereits vorgestellten Pfadgenerierung (Kapitel 3.2) werden nun die Extrusionspfade erzeugt. Um den Einfluss der Ausrichtung demonstrieren zu können, wurde hier das „Concentric"-Infill-Muster verwendet, welches auf Parallelverschiebung der Kontur nach innen basiert. Hierbei wurde das STL komplett gefüllt, das heißt 100 % Infill-Dichte, Bild 3.34. Dieser G-Code wird im nächsten Schritt auf das FE-Modell aus Kapitel 3.3.1 gemappt.

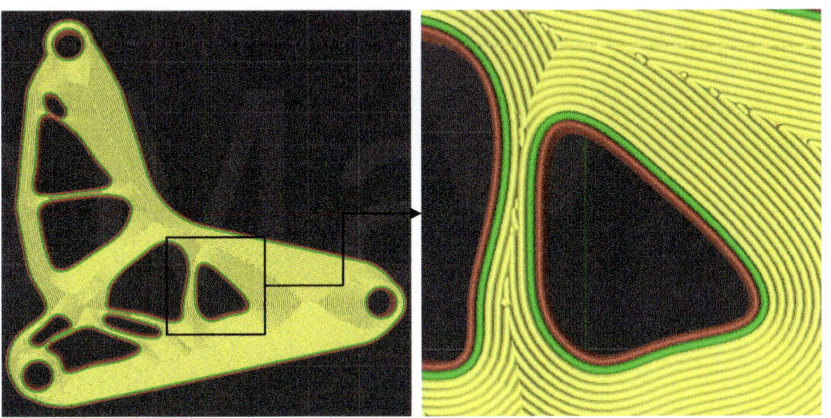

Bild 3.34: Generierter G-Code am Bauteil, Infill-Muster „Concentric" mit 100 % Infill-Dichte ohne Decklagen.

3.3.3 Mapping, Simulationsmodell und Ergebnisse

Die Funktionsweise des Mappings zeigt Bild 3.35. Das vorher generierte Netz (1) und der G-Code (2) werden mittels eines Least-Squares-Fittings der Knoten- bzw. G-Code-Koordinaten möglichst exakt übereinandergelegt (3). Für jedes einzelne Element wird anschließend ein Suchradius festgelegt, welcher einer halben Extrusionsbahnbreite entspricht (4). Wird innerhalb dieses Radius eine G-Code-Bahn detektiert, so wird deren Orientierung ausgelesen (Richtungsvektor) und dem Element als Richtung zugeordnet. Werden mehrere Bahnen detektiert, so wird die Bahn mit kleinstem Abstand zum Elementmittelpunkt gewählt. Wird hingegen keine Bahn detektiert, wird das Element gespeichert und später in der FE mit einem sehr nachgiebigen Materialmodell (vergleichbar einer Pseudodichte nahe null bei der TO) versehen. Es wird jedoch nicht gelöscht, um ein vollständiges FE-Netz ohne scharfe Kanten zu gewährleisten.

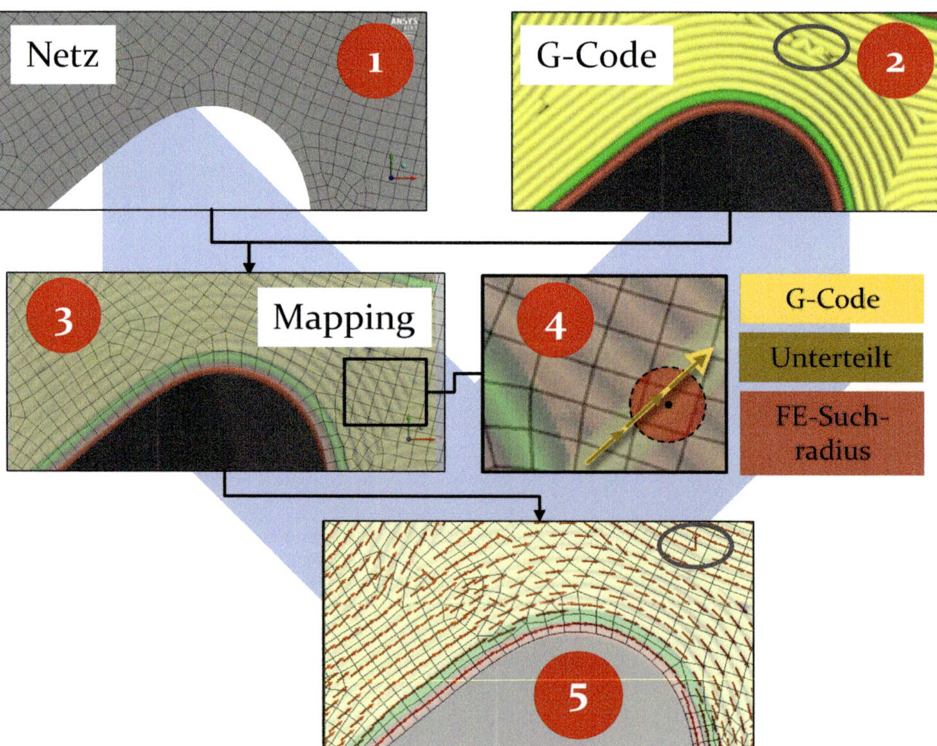

Bild 3.35: Funktionsweise des Mappings.

Diese Funktionalität ist bei Infill-Dichten unter 100 % relevant, die hier nicht beleuchtet werden, da nur vollständig gefüllte Bauteile betrachtet werden. Die Detektion der Bahnen mit dem Suchradius-Verfahren erfordert dabei eine Unterteilung der einzelnen G-Code-Bahnen (dunkle Pfeile in 4), um bei langen Bahnen nicht lediglich die Elemente zu mappen, die am Start- oder Endpunkt des G-Code-Liniensegments liegen. Am Ende werden die Orientierungen auf ANSYS-Elementkoordinatensysteme gemappt (rot dargestellt in 5) und als Input-Deck an das FE-Tool übertragen. Gezeigt ist in obigem Bild 3.35 das Mapping des 100 %-Infill-G-Codes. Kleine Unstetigkeiten in der Elementorientierung spiegeln das Füllen kleiner Leerstellen im Concentric-G-Code durch die Slicer-Software wider (grauer Kreis in 2 und 5). Bild 3.36 zeigt das Ergebnis des Mappings bei 100 %-Concentric-Infill erneut vollständig. In Bild 3.36a) sind die Winkel der Materialhauptachsen dargestellt, mit den für das Concentric-Muster typischen graduellen Übergängen. Diese entstehen durch die Parallelverschiebung der stetigen Außenkonturen. An den Stoßstellen treten abrupte Richtungsänderungen auf, wo verschobene Konturen aufeinandertreffen.

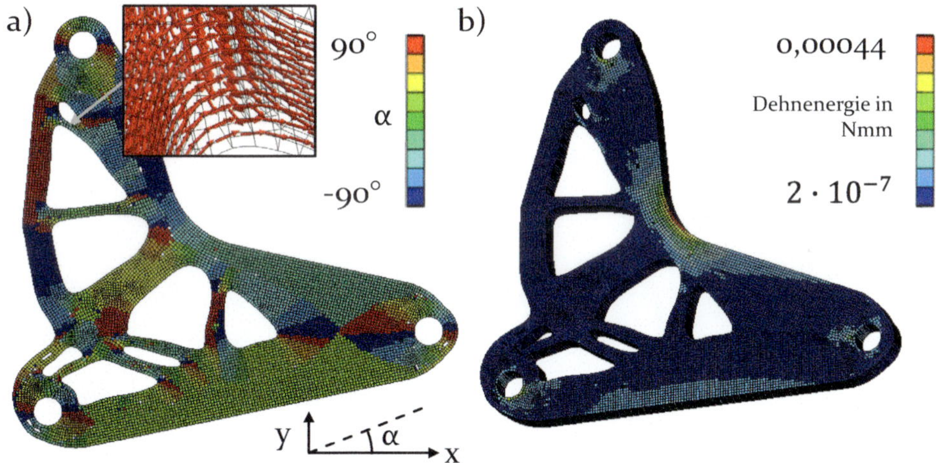

Bild 3.36: FLM-Simulationsmodell für 100 %-Concentric-Infill, a) Winkel der Materialhauptachsen aus Mapping, b) Plot der Dehnenergie.

Bild 3.36b) zeigt den zugehörigen Plot der Dehnenergie, welcher für den Lastfall plausibel erscheint (Maximum in der „Beuge") und einen insgesamt kontinuierlichen Verlauf aufweist, mit sehr ähnlichen Dehnenergiewerten über große Bereiche des Bauteils hinweg, was aus der vorhergehenden Topologieoptimierung resultiert.

3.3.4 Vergleich unterschiedlicher Infill-Muster

Die Auswirkungen unterschiedlicher Infill-Muster auf die Simulationsergebnisse werden im Folgenden kurz demonstriert. Die in Bild 3.37 dargestellten Infill-Muster werden dabei verglichen.

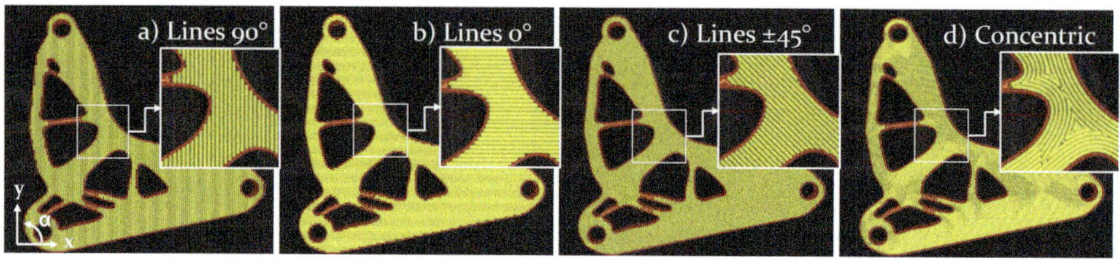

Bild 3.37: Darstellung unterschiedlicher Infill-Muster in Raise3D ideaMaker: a) Lines 90° zur x-Achse, b) Lines 0°, c) Lines ±45° (darunter abwechselnd), d) Concentric.

Die Ergebnisse der Infill-Muster im Simulationsvergleich zeigt Bild 3.38. Bei jeweils vollständiger Füllung zeigt sich sowohl im visuellen Vergleich als auch in der Dehnenergie eine vorteilhafte Steifigkeit des Concentric-Infill-Musters, welches bei dieser tragwerkartigen Bauweise nah an den Hauptnormalspannungsrichtungen liegt und auch bereits als vorteilhaft eingestuft wurde [153]. Dies wird in Kapitel 4.5 noch näher beleuchtet.

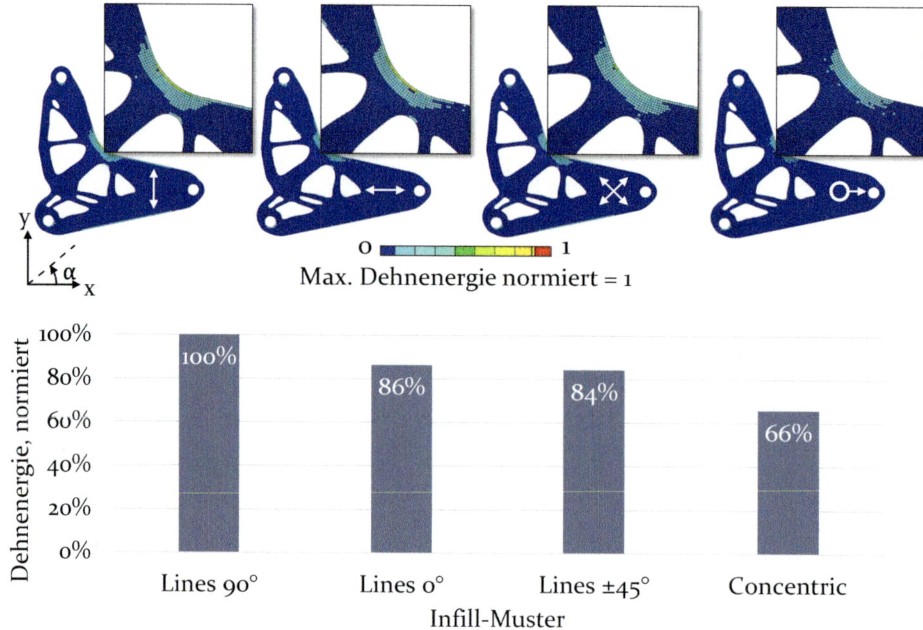

Bild 3.38: Vergleich unterschiedlicher Infill-Muster.

3.3.5 Einordnung des Simulationsansatzes

Der hier vorgestellte Simulationsansatz dient der einfachen Analyse hauptsächlich des Steifigkeitsverhaltens von FLM-Bauteilen und lässt durch die direkte Einbindung von G-Code einen Vergleich zwischen verschiedenen Anordnungen von Extrusionspfaden zu. Im folgenden Kapitel wird dessen Anwendung zur Ermittlung von FLM-Materialmodellen demonstriert. Die Ergebnisse werden an weiteren Demonstratoren überprüft. Für eine zuverlässige Festigkeitsanalyse im schichtweisen Aufbau ist eine ausführliche Erforschung von Versagenskriterien für FLM wichtig. Deren Integration in den Ansatz ist durch Auswertung der sich ergebenden Spannungstensoren umsetzbar, hier aber nicht Forschungsgegenstand. Der vorliegende Ansatz fokussiert zudem auf 100 %-Infill-Dichten, so dass innere Leerstellen nicht abgebildet werden müssen. Die vollständige Füllung der Geometrien wird gewählt, um Topologieoptimierungsergebnisse nicht durch Einbringen neuer Leerstellen zu verfälschen.

3.4 Experimentelle Kalibrierung und Validierung eines Materialmodells für FLM-FKV (PETG-CF20)

3.4.1 Vorgehen

Zur Verwendung in der Optimierung und für die Überprüfung der FLM-Struktursimulation wird im Folgenden ein orthotropes FLM-FKV-Materialmodell ermittelt und angewandt.

Den genutzten Workflow zeigt Bild 3.39.

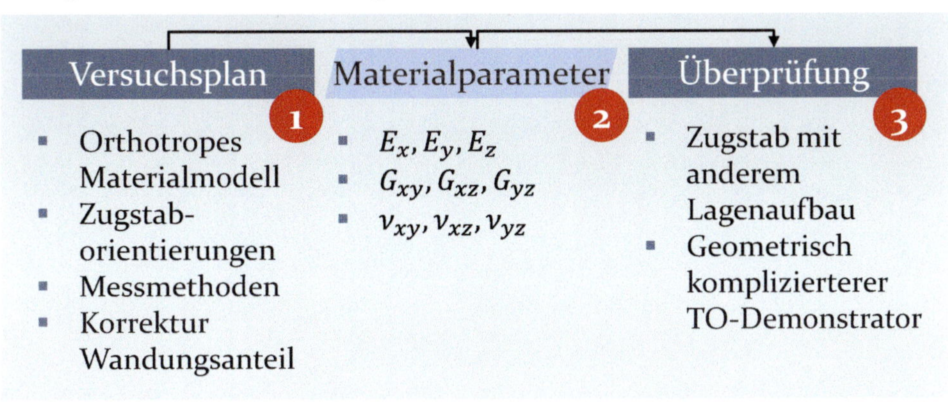

Bild 3.39: Workflow für Ermittlung des PETG-CF20-Materialmodells und Überprüfung der Simulation.

Der **Versuchsplan (1)** dient zur Ermittlung der neun orthotropen **Materialparameter (2)** und erfordert aufgrund des vielschichtigen Materialverhaltens detaillierte Planung: Hinsichtlich der Zugstaborientierungen ist sicherzustellen, dass alle neun Materialkonstanten korrekt ermittelt werden. Das folgende Bild 3.40a) zeigt die verwendeten Orientierungen und daraus abgeleiteten Materialparameter.

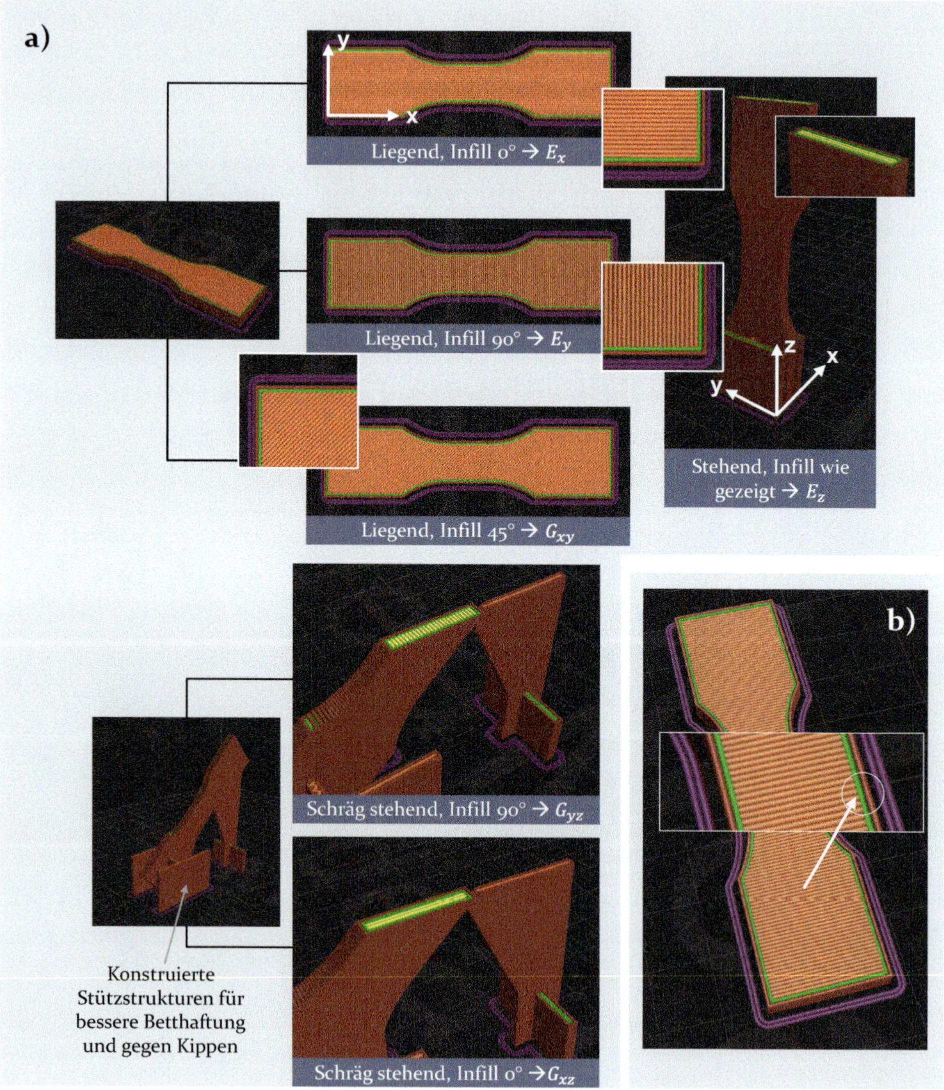

Bild 3.40: a) Verwendete Zugorientierungen zur Ableitung der orthotropen Materialparameter, b) Wandungen im Detail.

Die Auswahl der Proben erfolgt nach BELLINI [238]. Um künftig auch Daten für dynamische Tests ableiten zu können, wurde ein sogenannter Becker-Zugstab statt des Zugstabs aus DIN EN ISO 527 verwendet. Für die Messung wurden Kraft-Weg-Kurven auf einer manuellen Zugprüfmaschine aufgezeichnet. Die Querkontraktionszahlen wurden aus Literaturwerten [135] auf 0,3 festgelegt, hierzu erfolgt eine detaillierte Studie in Kapitel 3.4.2. Eine besondere Herausforderung stellt die bei FLM-Bauteilen üblicherweise vorhandene Wandung, häufig genannt „Shell" oder „Wall" (Bild 2.12 in Kapitel 2.2.3), dar. Durch diese kann beispielsweise bei den Zugstäben mit Extrusionsrichtung 90° zur Zugrichtung nicht die volle Breite des Zugstab-Zugbereichs mit 90°-Pfaden gefüllt werden, Bild 3.40b). Aus diesem Grund wurde obiger Simulationsansatz verwendet, um die genaue Materialorientierung aller Zugproben abbilden zu können. Für das Fitting der sechs Simulationsmodelle an die sechs Kraft-Weg-Kurven wurde wie folgt vorgegangen, Bild 3.41a):

1. Diskretisierung der Kraft-Weg-Kurven aus dem Versuch anhand von *N* Kraft-Weg-Paarungen;
2. Mapping der Extrusionspfade aus dem G-Code auf entsprechende Zugstab-FE-Modelle (enthält die Wandungsanteile, die nicht mit der Infill-Richtung übereinstimmen), Bild 3.41b);
3. Aufbringen von Randbedingungen und Lasten (ANSYS) in *N* Lastschritten;
4. Parametrisierung des Inputs, also des orthotropen Materialmodells (Designvariablen);
5. Parametrisierung des Outputs: *N* Kraftreaktionen als Resultat von *N* aufgebrachten Verschiebungen (Systemantworten, Kapitel 2.4.1);
6. Aufsetzen des Optimierungsproblems (mit der Software Dynardo optiSLang [158]) zur *gleichzeitigen* Kalibrierung der Moduln unter Verwendung eines Fehlermaßes für das Curve Fitting.

Als Fehlermaß für die einzelnen Kraft-Weg-Paare aus Simulation und Versuch wird der mittlere absolute Fehler (Mean Absolute Error, MAE) [239] verwendet, Formel (11):

$$MAE = \frac{1}{T}\sum_{t=1}^{T}|\widehat{x_t} - x_t| \tag{11}$$

Dabei ist T die Gesamtzahl der vorliegenden Beobachtungen (hier Diskretisierung der Versuchskurve), $\widehat{x_t}$ die vorliegende Prognose des Modells (Wert aus Simulation) und x_t die tatsächliche Beobachtung (Wert aus Versuch).

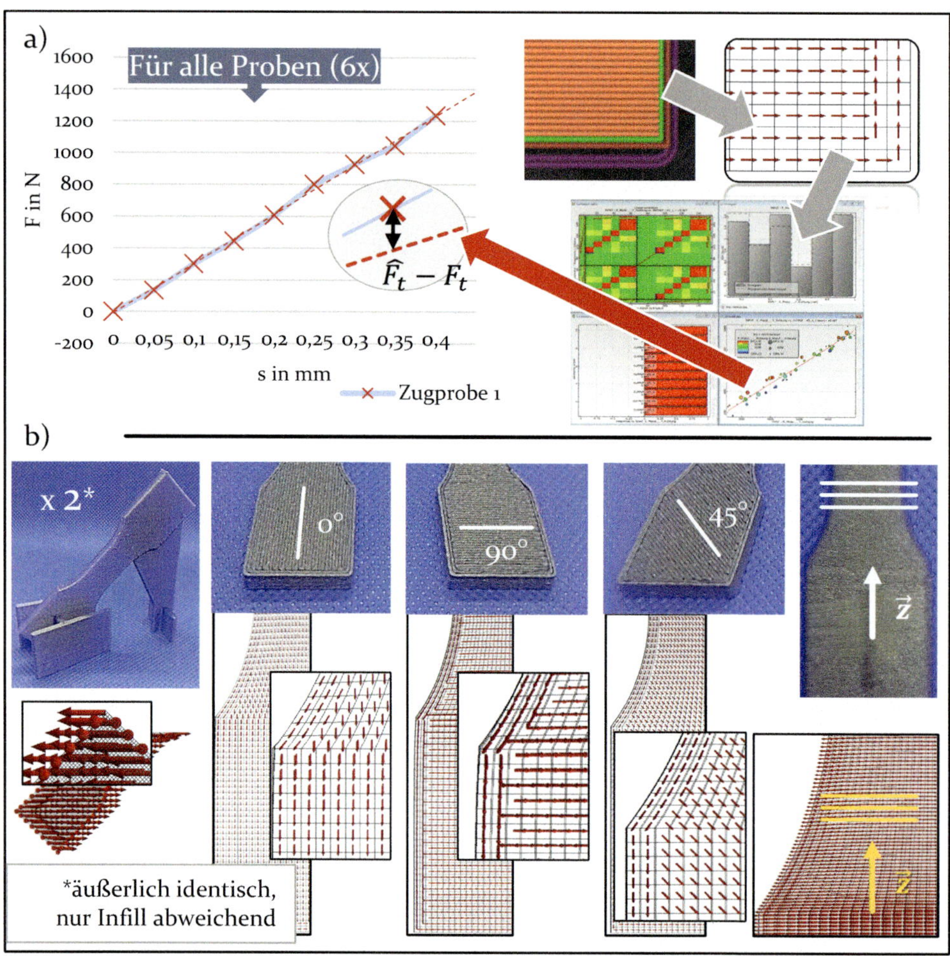

Bild 3.41: a) Illustration des Vorgehens zum Fitting, b) Aufbau der FE-Simulation für die Zugstäbe und zugehörige, gedruckte Proben.

Der MAE wurde gewählt, da dieser Unter- und Überschätzungen ungerichtet [239], also vorzeichenlos kumuliert und eine direkte Interpretierbarkeit bietet. Diese Interpretierbarkeit basiert darauf, dass der MAE die Größenordnung der Abweichung angibt (hier zum Beispiel die mittlere Abweichung von Kräften zwischen Simulation und Versuch). Zusätzlich angegeben wird der Mean Absolute Percentage Error (MAPE), der jedes Prognose-Beobachtungspaar prozentual ohne Vorzeichen vergleicht und diese Prozentunterschiede anschließend über T mittelt. Die sechs Kraft-Weg-Kurven aus Versuch und Simulation werden mittels der Materialparameter in Schritt 6 *gleichzeitig* durch ein Adaptive Metamodel of Optimal Prognosis (AMOP) [158] gefittet. Hierbei erfolgt ein stetes Anpassen des Design of Experiments (DOE) während der Erstellung des Metamodells. Das Fehlermaß wurde für die sechs Simulationen jeweils als Gleichung in optiSLang als „Objective" angegeben, die Parameter der Kraftreaktionen mittels ANSYS APDL-Skripten ausgewertet. Am Ende wird das gewonnene Materialmodell an zwei Demonstratoren angewandt und anhand der sich ergebenden Kraft-Weg-Kurven überprüft (Schritt 3 in Bild 3.39).

3.4.2 Ergebnisse der Kalibrierung

Die folgenden Diagramme zeigen jeweils die Datenpunkte der Zugversuchsreihen (Punkte ohne Linienverbindung) in Spannungs-Dehnungsdiagrammen. Aus den Spannungs-Dehnungspaaren wird die Durchschnittslinie gebildet (grün). Von dieser wird die lineare Regressionslinie zusätzlich angegeben (grün, dünn, gestrichelt). Aus der Durchschnittslinie werden die ersten zehn Punktepaare von meistens 15 bis 20 gemessenen Paaren an die Optimierung übergeben, um den linearen Bereich abzubilden. Eine Ausnahme bildet der letzte Probekörper, der bereits nach sieben gemessenen Paaren versagte, daher werden dort nur diese Paare verwendet. Wie im Vorgehen beschrieben (Kapitel 3.4.1), werden die Prüfkörper mit ihren Materialorientierungen simuliert. Sie ergeben für jede vorgegebene (gemittelte) Verschiebung aus den Zugversuchen entsprechende Kraftreaktionen. Durch die Optimierung werden dann die Moduln so verändert, dass der MAE für alle Probekörper-Simulationen minimiert wird. Die Simulation wurde mit Nominalgeometrie (im Querschnitt Tiefe 2 mm x Breite 12 mm an der mittleren, verjüngten Stelle) durchgeführt. Da das FLM-Verfahren Maßabweichungen der Probekörper im Querschnitt zeigte, wurden die Spannungs-Dehnungskurven für jeden einzelnen Zugstab individuell um die Abweichungen zur Nominalgeometrie korrigiert. Die absoluten Fehler (MAE) für das Fitting der einzelnen Probekörper zeigt Tabelle 3.2. Dabei stehen die Abkürzungen 0° für den liegend längs gedruckten Probekörper; 90° ebenso, aber quer gedruckt; S für den stehenden Probekörper; 45° für liegend, diagonal gedruckt. Die Bezeichung S45-0 steht für den 45° aufrechtstehenden Probekörper, der innen längs gedruckt ist, und S45-90 ebenso, aber innen quer gedruckt. Zusätzlich wird jeweils der MAPE angegeben.

Tabelle 3.2: Mean Absolute Error in Newton und Mean Percentage Error für Probekörper.

Probekörper	0°	90°	S	45°	S45-0	S45-90
MAE	10,72 N	12,18 N	5,15 N	15,92 N	5,66 N	13,50 N
MAPE	12 %	9 %	6 %	19 %	6 %	15 %

Bei Kraftreaktionsbereichen bis zu 450 N (500 N als Maximum der manuellen Prüfmaschine, getestet bis 450 N) liegen die Fehler insgesamt niedrig und zeigen so ein gutes Fitting der Simulation an die Kalibrierversuche. Die 45°-Proben streuten dabei deutlicher als die übrigen Proben, was dort auch in der Simulation das Fitting etwas verschlechterte. Die Zugfestigkeiten wurden in diesen Versuchen nicht ermittelt, da manche der Prüfkörper bei 450 N nicht versagten.

Bild 3.42 zeigt die Ergebnisse der Zugversuche und zugehörigen Simulationen am 0°-Liegend-Prüfkörper. Insgesamt zeigt sich ein weitgehend lineares Verhalten der einzelnen Proben und damit auch der Mittelwertlinie. Die Spannungs-Dehnungslinie aus der Simulation nähert die experimentell ermittelten Werte visuell gut an. Das FLM-Verfahren zeigt eine gewisse Streubreite der ermittelten Spannungs-Dehnungskurven, was auf fertigungsbedingte Abweichungen zurückzuführen sein kann. Typische fertigungsbedingte Abweichungen sind begründet durch Abrasion der Düse und damit Aufweitung des Innendurchmessers sowie Alterung bzw. Feuchtigkeitsaufnahme des hygroskopischen PETG-Filaments.

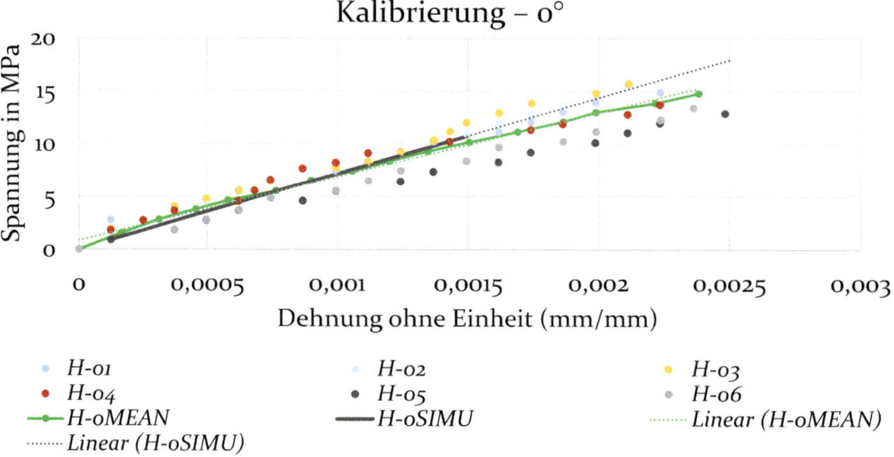

Bild 3.42: Spannungs-Dehnungs-Diagramm für den 0°-Prüfkörper.

So entstammen H-01 bis H-03 aus einem gleichzeitigen Druckprozess mit zu diesem Zeitpunkt geöffneten, neuen Filament, H-04 bis H-06 aus einem Druckprozess eine Woche später. Die Prüfkörper versagten bis 450 N Maximalkraft nicht. Bild 3.43 zeigt das Spannungs-Dehnungs-Diagramm für die liegend quer gedruckte Probe.

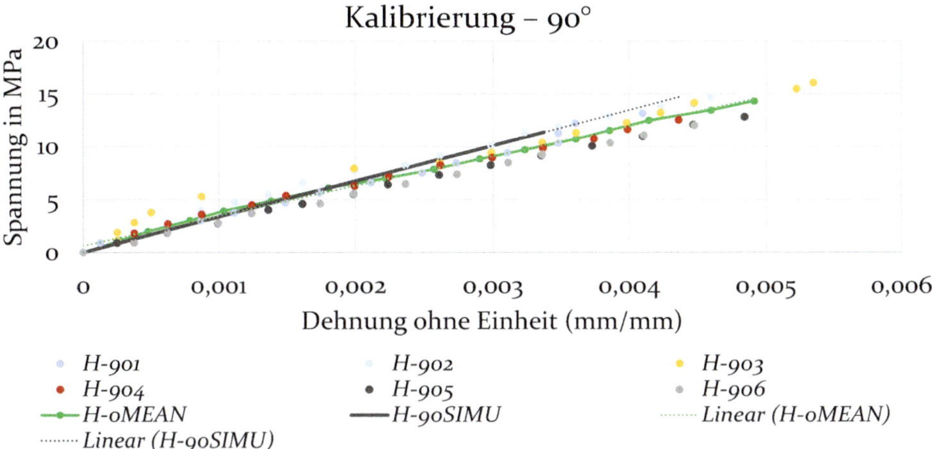

Bild 3.43: Spannungs-Dehnungs-Diagramm für den 90°-Prüfkörper.

Zunächst zeigt sich eine im Vergleich zum 0°-Prüfkörper deutlich reduzierte Steifigkeit (bei 0,3 % Dehnung im Mittel ca. 8 MPa gegenüber 16 MPa bei 0°). Das Verhalten ist weitgehend linear, streut aber deutlich mehr besonders am Anfang (H-903, H-904). Die Simulation nähert die Punktepaare insgesamt sehr gut an. Der Prüfkörper versagte bis 450 N nicht.

Bild 3.44 zeigt die Ergebnisse des stehenden Prüfkörpers (Zug senkrecht zur Schichtebene).

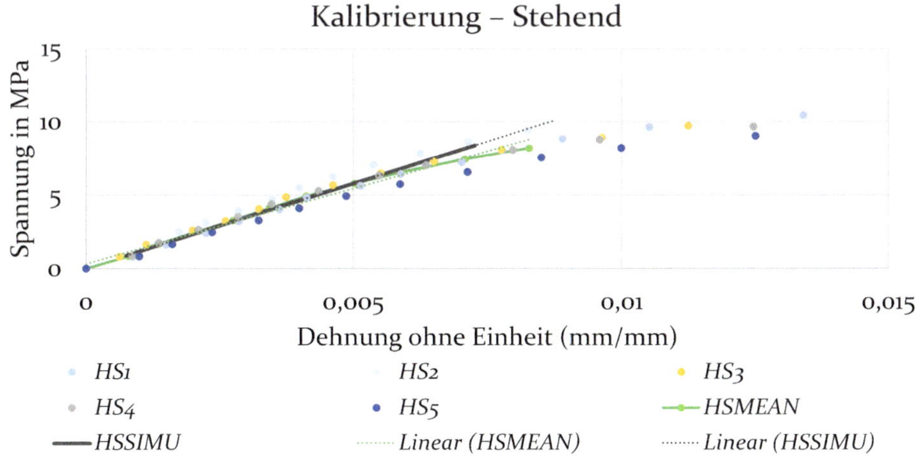

Bild 3.44: Spannungs-Dehnungs-Diagramm für stehenden Prüfkörper.

Hier wird ebenfalls anfänglich wieder ein linearer Zusammenhang zwischen Spannung und Dehnung deutlich, ebenso eine geringe Streubreite und eine gute Annäherung der Kurven durch das Fitting der Simulation.

Die Steifigkeit ist gegenüber den liegenden Proben deutlich reduziert (bei 0,3 % Dehnung ca. 3 MPa Spannung). Die Zugprobe versagte während der Tests sehr früh, bereits bei ca. 175 N. Dies steht in Übereinstimmung mit den Erkenntnissen nach LOVE [90], wonach die Zwischenschichthaftung (in Drucker-z-Richtung) deutlich geringer ist als die Intraschichthaftung. Vor Versagen zeigt sich nichtlineares Verhalten. Bild 3.45 zeigt das Spannungs-Dehnungs-Diagramm für den liegenden 45°-Prüfkörper.

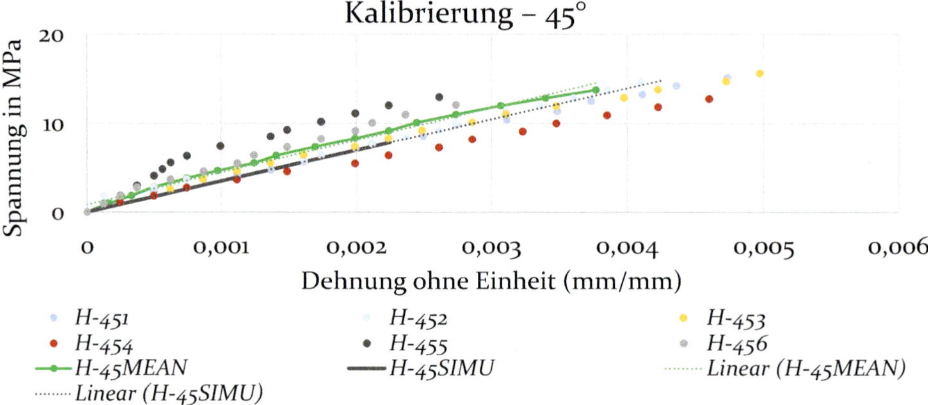

Bild 3.45: Spannungs-Dehnungs-Diagramm für den 45°-Prüfkörper.

Die Ergebnisse der Zugversuche streuen hier mehr, insbesondere die zuletzt gedruckten H-454 bis H-456. H-455 wurde als Ausreißer betrachtet und nicht in das Fitting mit einbezogen. Die lineare Approximation durch die Simulation ist hier etwas zu nachgiebig (graue Linie unter grüner Mittelwertkurve), was an der *gleichzeitigen* Optimierung der verschiedenen MAEs liegt. Die Prüfkörper versagten nicht. Tabelle 3.3 zeigt die linearen Korrelationskoeffizienten zwischen Moduln und Reaktionskräften der Simulationen. Hierbei wird ein ideal linearer Zusammenhang mit -1 bzw. 1 angegeben (exakt lineare Beziehung zwischen zwei Variablen, 1 positiv, -1 negativ), 0 bedeutet kein linearer Zusammenhang.

Tabelle 3.3: Lineare Korrelationskoeffizienten zwischen Moduln und Reaktionskräften F_R der einzelnen Probegeometrien.

F_R Probe →	**0°**	**90°**	**S**	**45°**	**S45-90**	**S45-0**
E_x	**0,99**	0,38	-0,04	0,40	-0,10	0,05
E_y	0,00	**0,86**	-0,00	0,35	0,02	-0,02
E_z	0,01	-0,00	**0,96**	0,01	0,26	0,32
G_{xy}	-0,01	0,11	0,06	**0,69**	0,18	0,04
G_{yz}	-0,18	0,22	0,32	0,30	**0,80**	0,25
G_{xz}	0,08	0,01	0,03	0,02	0,53	**0,88**

Es zeigt sich, dass G_{xy} neben dem 45°-Prüfkörper (0,69) auch noch Auswirkungen auf den 90°-Prüfkörper (0,11) und den S45-90-Prüfkörper hat (0,18). Der gefundene Kompromiss zwischen den MAEs bedingt die etwas nachgiebigere Einstellung des Schubmoduls. Bild 3.46 zeigt das Spannungs-Dehnungs-Diagramm des schräg stehenden Prüfkörpers mit Längs-Infill (in Breitenrichtung).

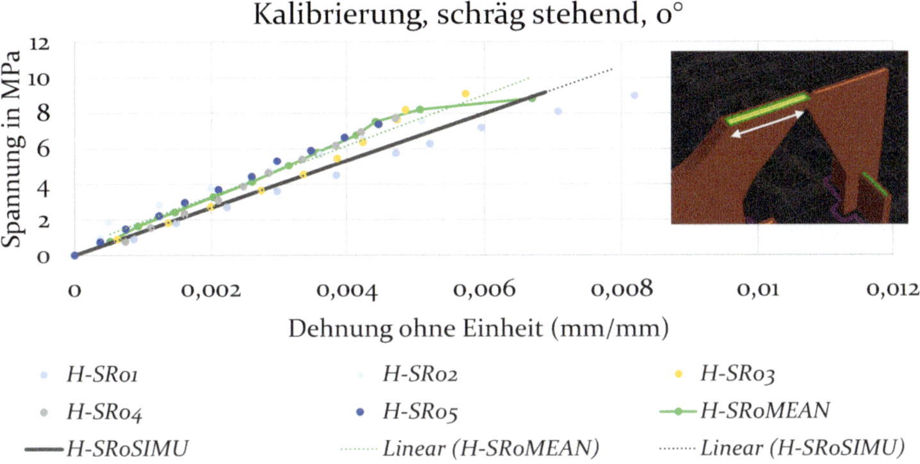

Bild 3.46: Spannungs-Dehnungs-Diagramm für den S45-0-Prüfkörper.

Das Verhalten ist weitgehend linear und der Optimierungsalgorithmus erzielt auch hier eine gute Annäherung des Simulationsmodells in der Kalibrierung. Die Steifigkeit liegt etwas über der des stehenden Prüfkörpers (ca. 4 Mpa bei 0,3 % Dehnung); die Prüfkörper versagten bei ca. 250 N. Bild 3.47 schließt die Darstellung der Kalibrierung mit dem schräg stehenden Prüfkörper mit Infill in Tiefenrichtung (90°) ab. Hier ist die Steifigkeit erwartungsgemäß deutlich reduziert (ca. 1 MPa bei 0,3 % Dehnung), was sich aus der geringen Zwischenschichten- und Zwischenstrangsteifigkeit ergibt. Dort sind nach TEKINALP [52] die Fasern für den Kraftfluss sehr ungünstig ausgerichtet.

Das Verhalten ist insgesamt nicht linear und streut deutlich. Diese Ausrichtung ist auch im Drucker am schwierigsten zu realisieren, da viel Stützstruktur (Masse der Probe 2,3 g; dazu Stützstruktur 3,7 g und Raft, also Plattformaufbau, 3,1 g für jeweils zwei Prüfkörper), Richtungs- und Geschwindigkeitswechsel zu verzeichnen sind. Die Optimierung nähert dennoch die gefundenen Mittelwertkurve gut an. Die Prüfkörper versagten, ähnlich wie die stehenden Prüfkörper, bei ca. 175 N.

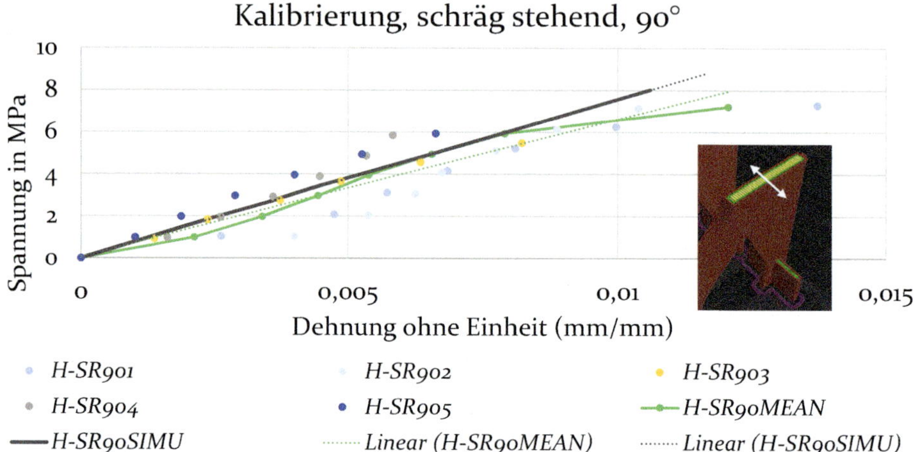

Bild 3.47: Spannungs-Dehnungs-Diagramm für den S45-90-Prüfkörper.

Die resultierenden Parameter des orthotropen Materialmodells zeigt abschließend Tabelle 3.4.

Tabelle 3.4: Ergebnisse für die Materialparameter des orthotropen Materialmodells, gerundet auf volle 10 MPa.

Parameter	**Einheit**	**Wert**
E_x	MPa	7920
E_y	MPa	2420
E_z	MPa	970
ν_{xy}	(ohne)	0,3 (aus Literatur)
ν_{yz}	(ohne)	0,3 (aus Literatur)
ν_{xz}	(ohne)	0,3 (aus Literatur)
G_{xy}	MPa	870
G_{yz}	MPa	180
G_{xz}	MPa	370

Das Materialmodell erfüllt die Kriterien der Steifigkeitsoptimalität nach GEA/LUO und CHENG (Kapitel 3.1.2.1).Um die Plausibilität der einfachen Festsetzung der Querkontraktionszahlen zu untersuchen, wurden parametrische FE-Simulationen zu den Querkontraktionszahlen durchgeführt und deren Sensitivitäten zu den Reaktionskräften im Vergleich zu denen der Moduln bestimmt. Hierbei ergaben sich die folgenden Sensitivitäten. Diese wurden aufgrund der linearen Simulation als lineare Korrelationskoeffizienten berechnet, Tabelle 3.5.

Tabelle 3.5: Korrelationskoeffizienten zwischen Querkontraktionszahlen und Reaktionskräften im Vergleich zu Moduln.

Reakt.kraft Probe →	0°	90°	S	45°	S45-90	S45-0
E_x	0,99	0,38	-0,04	0,40	-0,10	0,05
E_y	0,00	0,86	-0,00	0,35	0,02	-0,02
E_z	0,01	-0,00	0,96	0,01	0,26	0,32
G_{xy}	-0,01	0,11	0,06	0,69	0,18	0,04
G_{yz}	-0,18	0,22	0,32	0,30	0,80	0,25
G_{xz}	0,08	0,01	0,03	0,02	0,53	0,88
ν_{xy}	0,04	0,10	0,04	0,44	0,11	0,05
ν_{yz}	-0,05	0,06	0,02	0,02	0,14	0,04
ν_{xz}	-0,03	-0,02	-0,01	-0,02	0,11	0,23

Die jeweils größten Sensitivitäten ergeben sich wie ursprünglich für das Experiment geplant auf der Diagonalen, so dass jeder Probekörper einen Modul vorrangig beeinflusst (dunkelorange). Weitere Sensitivitäten treten auch gemischt auf, so haben beispielsweise neben dem Schubmodul G_{xy} auch E_x, E_y und nachrangig G_{yz} einen gewissen Einfluss auf die Reaktionskraft der liegend gedruckten 45°-Probe. Insgesamt haben die Querkontraktionszahlen eher untergeordneten Einfluss auf die Ergebnisse, bis auf ν_{xy} für die liegende 45°-Probe und ν_{xz} für die schräg stehende 0°-Probe. Diese könnten in weiteren Experimenten zusätzlich ermittelt werden, um eine noch genauere Kalibrierung des Materialmodells zu ermöglichen. Da die hier generierten, kraftflussgerechten Bauteile stets auf einer Topologieoptimierung beruhen, werden diese immer unter Beachtung lastpfadgerechter Extrusionspfadausrichtung mit 100 % Infill gedruckt. Daher werden hier auch nur Zugstäbe mit 100 % Infill, ohne innere Hohlräume, getestet.

3.4.3 Ergebnisse der Validierung

Zur Validierung wurden zwei Demonstratoren experimentell geprüft und anschließend mit den oben gewonnenen Materialdaten nachsimuliert. Der erste Demonstrator ist ein Becker-Zugstab wie oben, jedoch mit einem Lagenaufbau von (0/+45/-45/90/90)s und zwei Wandungen (Shells). Die Schichthöhe ist 0,2 mm, also identisch mit der obigen Schichthöhe und ergibt so eine Dicke von 2 mm (5 Schichten, symmetrisch also 10, multipliziert mit 0,2 mm). Unter Anwendung der obigen Materialdaten in der FLM-Simulation ergibt sich das Diagramm in Bild 3.48.

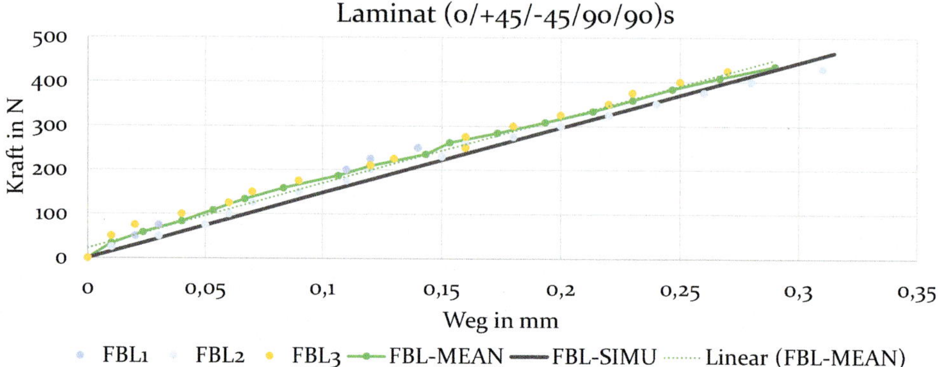

Bild 3.48: Kraft-Weg-Diagramm für die Experimente, Mittelwert und Simulation von Zugstäben mit symmetrischem Aufbau.

Die Streubreite der gemessenen Werte FBL1 bis FBL3 (FBL, da der Aufbau einem Flugzeugbaulaminat ähnelt) ist gering. Die Kraft-Weg-Kurve der Simulation wurde unter Verwendung der kalibrierten Materialdaten ermittelt. Diese zeigt einen geringen Fehler zu den gemessenen Punktepaaren (MAE = 23,54 N). Die ermittelten Materialdaten lassen sich also auch auf diesen variierten Schichtaufbau beim Zugstab übertragen. Der zweite, geometrisch wesentlich kompliziertere Demonstrator ist der Hebel-Demonstrator, der auch in einem Beitrag des Autors [27] verwendet wurde. Neben der Kraft-Weg-Kurve wird dieser mit dem zugehörigen Lastfall und Concentric-Infill im Diagramm in Bild 3.49 gezeigt.

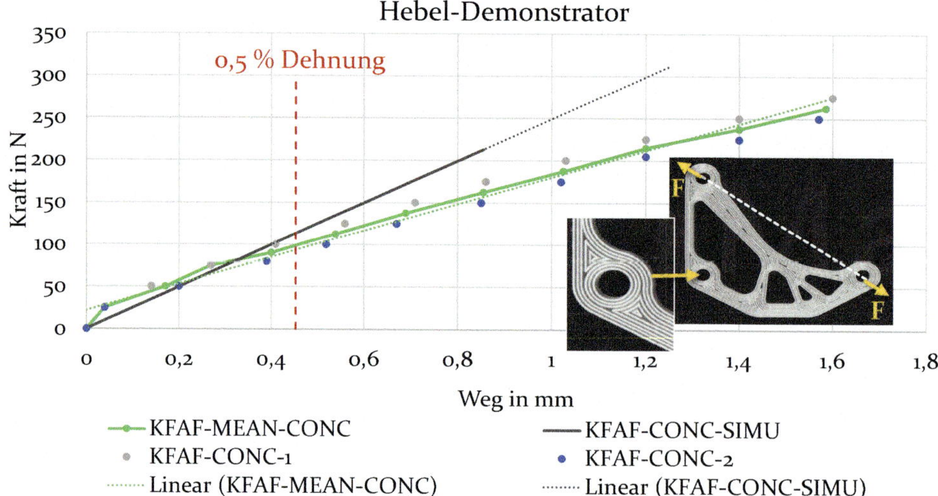

Bild 3.49: Kraft-Weg-Kurve des Hebeldemonstrators mit experimentellen Ergebnissen, Mittelwerten und Simulation.

Das topologieoptimierte Bauteil weist im Vergleich zu den Zugstäben ein wesentlich unregelmäßigeres Infill auf. Es wurde in den beiden Bohrungen wie gezeigt eingehängt und anschließend am manuellen Prüfstand gezogen. Auch hier liegen die gemessenen Kraft-Weg-Kurven des Demonstrators (KFAF-CONC-1 und 2) nah beieinander. Die Simulation stimmt bis etwa 0,4 mm Weg (entspricht ca. 0,5 % Dehnung) sehr gut mit dem Experiment überein (MAE = 8,01 N). Danach wird das reale Bauteil nachgiebiger. Diese Steifigkeitsreduktion könnte an nachgebenden Stoßstellen (vergleiche zum Beispiel Detail in Bild 3.49) liegen. Während bei den Zugstäben die Extrusionspfade stets durchgängig und ohne Stöße vorliegen, ist dies beim Concentric-Infill des Hebeldemonstrators nicht der Fall.

Der MAE wurde noch detaillierter untersucht, Bild 3.50. Hier wird der MAE so dargestellt, dass immer der Mittelwert der absoluten Fehler des aktuellen Simulation-Experiment-Paares *und der vorhergehenden* Paare gezeigt wird. So entspricht der Wert bei knapp 0,4 % Dehnung dem MAE aller Punktepaare von 0 % bis ca. 0,4 % Dehnung. Für 0 % Dehnung ist der Fehler null, da noch keine Kraft wirkt. Anschließend bleibt der MAE bis ca. 0,5 % Dehnung konstant bei 7,5 bis 8 N. Erst danach steigt dieser deutlich an. Aus dieser Erkenntnis lässt sich auf den Einsatzbereich der linearen Simulation schließen.

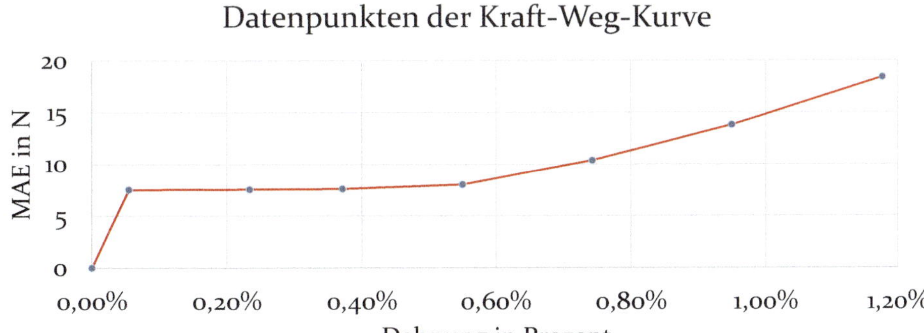

Bild 3.50: Mean Absolute Error zwischen Simulation und gemittelter, experimenteller Kraft-Weg-Kurve.

Diese ergibt für das verwendete PETG-CF20 und unter den gegebenen Demonstratoren im Bereich 0,3 % bis 0,5 % Dehnung im ebenen Lastfall zuverlässige Ergebnisse. Über diesen Dehnungsbereich hinaus werden Änderungen nötig. Für die nachfolgende Studie wird die Simulation nur in Bereichen bis 0,5 % Dehnung eingesetzt.

4 Demonstration des Ansatzes anhand eines Tragwerkknotens

Die Konstruktion mit Tragwerken ist eine etablierte Leichtbauweise [240]. Einzelne Tragwerkstreben sind dabei durch Knoten verbunden und bilden damit das kräftetragende Tragwerk. Durch gezielten Materialeinsatz – beispielsweise gewickelte CFK-Rohre für die Streben – und Optimierung der Strebenquerschnitte lassen sich besonders effiziente Leichtbaulösungen herstellen [241]. Eine weitere Optimierungsmöglichkeit stellt die kraftflussgerechte Gestaltung der Tragwerksknoten dar, die im Folgenden mittels des neuen DfAM-Ansatzes durchgeführt wird. Um einen realistischen, multiaxialen Spannungszustand im Knoten abzubilden, wird das unten gezeigte Tragwerk verwendet, Bild 4.1.

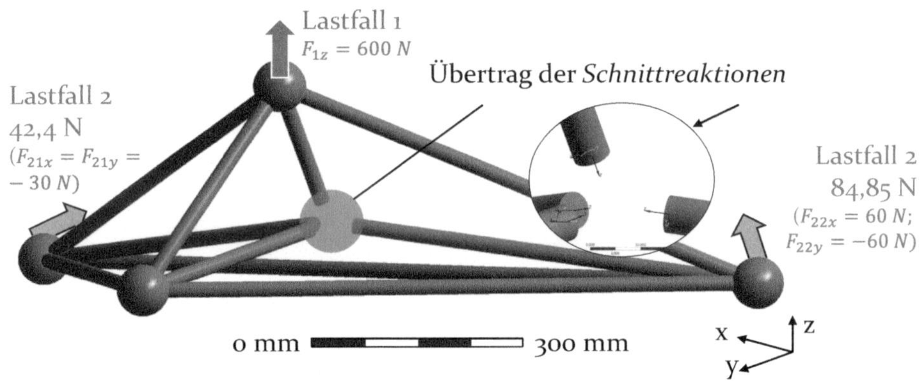

Bild 4.1: Einführung des Demonstrators und der Lastfälle.

Die dargestellten Lasten greifen in zwei Lastfällen (LF) am Tragwerk an und erzeugen damit Reaktionskräfte an der festgelegten fixierten Einspannung am Mittelknoten. Die Kräfte der Lastfälle wurden dabei so gewählt, dass diese eine vergleichbare Dehnenergie am Mittelknoten verursachen und damit in der Optimierung gleichermaßen berücksichtigt werden. Alternativ wäre auch eine Lastfallgewichtung möglich, die von der in Kapitel 3.1.2 vorgestellten Topologieoptimierung durch Gewichtung der Dehnenergiedichten ermöglicht wird. Die gewonnenen Schnittreaktionen werden im Folgenden auf ein Submodell des Knotenbauraums übertragen. Der Knotenbauraum ist dabei kugelförmig mit 80 mm Durchmesser und drei zylindrischen Anschlüssen mit je 18 mm Durchmesser, siehe Bild 4.2 in folgendem Kapitel 4.1.

4.1 Baurichtungsoptimierung

Nach Übertragung der Schnittlasten auf den Knotenbauraum erfolgt eine erste FE-Simulation zur Kraftflussermittlung für die Baurichtungsoptimierung, wie in Kapitel 3.1.1 dargestellt. Die daraus berechneten Hauptnormalspannungstrajektorien werden anschließend in Winkelabweichungen zur XY-Ebene umgerechnet. Diese sind abhängig vom Vektor $\vec{z}$, der die Aufbaurichtung der Schichten darstellt und optimiert werden soll. Die Abweichungen werden mit den Beträgen der Hauptspannungen gewichtet. Zur Bestimmung der Orientierung werden dann die vier Optimierungen durchgeführt: Minimierung des Durchschnitts, Medians, der Summe und des Modus der gewichteten Winkelabweichungen. Um die Fähigkeit des Algorithmus zur Berücksichtigung unterschiedlicher Startpunkte zu untersuchen, wird neben der originalen Orientierung des Knotens aus dem Einbau in das Tragwerk auch eine zweite, alternative Ausgangsorientierung verwendet. Diese ergibt sich durch sequenzielle Drehung um 45° um die bestehende z-Achse aus Bild 4.1 und eine Drehung um die so entstehende neue y-Achse im lokalen Koordinatensystem um wiederum 45°. Die sich ergebenden Orientierungen werden in Bild 4.2 grafisch veranschaulicht.

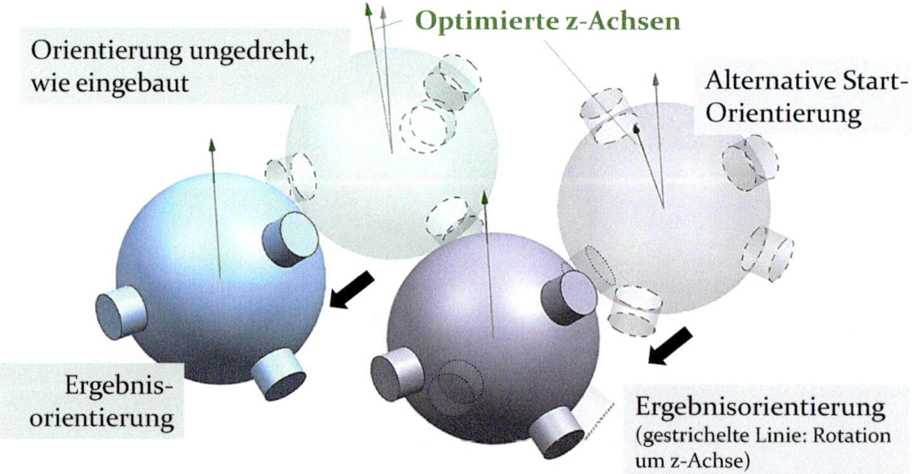

Bild 4.2: Drehung des Bauraums von der Ausgangsorientierung in die optimierte Richtung in CAD.

Die transparent dargestellten Bauräume mit gestrichelten Linien stellen die Ausgangsorientierungen dar. Die optimierte Orientierung ausgehend von der Startorientierung direkt aus dem Tragwerk ist hellblau dargestellt, die alternative, rotierte Startorientierung fliederfarben.

Trotz unterschiedlicher Startorientierung ergeben sich für die Baurichtungsoptimierung durch Minimierung der durchschnittlichen, gewichteten Winkelabweichungen am Ende die gleichen z-Achsen als Ergebnisorientierung (grün dargestellt). Werden die Bauräume nun so gedreht, dass die optimierten z-Achsen mit der globalen z-Achse übereinstimmen, zeigt sich die gleiche Ausrichtung deutlich. Bereinigt um die beiden 45°-Drehungen beträgt der Unterschied zwischen den optimierten Baurichtungsvektoren für Start- und variierte Startorientierung 0,80°. Diese Ergebnisorientierungen sind nicht-transparent in den entsprechenden Farben dargestellt. Bei Drehung der Knotenbauräume auf die globale z-Achse bleibt der rotatorische Freiheitsgrad um die z-Achse erhalten (fein gestrichelte Darstellung im Bauraum rechts unten). Diese Drehung ist jedoch für die Ausrichtung in der Druckplattform-Ebene irrelevant. Die gleiche Drehausrichtung um die z-Achse beider Bauräume vorne dient lediglich der Verdeutlichung. Numerisch ergeben sich Tabelle 4.1 für die Einbauorientierung als Startwert, Tabelle 4.2 für die variierte Startorientierung.

Tabelle 4.1: Ergebnisse der Baurichtungsoptimierung, Originalorientierung. Gewichtete Winkelabweichungen in Klammern stellen den Durchschnitt je Hauptspannungstrajektorie dar (insgesamt 931.128 = 155.188 Elemente mit je drei Hauptspannungstrajektorien und zwei Lastfällen).

Methode	**∑ gew. Winkelabw. in °MPa**	x	y	z
Mittelwert	1.248.455,9 (1,34)	-0,19	-0,25	0,95
Median	1.478.473,9 (1,59)	0,42	-0,71	0,56
Summe	1.248.455,9 (1,34)	-0,19	-0,25	0,95
Modus	1.270.737,7 (1,36)	0,04	0,34	-1,00

Tabelle 4.2: Ergebnisse mit alternativer Startorientierung.

Methode	**∑ gew. Winkelabw. in °MPa**	x	y	z
Mittelwert	1.257.139,3 (1,35)	0,56	0,19	0,81
Median	1.626.198,3 (1,75)	0,95	0,08	-0,30
Summe	1.257.139,3 (1,35)	0,56	0,19	0,81
Modus	1.318.353,5 (1,42)	1,00	-0,03	0,74

Die gewichteten Winkelabweichungen stimmen für beide Varianten nahezu überein (Abweichungen beim besten Ergebnis 0,7 %), Bild 4.3a. Die Minimierung von Durchschnitt und Summe als Optimierungsziel erzielen das gleiche Ergebnis. Dies ist plausibel, da die Elementanzahl gleichbleibt.

Der Median ergibt für beide Startorientierungen jeweils eine stark abweichende Orientierung (Tabelle 4.1, Tabelle 4.2) und dabei deutlich schlechtere Ergebnisse mit einer durchschnittlichen, gewichteten Winkelabweichung, die 18,4 % bzw. 29,4 % höher ist als beim besten Ergebnis. Der durch den genetischen Algorithmus minimierte Modus der Abweichungen liefert ein sehr gutes Ergebnis mit einer um nur 2 % höheren Winkelabweichung gegenüber der Mittelwert-basierten Optimierung für die Ausgangsorientierung (+4,8 % bei der Variante). Jedoch ist hierfür ein wesentlich höherer Aufwand nötig, Bild 4.3b. Das beste Ergebnis stammt aus einer Serie von 10 Durchläufen des genetischen Algorithmus, aus welchen das beste Ergebnis verwendet wurde. Der Zeitbedarf durch viele Iterationen und Gesamtdurchläufe ist hier bedeutend größer als bei den anderen Optimierungen.

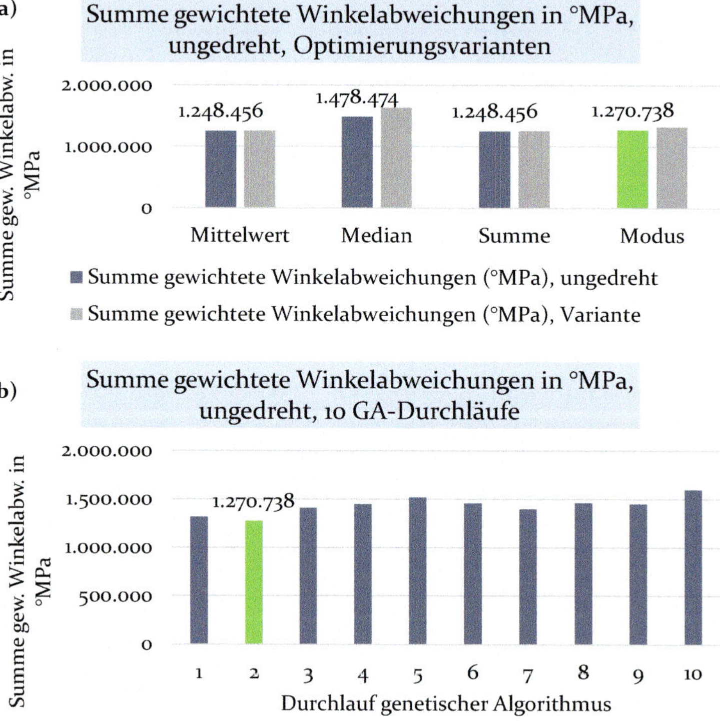

Bild 4.3: a) Optimierungsergebnisse der Baurichtungsoptimierung, b) Ergebnisse des genetischen Algorithmus (Optimierung des Modus).

Die gewonnene Orientierung wird für die nachfolgende Topologieoptimierung verwendet, Kapitel 4.2. Um zu überprüfen, ob auch nach der TO die Kraftflüsse noch zur ermittelten z-Achse passen, wurde die Bauorientierungsoptimierung danach erneut durchgeführt, auch dies erfolgt im nächsten Kapitel.

4.2 Topologieoptimierung

Die in Kapitel 3.1.2 vorgestellte TO wird unter Verwendung des ABS-GF-Materialmodells aus Kapitel 3.1.2.1 aufbauend auf der Baurichtungsorientierung durchgeführt. Um die verringerten Steifigkeitseigenschaften in z-Richtung abzubilden, wurde der E-Modul in z-Richtung um 50 % reduziert. Als vorhergehende Vergleichsoptimierung (späterer Plausibilitäts-Check) und zur Veranschaulichung des Workflows wird zunächst die interne TO aus ANSYS [163] verwendet, gezeigt in Bild 4.4. Diese funktioniert nur isotrop und nutzt daher isotrop modelliertes Polyethylen als Materialmodell.

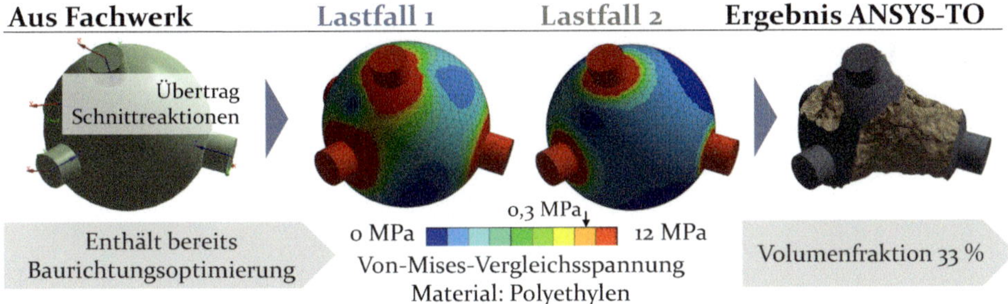

Bild 4.4: Überblick über den Topologieoptimierungs-Workflow.

Aus dem Tragwerk-Gesamtmodell werden die Schnittreaktionen übertragen, zunächst wie oben beschrieben in die Baurichtungsoptimierung. Aus dieser ergibt sich der optimierte Vektor der Druckerhochachse. Das Bauteil, wie auch die Schnittlasten, werden entsprechend im Koordinatensystem gedreht. Die späteren Schichten sind nun parallel zur XY-Ebene und die Lasten wurden entsprechend transformiert aufgebracht. Bild 4.4 zeigt dann im zweiten Schritt die Vergleichsspannungsverläufe der beiden Lastfälle, wobei LF 2 einen insgesamt flächigeren Spannungsverlauf nimmt, wohingegen LF 1 relativ deutliche Lastpfade herausbildet. Das Ergebnis der ANSYS-TO spiegelt diese Vergleichsspannungsverläufe der Anfangsiteration deutlich wider, was auch im neuen Ansatz zu sehen sein sollte.

Wird nun der neu entwickelte TO-Ansatz mit orthotropem ABS-GF-Materialmodell mit gleichen Parametern angewendet, ergibt sich die Struktur in Bild 4.5a). Diese Struktur zeigt auch wiederum deutliche Ähnlichkeit mit dem Anfangsverlauf der Vergleichsspannung, bildet jedoch – wie bereits in Kapitel 3.1.3 für die anisotrope TO gezeigt – strebenhaftere Strukturen aus. Eine deutliche Ausrichtung des Kraftflusses im Bauteil (rote bzw. grüne Vektoren in Bild 4.5a) ist erkennbar.

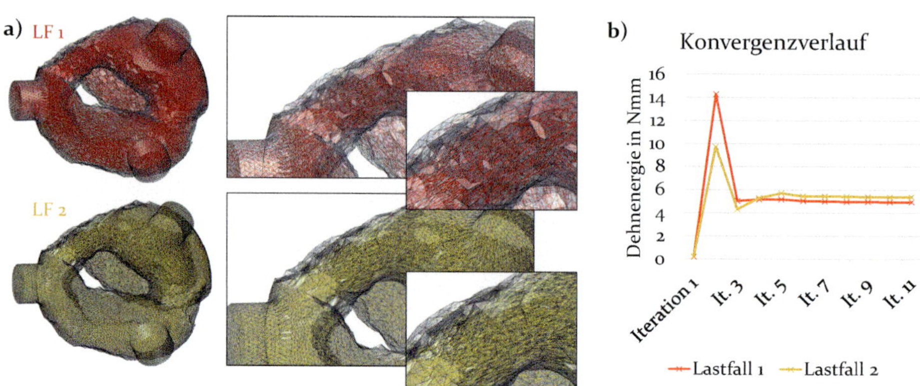

Bild 4.5: Ergebnis der Topologieoptimierung, a) Geometrie mit Hauptnormalspannungsrichtungen, b) Konvergenzverlauf.

Der Verlauf der Dehnenergie, Bild 4.5b), zeigt zügige Konvergenz des empirischen TO-Ansatzes und eine anfänglich höhere Dehnenergie für LF 1 als für LF 2, was sich – im Vergleich mit dem Vergleichsspannungsverlauf in Bild 4.4 – auch in der Struktur wiederfindet.

Überprüfung der Plausibilität von sequenzieller Baurichtungs- und Topologieoptimierung. Um zu überprüfen, ob die gefundene Baurichtung aus Kapitel 4.1 auch nach der TO gültig ist oder die Kraftflüsse durch die TO zu stark verändert wurden und somit eine neue Baurichtung bedingen, werden die neuen Hauptspannungsrichtungen und Hauptspannungen als Grundlage für die Baurichtungsoptimierung herangezogen. Hierbei ergibt sich eine optimierte Baurichtung von (x; y; z)=(0,0062; -0,0092; 0,9999) für die erste Iteration (x; y; z)=(0,072; 0,1348; 0,9881) für die letzte Iteration. Für die erste Iteration stimmt dies mit der vorherigen Baurichtungsoptimierung überein und dient nur zur Überprüfung. Der Schnittwinkel zwischen dem initial optimierten Vektor und dem *nach* der TO beträgt 9,16°, die durchschnittliche gewichtete Winkelabweichung beträgt 1,3420 °MPa (vorher: 1,3408 °MPa, +0,1 %). Durch erneute und iterativ fortgesetzte Baurichtungs- und Topologieoptimierung ließe sich folglich in geringem Umfang weiteres Leichtbaupotenzial heben. Weitere Diskussion folgt in Kapitel 5.1.

4.3 Pfadgenerierung

Die Ableitung einer Oberfläche mit Informationen über innen- und außenliegende Bereiche erfolgt mittels Alpha-Shapes (Kapitel 3.2.1). Den Prozess veranschaulicht Bild 4.6.

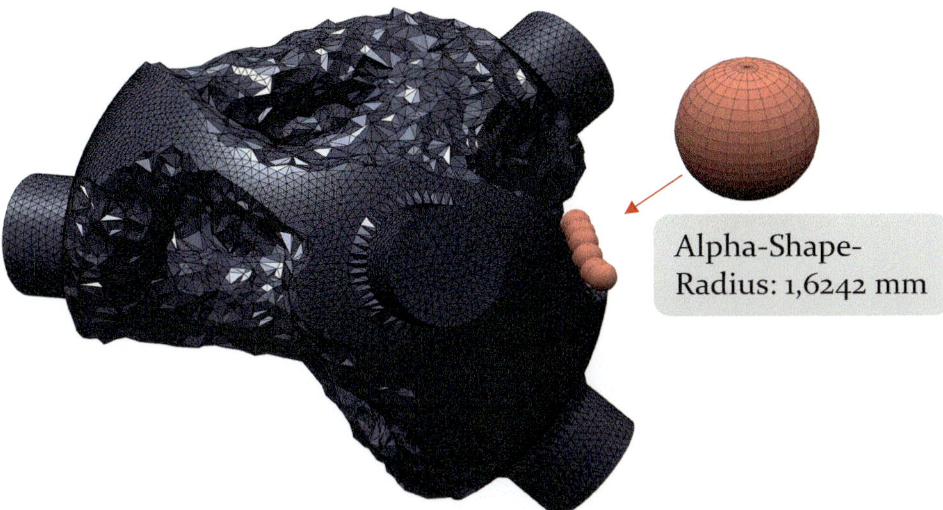

Bild 4.6: Generierung der Alpha-Shape und STL-Ausleitung.

Der Alpha-Shape-Radius wird aus dem mittleren Abstand der Knoten des FE-Netzes gewonnen (Kapitel 3.2.1) und beträgt für den vorliegenden Demonstrator ca. 1,6242 mm. So ergibt sich bei Berechnung der Alpha-Shapes eine geschlossene Oberfläche – die Kugeln durchdringen nirgends die Oberfläche, sind aber gleichzeitig klein genug, um Lücken und Löcher innerhalb des TO-Strukturvorschlags abzubilden. Die so erzeugte Alpha-Shape kann dann aufgrund ihrer Triangulation direkt in das STL-Format überführt werden.

4.3.1 Konturgenerierung

Anschließend werden aus der Oberfläche Konturen generiert. Im Vergleich zum 2D-Modell aus Kapitel 3.2.1.1 besteht die Oberfläche der Alpha-Shape hier aus Dreiecken, anstatt direkt eine 2D-Außenkontur darzustellen. Entsprechend bedarf es zur Konturfindung, wie in üblicher FLM-Preprocessing-Software, einer Unterteilung in Schichten (Slicing) [96]. Im vorliegenden Ansatz wird das Slicing analog der Vorgehensweise in Ultimaker CURA vorgenommen, Bild 4.7a). Hierbei werden die Schnittlinien der einzelnen Oberflächendreiecke mit äquidistanten Ebenen ermittelt. Die einzelnen Strecken, die sich dabei ergeben, werden dann je Schichthöhe zu einer Schleife verbunden. Um möglichst endkonturnah zu bleiben, ist die Slicing-Höhe jeweils auf halber Schichthöhe, das heißt, bei einer Schichthöhe von 0,2 mm werden die Dreiecke in der ersten Schicht auf einer Höhe 0,1 mm geschnitten, um die Kontur bestmöglich anzunähern, Bild 4.8b).

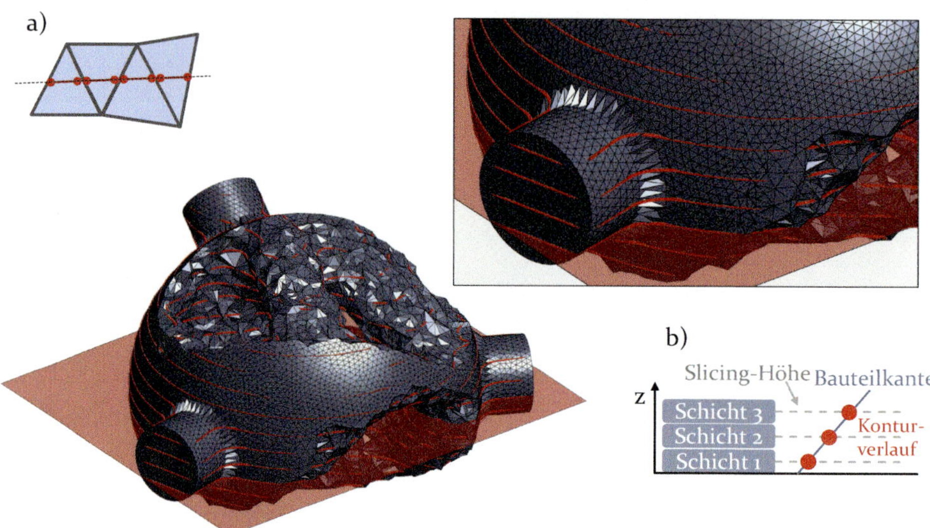

Bild 4.7: Slicing bei 3D-Modellen, a) Teilstreckengenerierung und Demonstration am Knoten, b) Wahl der Slicing- gegenüber Schichthöhe.

Für den Tragwerksknoten entstehen nach dem Slicing, Bild 4.8 links, aufgrund der Triangulation der Alpha-Shape unstetige Konturen, welche hier noch mittels eines gleitenden Durchschnitts über die Schleifen und deren nachträgliche erneute Schließung geglättet werden, Bild 4.8 Mitte. Dies dient hier nur zur optischen Aufwertung; nachteilig ist dabei die Beeinflussung von Funktionsflächen wie den Anbindungsstellen für die Streben, die ebenfalls geglättet und damit verändert werden. Für den finalen Entwurf des Knotens wird daher am Ende noch einmal eine teils manuelle und so an Funktionsflächen exakte Rückführung [161] vorgenommen, um das Bauteil funktionsfähig herzustellen. Bild 4.8 zeigt rechts alle Konturen.

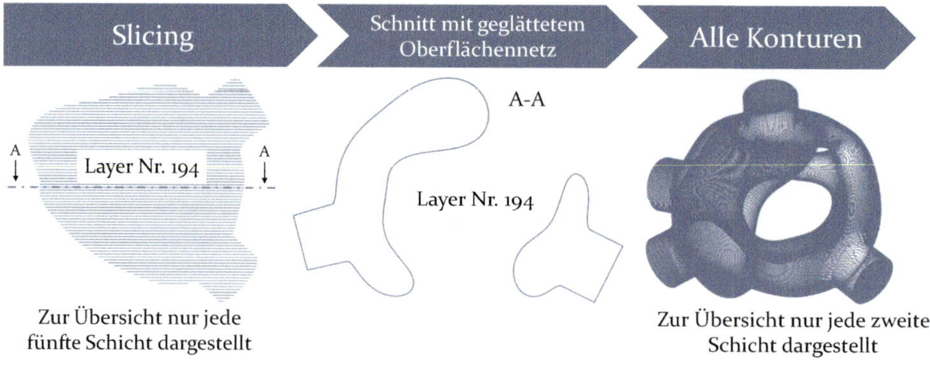

Bild 4.8: Slicing, Einzelkonturgenerierung, alle Konturen.

4.3.2 Infill-Pfadgenerierung

Nach der so erfolgten Generierung der Außenkontur wird kraftflussgerechter Infill generiert. Hierzu erfolgen drei Hauptschritte:

1. Zuweisung der Hauptnormalspannungstrajektorien aus der FE-Optimierung zu diskreten Schichten, deren Höhe der späteren Druckerschichthöhe entspricht und darauf aufbauend Clustering in Bereiche ähnlicher Materialorientierung;
2. Schichtweise Übertragung der Hauptnormalspannungen und Clusterzugehörigkeiten aus der FE-Optimierung (netzabhängig) auf ein äquidistantes Raster mit Rasterabständen kleiner dem Extrusionsdüsendurchmesser;
3. Eigentliche Pfadgenerierung wie in Kapitel 3.2.2 beschrieben.

Im Folgenden werden diese drei Schritte ausdetailliert und deren nötige Detailanpassungen beschrieben.

4.3.2.1 Zuweisung von Hauptspannungen zu Schichten / Clustering

Die prinzipielle Vorgehensweise für das Mapping der FE-Hauptspannungen auf die späteren Druckschichten zeigt Bild 4.9. Dabei stellen blaue Punkte die Elementmittelpunkte dar, an denen die Hauptnormalspannungen vorliegen. Elementmittelpunkte innerhalb einer Schicht werden anschließend samt der Orientierungsinformation der betragsmäßig größten Hauptnormalspannung gespeichert, im Schnitt A-A gezeigt.

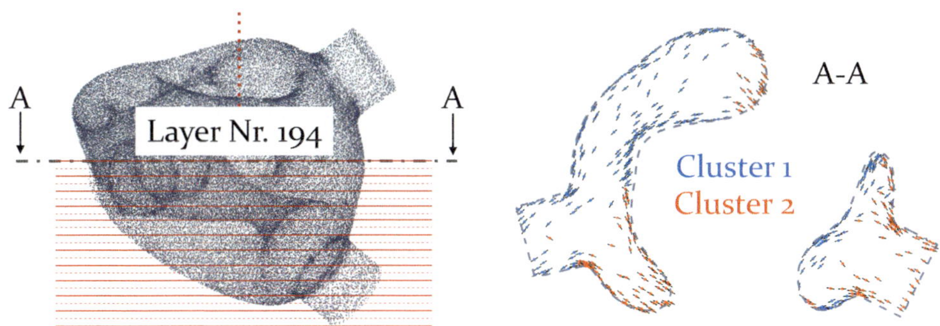

Bild 4.9: Mapping der FE-Netz-Informationen auf Schichten.

Innerhalb der Schichten liegt eine sehr unregelmäßige Verteilung der Elementmittelpunkte vor. Alle Elementmittelpunkte ober- und unterhalb der Slicing-Ebene, innerhalb der Schichthöhe, werden auf diese Ebene projiziert, wodurch sich das unregelmäßige Bild noch verstärkt. Diese Unregelmäßigkeiten werden im nächsten Schritt durch Mapping auf ein gleichmäßiges, feines Raster ausgeglichen. Zuvor erfolgt jedoch die nötige Zusammenfassung ähnlicher Hauptnormalspannungstrajektorien (**Clustering**). Zwei Beispielcluster zeigt Bild 4.9 rechts. Die sich so ergebenden Bereiche werden später durch unidirektionale Extrusionspfade überspannt.

Wie in Kapitel 3.2.2.1 genannt, wird hier ein K-Means-Clusteralgorithmus, ursprünglich nach MACQUEEN [236], eingesetzt. Dieser wurde bereits in [S16] und [192] für einen ähnlichen Anwendungsfall erfolgreich getestet. Diese Wahl erfolgt aus mehreren Gründen:

- Der K-Means-Algorithmus weist eine sehr geringe Rechenzeit auf (die algorithmische Komplexität ist $O(nkd)$ mit n = Anzahl an Datenpunkten, k = Anzahl gewünschter Cluster und d = Dimension, hier zwei Positionskoordinaten x und y und zwei Vektorkomponenten für die Richtung u und v, daher $d=4$).
- Bei der Zuordnung der Elementmittelpunkte zu Einzelschichten gehen geometrische Nachbarschaftsinformationen verloren, die aber für den nachbarbasierten Algorithmus nach KLEIN [192] notwendig sind und sonst aufwändig rekonstruiert werden müssten.
- Die höheren Anforderungen des Algorithmus nach KLEIN [192] sind hier nicht gegeben: Es muss beispielsweise kein „Klappen" um gekrümmte Oberflächen erfolgen, da die Schichten eben sind. Auch ist eine unbedingte lokale Kohärenz (Zusammenhängen) von Clustern, also Ununterbrochenheit, zwar wünschenswert – aber nicht unbedingte Voraussetzung, da die Extrusionspfade später lokale Richtungsänderungen aufweisen dürfen (im Gegensatz zu unidirektionalen Zuschnitten, für die der geometrische Clusteringalgorithmus ursprünglich gedacht ist). Diese Richtungsänderungen können dann lokal interpoliert überbrückt werden.

Um eine hohe Qualität des Clusterings sicherzustellen, wird der sogenannte „Silhouettenkoeffizient" als Qualitätsmaß verwendet. Ein höherer Silhouettenkoeffizient bedeutet hierbei eine größere innere Homogenität je Cluster bei gleichzeitig möglichst großen Unterschieden zu anderen Clustern. Der Silhouettenkoeffizient berechnet sich nach Formel (12) [237]:

$$S(o) = \begin{cases} 0, \text{wenn } 0 \text{ einziges Element von A} \\ \dfrac{dist(B,o) - dist(A,o)}{\max\{dist(A,o), dist(B,o)\}} \text{ sonst} \end{cases} \tag{12}$$

Hierbei ist o ein zu clusterndes Objekt, A das zugeordnete Cluster und B das nächstgelegene Cluster. Die Funktion *dist()* stellt das Ähnlichkeitsmaß dar, welches weiter unten erläutert wird. Damit wird der Silhouettenkoeffizient groß, wenn die Distanz zum nächstgelegenen Cluster *dist(B,o)* groß wird oder/und die Distanz zum eigenen Cluster *dist(A,o)* möglichst gering ist. Der Nenner dient der Normung auf den Bereich 0 (Clustering ordnet willkürlich zu) bis 1 (ideales Clustering).

Je Schicht werden aufsteigend unterschiedliche Anzahlen an geforderten Clustern („K") an den K-Means-Algorithmus übergeben und die Anzahl an Clustern mit dem besten Silhouettenkoeffizient (Mittelwert aus allen Einzelkoeffizienten der Objekte $S(o)$) verwendet. Um die Chance auf lokale Minima zu verringern, werden je Clustering fünf unterschiedliche Zufallsinitialisierungen der Clustermittelpunkte vorgenommen. Die Clusterzentren werden mit dem *K-Means++*-Algorithmus generiert, um die Laufzeit zu verringern [235]. Als Similaritätsmaß (Ähnlichkeitsmaß) [233] wird die euklidische Distanz verwendet. Dazu wird ein Nx4-Vektor bestehend aus normierten, projizierten Hauptnormalspannungen (Nx2) (bereinigt um die Symmetrie zwischen 0° und 180°, Vektorlänge 1) und Ortsvektoren der Elementmittelpunkte (Nx2) erstellt, welcher wiederum normalisiert wird, um die gleiche Gewichtung zwischen ähnlicher Orientierung (normierte Hauptnormalspannungsvektoren) und räumlicher Kohärenz (Ortsvektoren) sicherzustellen.

Zur Veranschaulichung dient Bild 4.10.

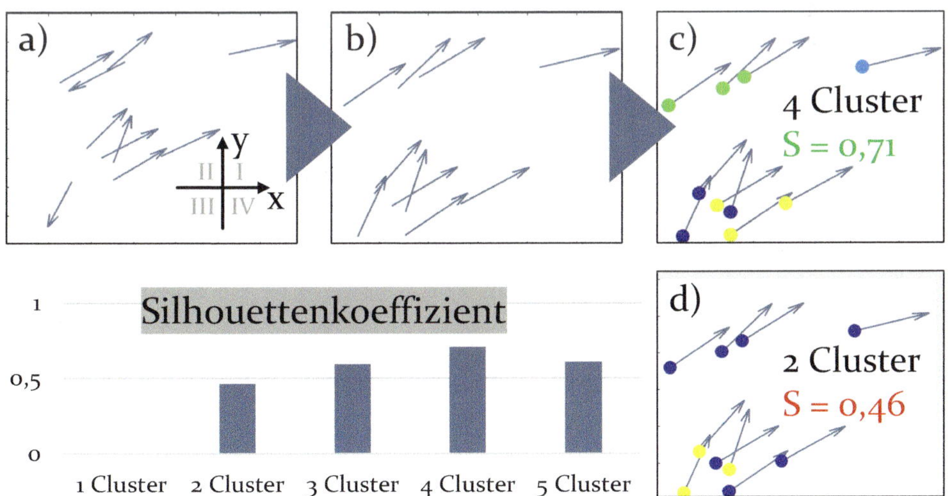

Bild 4.10: Funktionsweise des K-Means-Algorithmus im vorliegenden Anwendungsfall.

Bild 4.10a) zeigt ein Vektorfeld aus Elementmittelpunkten und Hauptnormalspannungsorientierungen. Dieses wird zunächst vorbereitet, indem Richtungsvektoren im II. und III. Quadranten („nach links zeigend") um 180° gedreht werden, Bild 4.10b). Damit kann der Richtungsvektor wie ein

Ortsvektor verwendet werden: (1,0) beispielsweise als 0°, (0, 1) als 90° und (0, -1) als -90° usw. Anschließend wird eine Normalisierung des gesamten Nx4-Vektors durchgeführt, was als Vorbereitung für das Clustering dient, insbesondere bei Einheitenunterschieden oder, wie hier, großen Unterschieden der Winkel-Vektoren (alle Einträge zwischen 0 und 1) und den Ortsvektoren der Elementmittelpunkte (Einträge bestimmt durch Bauteilgeometrie, z. B. 80 mm als x-Koordinate). Nach Durchführung des Clusterings der zehn Punkte mit einem bis fünf geforderten Zielclustern ergibt sich der beste Silhouettenkoeffizient bei vier Clustern. Dieses Ergebnis ist in Bild 4.10c) visualisiert und erscheint gerade im Vergleich zum schlechtesten Ergebnis – zwei Cluster, Bild 4.10d) – deutlich trennschärfer. Dies wird besonders sichtbar an der Gruppe grün markierter Vektoren des Felds oben im Bild, die sowohl bezüglich des Orts als auch in der Ausrichtung sehr übereinstimmend ist. Ergebnis des Clusterings sind einerseits möglichst lokal zusammenhängende Bereiche, die andererseits eine möglichst ähnliche Materialorientierung aufweisen. Für die Ermittlung der **Clusteranzahl** der konkreten Schichten wurden mittels K-Means-Algorithmus mit jeweils fünf Startkonfigurationen zwei bis 50 Cluster erzeugt und deren Silhouettenkoffizienten verglichen. Die beste Konfiguration für die Schicht aus Bild 4.9 besitzt 12 bzw. 14 Cluster mit einem Silhouettenkoeffizient von je 0,61. Die Ergebnisse zeigt Bild 4.11.

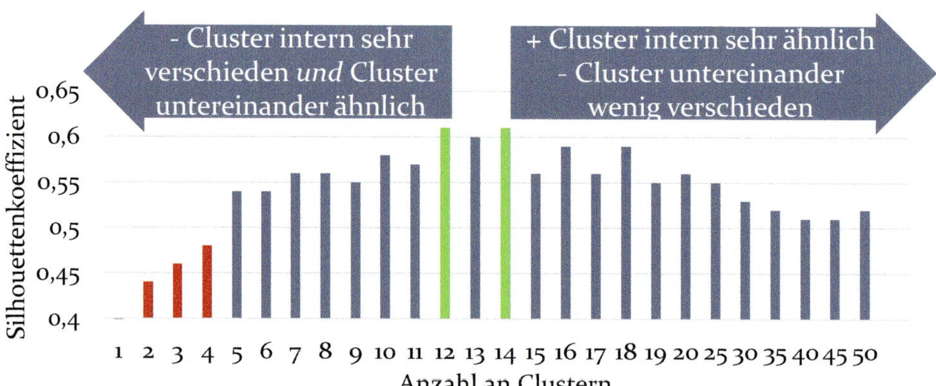

Bild 4.11: Silhouettenkoeffizient als Qualitätsmaß in Schicht 100.

Es ergibt sich ein „Sweet Spot“ bei 12 bzw. 14 Clustern, da bei dieser Konfiguration zwar genug Cluster zur Verfügung stehen, um unterschiedliche Orientierungen auch in unterschiedliche Cluster zu platzieren – zugleich aber nicht so viele Cluster existieren, dass diese *untereinander* zu ähnlich werden (im Extremfall hätte jede Orientierung ein Cluster für sich, was bei mehreren gleichen Orientierungen zu einem schlechten Clustering führt).

4.3.2.2 Erstellung eines Rasters als Ausgangspunkt für die Pfadgenerierung

Aus dem vorhergehenden Clustering liegen nun lokal ungleichmäßig verteilte Elementmittelpunkte mit dazugehörigen Materialorientierungen vor. Diese Orientierungen *inklusive der Clusterzuordnung* werden nun auf ein feines Punktegitter übertragen, um zwei Anforderungen zu erfüllen:

- Der Innenraum der gefundenen, optimierten Topologie muss vollständig ausgefüllt werden, da ein Einbringen neuer Hohlräume seinerseits eine Abweichung von der optimierten Gestalt bedeuten würde.
- Bereiche unterschiedlicher Orientierung müssen voneinander definiert räumlich abgegrenzt werden: Der Abstand der Bereiche muss ausreichend groß sein, um ein lokales Überschneiden der Extrusionspfade zu vermeiden, aber auch ausreichend klein, um eine komplette Füllung des Innenraums zu erlauben.

Liegen für einen Bereich aufgrund zu weniger lokal naher Elementmittelpunkte keine Richtungsinformationen vor, wird die Suche auf weiter entfernt liegende Elementmittelpunkte ausgeweitet. Je feiner die Vernetzung, desto exakter die lokale Auflösung, dies bedeutet jedoch gleichzeitig erhöhten Rechenaufwand. Das gesamte Vorgehen zeigt Bild 4.12.

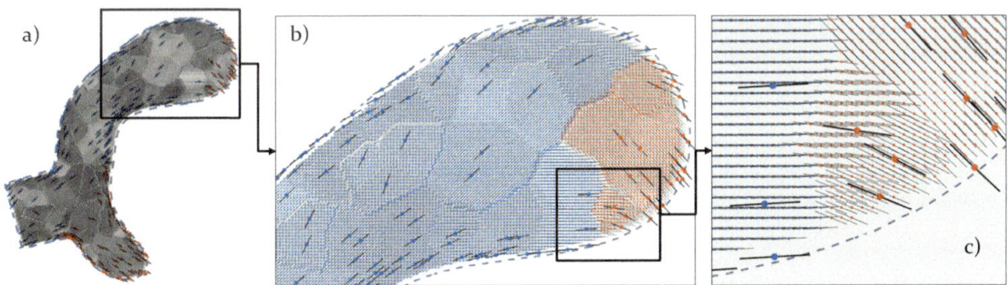

Bild 4.12: Übertrag der gewonnenen Clusterinformationen auf feines Raster, a) Übersicht, b) und c) zunehmende Details.

Wie in Kapitel 3.2.2.1 erläutert, werden Rasterpunkte außerhalb der Geometrie (ermittelt via Alpha-Shape) und im Konturbereich (ebenfalls ermittelt über die „ringförmigen" Alpha-Shapes) entfernt. Nach diesem Schritt liegt eine vollständige und gleichmäßig verteilte Information über die optimierten Extrusionsrichtungen im Innenbereich der Topologie vor, die im Folgenden zur Generierung der Einzelbahnen dient.

Erweiterung durch Mittelung. Auf Kosten der exakten Abbildung der Hauptnormalspannungstrajektorien ist es möglich, durch Mittelung der Materialorientierungen (Bildung des Durchschnittsvektors aus den umgebenden Elementmittelpunkten) einen stetigeren Verlauf zu erreichen. Dies ermöglicht ein einfacheres Clustering, bildet jedoch den lokalen Hauptnormalspannungszustand schlechter ab. Hier ist eine Abwägung zwischen möglichst hohem ausgeschöpftem Leichtbaupotenzial und längeren, einfach abzufahrenden Extrusionspfaden zu treffen. Diese können jedoch wiederum zu ungünstigen Verzugseigenschaften führen [102]. Im Folgenden wird eine Mittelung der Orientierungen gezeigt, indem Elementmittelpunkte der Elemente in 3 mm und 7 mm Umkreis einbezogen werden. Die Auswirkung der Mittelung –mit 3 und 7 mm Umkreis – zeigt Bild 4.13.

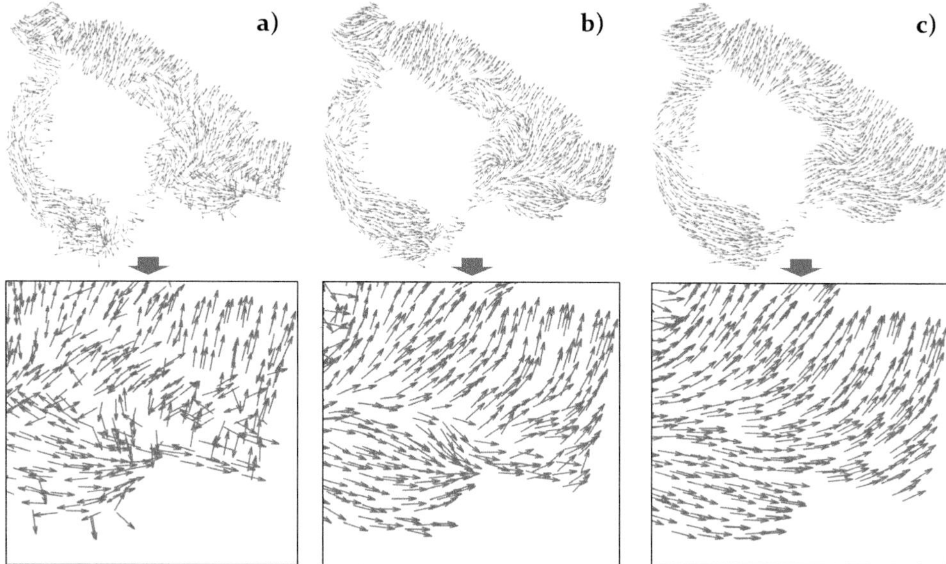

Bild 4.13: Trajektorien in Schicht 100: a) Ungemittelt, b) Gemittelt mit Radius 3 mm, c) Gemittelt mit Radius 7 mm.

4.3.2.3 Kraftflussgerechte Infillpfad-Generierung

Das feine Gitter mit Bereichen ähnlicher Materialorientierung wird nun wie in Kapitel 3.2.2.1 (Liniensegmentgenerierung) und Kapitel 3.2.2.2 (Liniensegmentverbindung) mit Strecken überspannt, Bild 4.14. Dabei werden zunächst einzelne Liniensegmente erzeugt. Anschließend werden Alpha-Shapes generiert, die sich exakt über die Geometrie der Einzelcluster (Bild 4.14 oben und Bild 4.15 Mitte in rot) erstrecken, was anhand des äquidistanten Rasters mit dadurch definiertem Alpha-Shape-Radius einfach möglich ist. Anhand dieser werden die Liniensegmente, die sich noch teils überschneiden können, gekürzt und erhalten so auch zwischen den Clustern einen definierten Abstand. Dieser kann dann genutzt werden, um mittels des Zuordnungsalgorithmus (Bild 3.29 in Kapitel 3.2.2.2) zu verbindende Liniensegmente zu identifizieren. Diese werden anschließend mittels B-Spline-Interpolation verbunden.

Bild 4.14: Überspannen von Bereichen ähnlicher Materialorientierung mit äquidistanten Liniensegmenten.

Für die vorliegende Beispielschicht wurden zusammenfassend folgende Parameter verwendet: Die **Bahnbreite der Extrusionspfade** beträgt 0,55 mm, um eine ausreichende [242] Überlappung (Negative Air Gap) zwischen den späteren Extrusionspfaden sicherzustellen, die mittels einer 0,6 mm-Düse gedruckt werden. Das feine **Gitter** für das Mapping wurde mit 0,3 mm Punktabstand aufgebaut, um etwa einer halben Extrusionsdüsenbreite zu entsprechen und Leerstellen zu vermeiden. Der maximale **Abstand**, um **Liniensegmente zu verbinden**, wurde zu 0,55 mm gewählt. Dadurch lassen sich Überschneidungen zwischen anderen Liniensegmenten und den B-Splines (Polynomgrad 4, bestimmt durch jeweils fünf Stützpunkte, Kapitel 3.2.2.2) vermeiden. Einen Überblick über die so erzeugten Extrusionspfade, zunächst für diese Schicht, gibt Bild 4.15. Durch Wiederholung des Vorgehens für alle Schichten entsteht die komplette Pfadinformation für das Bauteil. Mittels des Sortieralgorithmus aus Kapitel 3.2.2.3 werden die Extrusionspfade der einzelnen Schichten so sortiert, dass möglichst wenig unproduktiver Verfahrweg übrigbleibt.

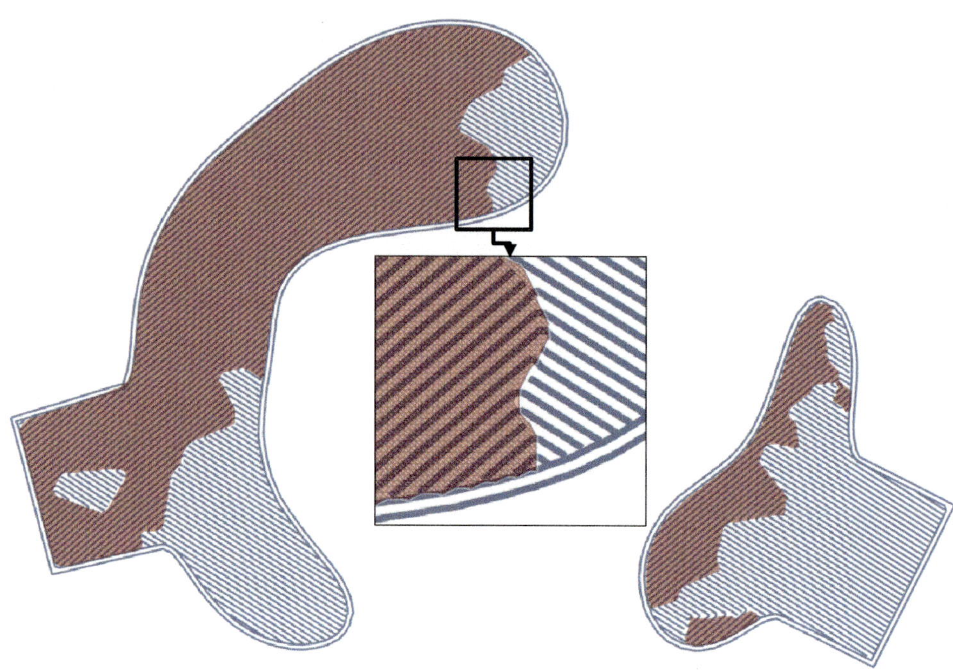

Bild 4.15: Pfadgenerierung.

Zur Veranschaulichung der Pfade über mehrere Schichten hinweg zeigt das folgende Bild 4.16 die Pfade in aufeinanderfolgenden Schichten. Hierbei wurde die TO mit 50 % Volumenanteil durchgeführt, um eine größere Fläche je Schicht zur Darstellung zu erhalten. Es zeigen sich eine gleichmäßige Füllung und stetige Konturverläufe.

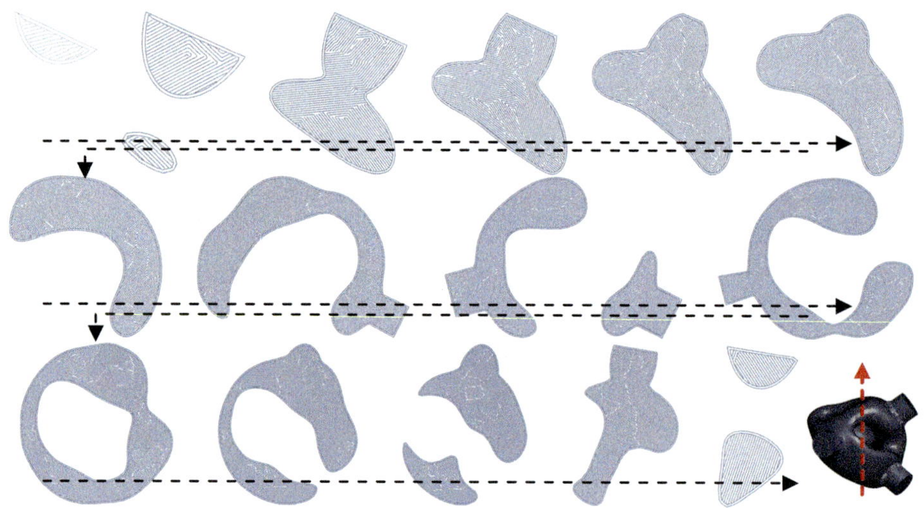

Bild 4.16: Pfade einzelner Schichten.

4.4 Vorbereitung und Durchführung des FLM-Drucks

4.4.1 Generierung der Building Source mit Stützstrukturen

Zur Ansteuerung von FLM-Druckern wird in bestimmter Weise strukturierte Fertigungsinformation (sogenannte Building Source) benötigt, die als Textdokument geschrieben werden kann. Im vorliegenden Fall wird diese für den eigens angeschafften FLM-Drucker Raise3D Pro2 Plus im weitverbreiteten G-Code-Format nach DIN 66025 [243] erzeugt.

Die erzeugte Building Source umfasst im Wesentlichen:

- Den „Header" am Anfang des Textdokuments mit Kommentaren zum Druck (Datum, Größe des verfügbaren Bauraums, Größe des Hüllquaders der zu druckenden Objekte etc.) und ersten Positionierungsbefehlen (absolute – *G90* – oder relative Positionierung – *G91*), Befehlen zur Temperierung von Düse und Druckbett, etc.;
- Den Hauptteil mit den eigentlichen Verfahr- und Extrusionsbefehlen, welcher im Wesentlichen folgendem Schema folgt:

  „Fahre von X1=-12.908, Y1 = -19.510 nach X2=-13.187, Y2=-19.343 mit Verfahrgeschwindigkeit 900 mm/min. und extrudiere dabei 0.04 mm Filament" =

  G1 F900 X-12.908 Y-19.510 E0.03
  G1 F900 X-13.187 Y-19.343 E0.07

- und den „Footer" am Ende des Dokuments mit abschließenden Befehlen (auf Nullposition fahren, Heizen von Düse und Druckbett deaktivieren etc.).

Mittels eines eigens programmierten Generators wird aus den oben gezeigten Extrusionspfaden der G-Code erzeugt. Die dafür verwendeten Parameter wurden direkt aus den Parametern berechnet bzw. übernommen, die zum Druck der Zugstäbe verwendet wurden. Die sich ergebenden Druckpfade in der Slicing-Software Raise3D ideaMaker [97], welche hier zur Visualisierung verwendet wird, zeigt Bild 4.17.

Um eine Vergleichbarkeit in der späteren Simulation herzustellen und Funktionsflächen zu gewährleisten, wurde das STL-TO-Ergebnis in AutoDesk Fusion 360 [164] geglättet und in eine CAD-Volumendarstellung überführt. Dort wurden die Funktionsflächen auf Nominalgeometrie nachmodelliert. Auf das geglättete TO-Modell wurde anschließend der Optimierungsansatz mit 100 % Volumenanteil (keine Änderung der Geometrie) und der Pfadgenerierungsansatz erneut angewandt.

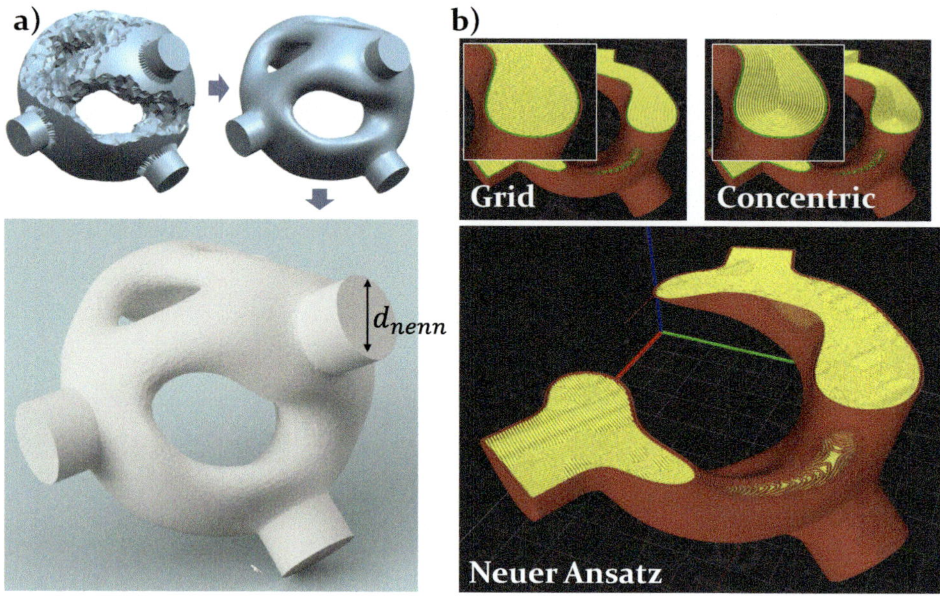

Bild 4.17:, a) Gesamtansicht, b) Ergebnis der G-Code-Generierung in Raise3D ideaMaker für Grid, Concentric und generiert aus dem neuen Ansatz.

Der so generierte G-Code enthält noch keine Stützstrukturen, die jedoch aufgrund der Überhänge des Bauteils notwendig sind. Da das Bauteil auf Kraftfluss, nicht jedoch auf Stützstrukturreduktion hin optimiert wurde, können diese natürlich umfangreich sein. Da diese kein Forschungsgegenstand der vorliegenden Arbeit sind, werden die Stützstrukturen hier direkt anhand des STL-Files der rückgeführten Geometrie mittels der Slicing-Software Raise3D ideaMaker erzeugt und dem generierten G-Code schichtweise hinzugefügt.

4.4.2 Modifikationen am Drucker und Druck

Der verwendete FLM-Drucker der Firma Raise3D mit dem Modellnamen „Raise3D Pro2 Plus“ wurde für den Druck der FLM-Bauteile geringfügig modifiziert:

- Die werksseitige Extrusionsdüse aus Messing wurde durch eine Düse aus gehärtetem Stahl ersetzt (Micro Swiss TwinClad XT), um eine Aufweitung des Düsendurchmessers durch die starke Abrasivität des kurzkohlefaserverstärkten Filaments so weit wie möglich zu vermeiden. Ungehärtete Düsen unterlagen einer starken Abrasion, so dass bereits nach wenigen Betriebsstunden der Durchmesser von 0,6 mm bis auf 1,25 mm anstieg und die Druckqualität deutlich verminderte. Die Düse besitzt einen Düsendurchmesser von 0,6 mm im Gegensatz zu vielen Düsen mit 0,4 mm, um die Gefahr der Verstopfung durch Kurzkohlefasern zu verringern.

- Als Filament wurde FormFutura CarbonFil [244], das mit 20 % Kurzkohlefasern verstärkte PETG-Filament aus Kapitel 3.4.2 verwendet.

Den in optimierter Baurichtung gedruckten Knoten zeigt Bild 4.18.

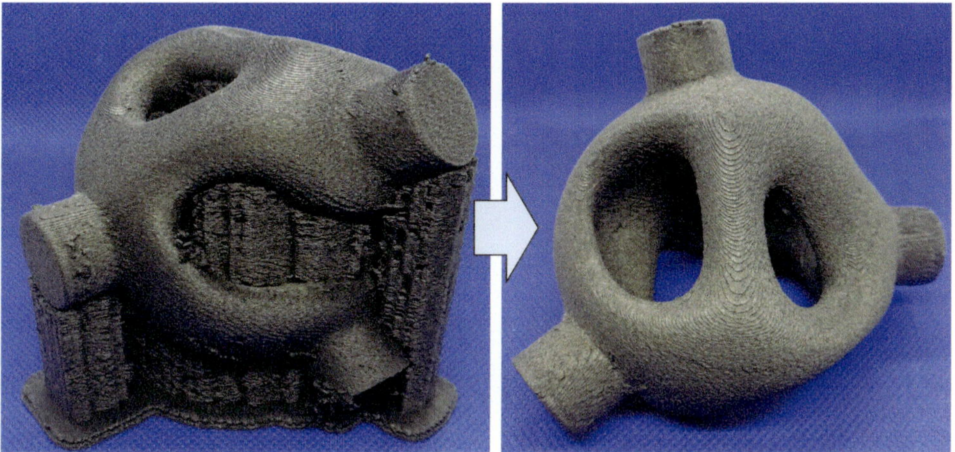

Bild 4.18: Gedruckter Tragwerkknoten.

4.5 Simulationsbasierte Untersuchung des Ergebnisses

Zur Überprüfung, ob das nach projizierten Hauptspannungstrajektorien generierte Infill-Muster hinsichtlich der erzielten Dehnenergie vorteilhaft gegenüber generisch verfügbaren Infill-Mustern ist, wird im Folgenden eine Simulationsstudie durchgeführt.

Diese vergleicht vier Varianten anhand der erzielten Dehnenergie:

1. Das direkte Ergebnis der Topologieoptimierung mit exakt ausgerichteten Materialtrajektorien, also noch vor der Pfadgenerierung;
2. Die im Vorkapitel (Bild 4.17) gezeigte geglättete Außengeometrie unter Verwendung des Grid-Infill-Musters. Dies entspricht einem ±45°-Laminat mit abwechselnden Schichten;
3. Dieselbe Außengeometrie, jedoch unter Verwendung des Concentric-Infill-Musters, welches gerade bei 2D-Geometrien unter ebenem Lastfall eine gute Übereinstimmung mit Hauptnormalspannungstrajektorien zeigt. Die Infill-Pfade folgen hierbei etwa der Außenform [27];

4. Dieselbe Außengeometrie mit dem kraftflussoptimierten Infill, wie es aus dem neuen Ansatz generiert wird.

Die auf die Simulation (Kapitel 3.3) gemappten Infill-Trajektorien zeigt Bild 4.19. Hierbei wurde der Knoten mittig geschnitten und die x-Achsen der ausgerichteten Elementkoordinatensysteme werden gezeigt. Diese stellen die Materialhauptachsen dar. Im Folgenden wird die Simulation jeweils auf grobem (Kantenlänge ca. 2 mm) und feinem Netz (Kantenlänge ca. 0,6 mm entsprechend dem Düsendurchmesser) durchgeführt, um Rückschlüsse auf Netzabhängigkeit zuzulassen.

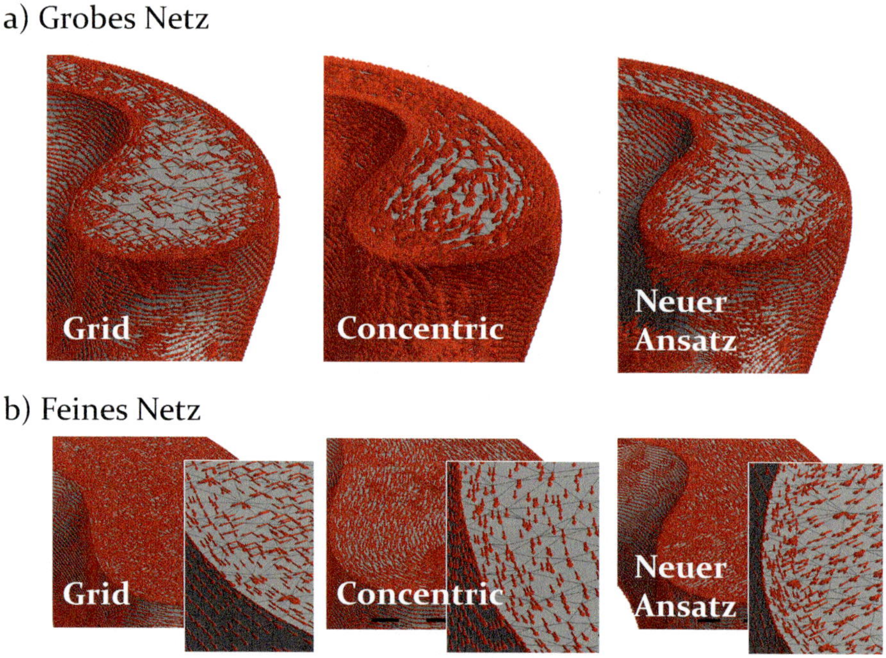

a) Grobes Netz

Grid Concentric Neuer Ansatz

b) Feines Netz

Grid Concentric Neuer Ansatz

Bild 4.19: Gemappte Infill-Muster in der Mitte des Bauteils, a) auf grobem Netz, b) auf feinem Netz.

Das „Grid"-Mapping zeigt hier deutlich die ±45°-Orientierung innen mit umlaufenden Konturen (Walls). Concentric weist eine stetiger fließende Materialorientierung auf, versetzt nach innen zu den Außenwänden. Der neue Ansatz ergibt ebenfalls eher fließende Materialorientierungen, weist jedoch mehr Richtungsänderungen als das Concentric-Infill-Muster auf, die den lokal unterschiedlich beanspruchenden Lastfällen zuzuschreiben sind. Eine feinere Vernetzung ergibt eine entsprechend genauere Abbildung der Druckpfadeverläufe. Unter den beiden Optimierungslastfällen ergibt sich dann quantitativ das folgende Ergebnis der Dehnenergien, gezeigt in Bild 4.20.

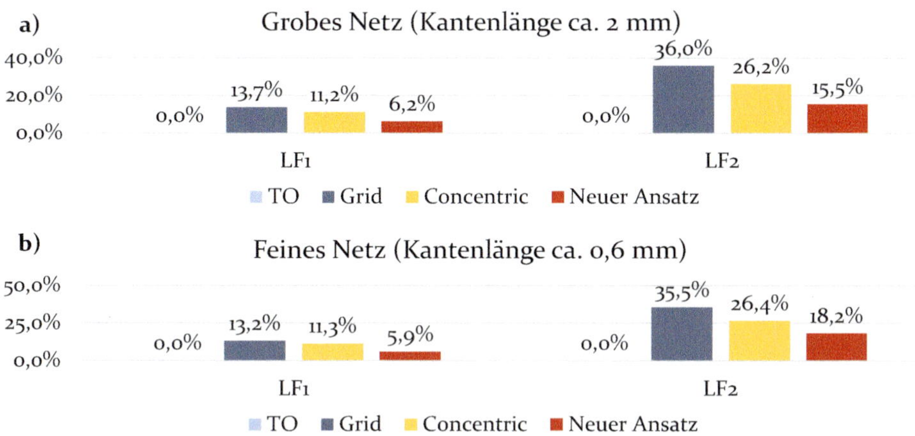

Bild 4.20: Ergebnisse der Dehnenergien unterschiedlicher Infill-Muster für das topologieoptimierte Bauteil, a) bei grobem Netz, b) bei feinem Netz.

Sämtliche Dehnenergie-Ergebnisse wurden auf das Ergebnis der Topologieoptimierung normiert, entsprechend besitzt das TO-Ergebnis eine Abweichung „von sich selbst" von 0 %. Wird das grobe Netz mit etwa 2 mm Kantenlänge betrachtet, verschlechtert das Grid-Muster die Dehnenergie um 13,7 % für Lastfall 1 und 36,0 % für Lastfall 2. Das Concentric-Infill-Muster erzielt ein etwas besseres Ergebnis mit 11,2 % und 26,2 % gegenüber dem „idealen" TO-Ergebnis. Die besten Ergebnisse zeigt jedoch der neue Ansatz mit lediglich 6,2 % und 15,5 % Verschlechterung. Die Ergebnisse spiegeln sich so auch im feinen Netz wider. Während das einfache Grid-Infill-Muster und auch das Concentric-Infill bereits bei grobem Netz sehr genau abgebildet werden (Unterschied nur ca. 0,5 Prozentpunkte bei beiden Lastfällen bei Verfeinerung), erfordert der neue Ansatz das feinere Netz insbesondere bei Lastfall 2, um genaue Ergebnisse zu liefern. Dies liegt an der höheren Richtungswechselanzahl, die noch diskutiert wird (Kapitel 5.4).

Abweichungen zwischen Lastfall 1 und 2. Insgesamt weist LF 1 bereits zu Anfang der Optimierung eine höhere Dehnenergie auf und wird dadurch innerhalb der TO höher „gewichtet", das heißt, es findet eine bessere Annäherung an die Hauptspannungsrichtungen und Außengeometrie-Anforderungen von LF 1 statt. Dadurch ergeben sich für den kleineren LF 2 bei *allen* Infill-Mustern größere Abweichungen zum TO-Ergebnis.

Um zusätzlich einen ganzheitlichen Überblick über die Struktur zu geben, wird abschließend noch der Dehnenergie-Plot gezeigt, Bild 4.21.

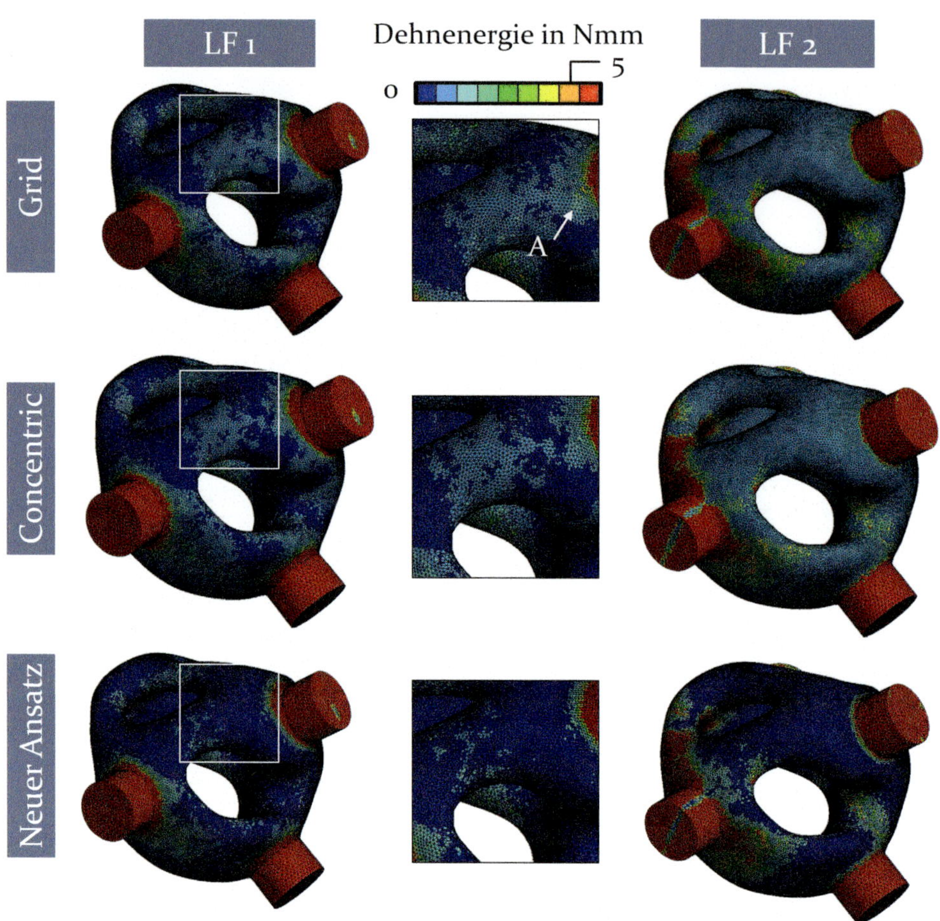

Bild 4.21: Vergleich der Dehnenergie-Plots aller verglichenen Knoten.

Hier zeigt sich für beide Lastfälle eine klare Verringerung der Dehnenergie vollflächig auf dem Bauteil und auch eine Verminderung von lokalen Spannungsüberhöhungen durch den neuen Ansatz, vergleiche Detail A. Auch die Gesamtverformung wird durch die Wahl des Infill-Musters aus dem neuen Ansatz verringert, was sich insbesondere in den Bereichen an den Anbindungsstellen in Lastfall 2 zeigt, siehe Details in Bild 4.22. In Lastfall 1 verkleinert sich die Gesamtverformung in den Innenflächen ebenfalls.

Die Untersuchung zeigt bisher simulationsbasiert die Wirksamkeit der Änderung von Innenstrukturen. Zur weiteren Untersuchung der Hypothese, ob sich durch geeignete Optimierungsmaßnahmen der *Außengestalt* und Innenstruktur bessere FLM-Bauteile generieren lassen als durch konventionelle Auslegung, wird das Ergebnis des neuen Ansatzes noch mit einem einfachen, manuell konstruierten Tragwerksknoten verglichen.

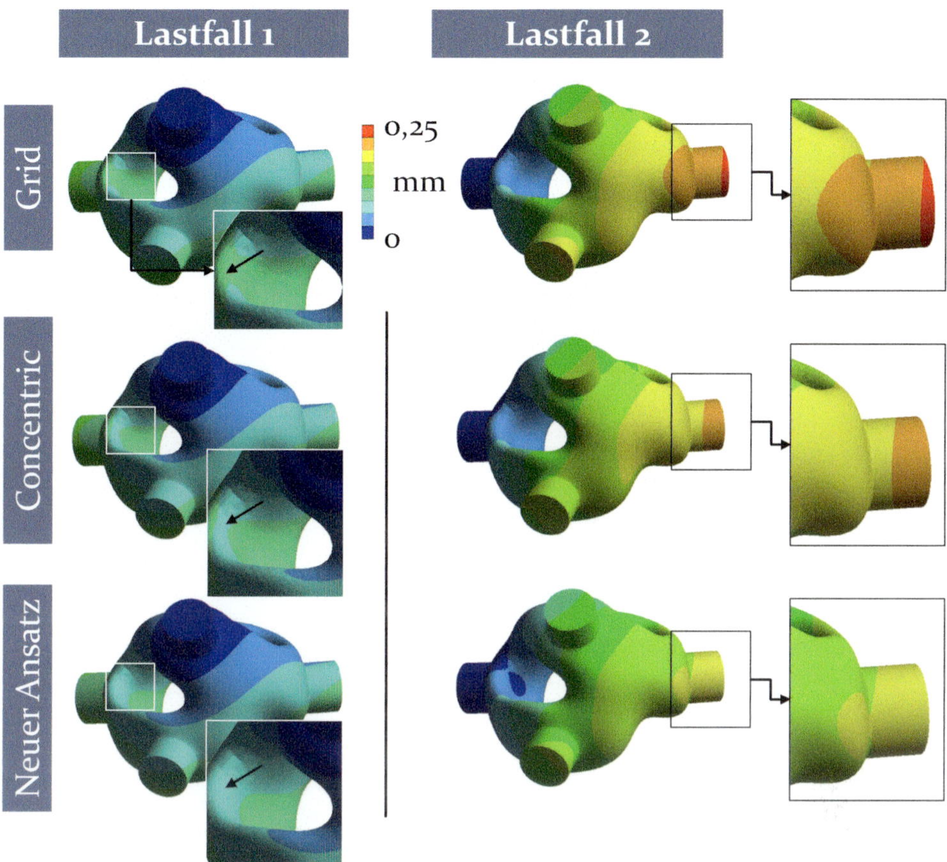

Bild 4.22: Vergleich der Gesamtverformungs-Plots aller verglichenen Knoten.

Hierzu werden die Krafteinleitungsbereiche ausmodelliert und – wie üblicherweise in Tragwerken genutzt – durch eine einfache Kugel verbunden. Die Lastfälle werden entsprechend aufgebracht. Als Materialmodell wird wiederum ABS-GF20 mit dem in konventioneller Slicer-Software weithin verfügbaren Grid-Infill-Muster (±45°-Schichten abwechselnd) verwendet. Da das Volumen der optimierten Geometrie und der Kugel abweicht (der Kugelknoten hat etwa 17 % mehr Volumen), wird das Effizienzkriterium „Dehnenergie mal Volumen“ nach ROZVANY [165] zum Vergleich mit den anderen Strukturen angewandt, wie in Kapitel 3.3.4 vorgestellt. Ein niedrigerer Kennwert (steifere Struktur und niedriges Volumen) stellt dabei die effizientere Struktur dar. Das Ergebnis in Summen der Dehnenergie über alle Elemente und zusätzlich visuell zeigt Bild 4.23. Es ergibt sich beim kugelförmigen Knoten bereits visuell eine deutlich erhöhte Dehnenergie über das gesamte Bauteil, obwohl dieser mehr Volumen einnimmt.

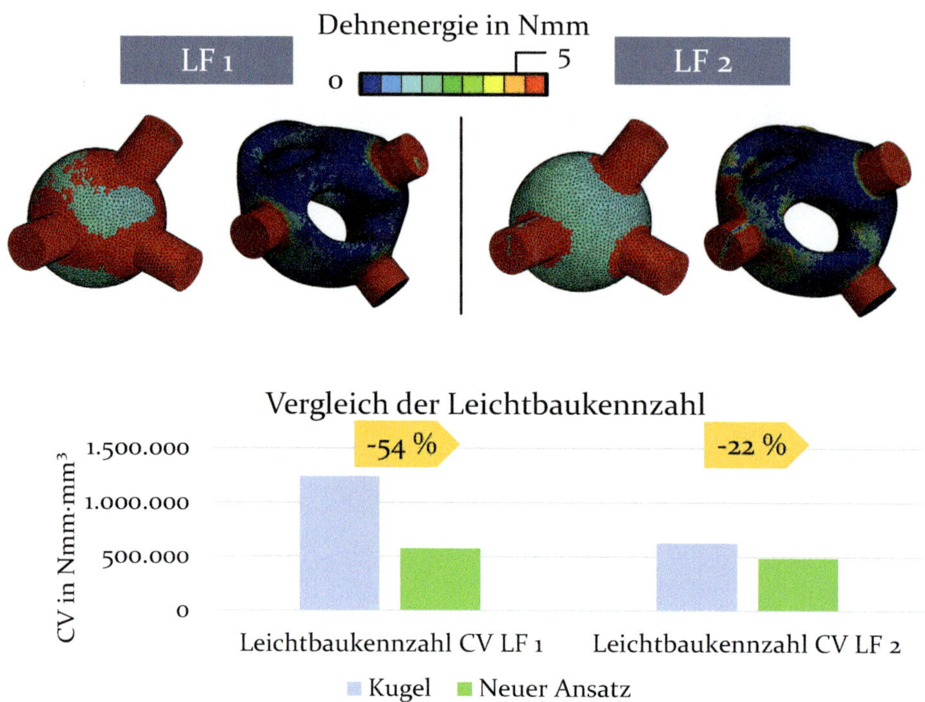

Bild 4.23: Vergleich des Ergebnisses des neuen Ansatzes mit optimiertem Infill mit einem kugelförmigen Knoten mit Grid-Infill (±45°).

Dies spiegelt sich dann auch direkt in der Leichtbaukennzahl wider, die für das Ergebnis des neuen Ansatzes -54 % (Lastfall 1) bzw. -22 % (Lastfall 2) deutlich bessere Werte gegenüber dem kugelförmigen Knoten annimmt.

5 Diskussion der Ergebnisse

Die Ergebnisse der Vorkapitel werden im Folgenden für alle Einzelbestandteile diskutiert.

5.1 Baurichtung

Die im Gesamtoptimierungsansatz vorgestellte Orientierung der Baurichtung dient zur Berücksichtigung der geringen Moduln und der reduzierten Festigkeit von FLM-Bauteilen in z-Richtung. Diese Reduktion der Festigkeit und Steifigkeit ist durch die eher geringe Zwischenschichtenhaftung im Vergleich zur Haftung innerhalb der Schichten begründet. Um eine strukturmechanisch vorteilhafte Orientierung zu erhalten, wird daher eine Drucker-z-Achse gesucht, die einen möglichst ebenen Kraftfluss innerhalb der Schichten erlaubt. Dazu werden die hauptspannungsgewichteten Winkelabweichungen der Hauptspannungsrichtungen zur Druckerplattform minimiert. Hierbei zeigt sich, dass die Minimierung von Durchschnitt bzw. Summe der Abweichungen die schnellste Konvergenz und gleichzeitig die besten jeweiligen Zielwerte liefert (Kapitel 4.1). Die Funktionsweise der Optimierung wurde anhand des einfach nachvollziehbaren Demonstrators aus Kapitel 3.1.1.2 gezeigt. Interessant wäre hier zusätzlich noch eine detaillierte Berücksichtigung von Materialeigenschaften, wie sie in aufwändigen FLM-Materialmodellen gewonnen werden kann. So zeigen manche Untersuchungen je nach Druckparametern und Material beispielsweise eine ausgeprägte, schwach ausgeprägte, oder auch nicht vorhandene Zug-Druck-Asymmetrie, die in der Gewichtung der Winkelabweichungen entsprechend Berücksichtigung finden könnte [219; 220; 245].

Die sequenzielle Durchführung von Baurichtungs- und Topologieoptimierung erzeugt neue Hauptnormalspannungstrajektorien, die im Beispiel zu einer veränderten, optimierten Drucker-z-Richtung führten. Dabei erfolgte jedoch nur eine geringe Änderung in der durchschnittlichen, gewichteten Winkelabweichung zur Ebene. Hier wäre es möglich, weiteres Leichtbaupotenzial entweder durch iteratives Hintereinanderschalten der Optimierungen zu heben oder die Baurichtungsoptimierung direkt in die Topologieoptimierung *innerhalb* der TO-Iterationen zu integrieren. Hierzu könnte die Projektion der Materialorientierungen entsprechend der optimierten Ebene je Iteration angepasst werden.

5.2 Topologieoptimierung

Die Anwendung des vorgestellten BESO-Verfahrens zeigt Stärken bei der nötigen Iterationszahl, die teils im einstelligen (Kapitel 3.1.3), teils im niedrigen zweistelligen Bereich liegt (Kapitel 4.2), was gegenüber den im Stand der Technik vorgestellten Level-Set-Algorithmen und auch mathematischen Algorithmen (zum Beispiel [173] mit 100 Iterationen für das Kragträgerproblem) eine Reduktion der Rechenzeit bedeutet. Der Algorithmus ist in der Lage, mehrere Lastfälle und auch eine Mindeststrukturgröße zu berücksichtigen. Die Optimierung basiert auf der Herstellung einer konstanten Dehnenergiedichte am Bauteil (soweit unter geometrischen Restriktionen möglich), welche auch ein einfaches Festigkeitskriterium darstellt [227]. Lägen ausreichend Daten im Stand der Technik zu vielfältigen Infill-Mustern vor (insbesondere nicht nur hauptsächlich zu ±45°-Rastern), wäre ein aufwändigeres Versagenskriterium für Festigkeitsoptimierung sinnvoll. Eine weitere Ergänzung des TO-Algorithmus bestünde in der Nutzung von Materialmodellen für bestimmte Druckparameter-Kombinationen, die beispielsweise über künstliche neuronale Netze abgebildet und generiert werden können, zum Beispiel nach SOOD [245], um den Produktentwicklungsprozess noch integrierter zu gestalten.

Die Notwendigkeit, die Materialorthotropie direkt in der TO zu berücksichtigen, zeigt sich einerseits in den anfänglichen 2D-Studien mit Torsionslastfall (Kapitel 3.1.3.1). Die sequenzielle Optimierung – zum Beispiel isotrope TO mit anschließender Materialorientierungsoptimierung (CAIO) – weist höhere Dehnenergie-Werte als die simultane Optimierung auf. Dies gilt ebenso für die TO-Ergebnisse, die für jeweils andere Materialien als den abschließend verwendeten Werkstoff optimiert wurden. Weitere ähnliche Vergleiche wurden vom Autor aufgezeigt [21]. Andererseits zeigt auch die simulationsbasierte Studie in Kapitel 4.5, dass TO zu besseren Leichtbauteilen führt als eine konventionelle „Kugel"-Konstruktion.

Bemerkungen zur Netzabhängigkeit. Der FE-basierte Ansatz ist netzabhängig, was sich limitierend auf die Designfreiheit auswirkt [148]. Feinere Netze bedingen sehr hohe Rechenzeiten. Der Ansatz ist dadurch jedoch auch fähig zu sehr genauer Abbildung von Spannungszuständen, wenn das Netz fein genug berechnet wird. Generell empfiehlt sich eine Konvergenzstudie startend mit einem gröberen Netz, wie in der simulationsbasierten Auswertung in Kapitel 4.5. Aufgrund des schnell konvergierenden Baurichtungs- und auch TO-BESO-Algorithmus sind mehrere Durchläufe in vertretbarer Zeit durchführbar, für den Knoten etwa in wenigen Stunden.

Von genereller Relevanz ist die Untersuchung, ob die gewählte Netzfeinheit ausreicht, um den Spannungszustand exakt genug abzubilden, sowie der Ausschluss von Singularitäten. Letztere beiden Kriterien müssen in der FE-Methode aber stets erfüllt werden.

5.3 Simulation

Die vorgestellte strukturmechanische Simulation erlaubt die Berücksichtigung von verschiedenen Infill-Mustern von FLM-Bauteilen. Sie liefert plausible Ergebnisse für verschiedene Infill-Muster, wie auch auf deren Auswirkungen auf Optimalitätskennzahlen bei TO-Bauteilen (Kapitel 3.3.4). Die Simulation wurde anhand von Zugstäben kalibriert, ein Materialmodell ermittelt und anhand zweier Geometrien validiert (Kapitel 3.4.3). Das verwendete Vorgehen nutzt sechs Zugstabsorientierungen nach BELLINI [238] zur Ermittlung der sechs Moduln eines orthotropen Materialmodells. Eine Sensitivitätsanalyse zeigte, dass jeweils ein E-Modul bzw. Schubmodul die Reaktionskraft von jeweils einer Orientierung besonders gut erklärte. Dadurch ließ sich durch eine simultane Optimierung aller sechs Parameter (mittels optiSLang) eine sehr gute Kalibrierung mit geringen Fehlern (MAE) erreichen und ein Materialmodell ableiten, das auch den Überprüfungen auf Steifigkeitsoptimalität nach GEA/LUO und CHENG standhält. Die Querkontraktionszahlen wurden gemäß einer selbst durchgeführten Studie, die überwiegend geringe Sensitivitäten der Reaktionskräfte auf die Querkontraktionszahlen zeigte, nach Literatur festgelegt. Die Validierung an einem Zugstab mit symmetrischem „Flugzeugbaulaminat"-Aufbau zeigte eine sehr gute Übereinstimmung. Am geometrisch komplizierten Hebelarm-Demonstrator mit Concentric-Infill war die Übereinstimmung im linear-elastischen Bereich bis ca. 0,5 % Dehnung sehr gut, danach zeigte sich nichtlineares Verhalten. Dieses ist vermutlich auf unterschiedlich gute Haftung zwischen den Strängen an den Stoßstellen zurückzuführen. Solche Stoßstellen sind gerade beim Concentric-Infill bei geometrischen Unstetigkeiten häufig zu beobachten. Infolgedessen wird die Simulation hier nur bis ca. 0,5 % Dehnung angewandt, für höhere Dehnungsbereiche werden Anpassungen notwendig, die Bestandteil weiterer Forschung sein können. Ebenfalls sollte noch die Simulation anhand von nicht-ebenen Bauteilen künftig weiter untersucht werden.

Anmerkung zu Infill-Dichten. Die Simulation wurde bereits für Infill-Muster unter 100 % vorbereitet, hier jedoch nicht speziell untersucht, da der DfAM-Ansatz ausschließlich mit 100 %-Infills in topologieoptimierten Bauteilen arbeitet. Jede Einbringung von Hohlräumen in die TO-Gestalt führt zwangsläufig zu einem schlechteren TO-Ergebnis, außer für den Fall, dass das Einbringen von Hohlräumen gerade so passiert, dass für den dann niedrigeren Volumenanteil exakt die optimale Gestalt getroffen wird. Letzteres ist angesichts des großen Designraums sehr unwahrscheinlich.

Anmerkung zum Verzug. Für das hier verwendete Material PETG-CF20 ist der Verzug gering, wie auch das Einbringen von Kohlefasern in das Filament verzugsmindernd wirkt. Für verzugsanfälligere Materialien, wie ABS, wäre eine gekoppelte Verzugssimulation sinnvoll, was auch für die Pfadgenerierung gilt.

5.4 Pfadgenerierung

Viele bestehende Pfadgenerierungsverfahren fokussieren auf eine möglichst fertigungsgerechte und sonst lediglich vollständig füllende Generierung von Konturen und Infill („crust-and-bulk", vgl. Kapitel 2.2.3) für tesselierte Geometrien. Bei der hier vorgestellten Pfadgenerierung bestehen die Herausforderung und der Vorteil darin, dass die Pfade sich entlang der (nach ähnlicher Richtung gruppierten, geclusterten) Hauptspannungsrichtungen bewegen. Dabei wird durch Interpolation eine möglichst weitgehende Stetigkeit der Pfade sichergestellt, um Unterbrechungen der Pfade an hochbeanspruchten Stellen zu vermeiden. Das Clustering erlaubt je nach Einstellung unterschiedlich lange Pfade. Durch Verkürzung der Pfade ergibt sich wiederum ein Potenzial zur Verzugsreduktion [102]. Auch die Mittelung von Richtungsvektoren gibt Spielräume zwischen kontinuierlicheren, gleichförmigeren Pfaden, die weniger Beschleunigungsvorgänge des FLM-Druckers bedingen (starke Mittelung) und einer genauen Abbildung des Spannungsfeldes (keine Mittelung). Potenzial zur Weiterentwicklung des Algorithmus besteht in der Analyse der übereinanderliegenden Pfadorientierungen bzw. multiaxialen Spannungszuständen in den Schichten, wo häufige Richtungswechsel im Algorithmus auftreten. Hier könnte es beispielsweise für die Festigkeit vorteilhaft sein, ein ±45°-Raster zu verwenden, wie es von CANTRELL [246] als festigkeitssteigernd eingeschätzt wird.

5.5 Druck

FLM-Druck mit kurzfaserverstärktem Filament hat gegenüber endlosfaserverstärkten Materialien den Vorteil, dass an üblichen FLM-Druckern kaum Änderungen vorgenommen werden müssen. Es ist üblicherweise ein Austausch der häufig verwendeten Messingdüse gegen solche aus abrasionsbeständigem Material, je nach Bauform ein Wechseln der Baudenschläuche und die Verwendung kurzfaserverstärkten Filaments nötig. Der aus den Pfaden generierte G-Code als Building Source muss in Templates auf den jeweiligen FLM-Drucker angepasst werden. Eine Rückführung bzw. Glättung des TO-Ergebnisses ist aus modelltechnischer und optischer Sicht sinnvoll, jedoch kann dies zu höheren Abweichungen von der optimierten Form und damit zu Festigkeits- und Steifigkeitsverlust führen. Eine automatisierte Form der Rückführung zur Sicherstellung geringer Abweichung von Optimierungsergebnissen wäre wünschenswert.

Der neue Ansatz führt zu direkt druckbaren Ergebnissen. Die Baurichtungsoptimierung fokussiert auf günstige strukturmechanische Eigenschaften, kann dadurch aber viel Stützstruktur erfordern. Hier wäre eine multikriterielle Optimierung zur gleichzeitigen Stützstrukturminimierung eine interessante Weiterentwicklung.

5.6 Leichtbaupotenzial

Die simulationsbasierte Evaluierung des neuen Ansatzes (Kapitel 4.5) wurde zuerst am geglätteten TO-Ergebnis durchgeführt. Das Infill-Muster wurde variiert. Anhand der Dehnenergie wurden die verschiedenen Infill-Muster verglichen. Je näher die Extrusionspfade an den Hauptnormalspannungstrajektorien liegen, desto geringere Werte der Dehnenergie ergeben sich: Während das „Grid"-Muster mit ±45° dem Lastpfad nicht folgt, nähert das Concentric-Muster die Hauptspannungsrichtungen besser an. Die direkte Ableitung der Pfade aus den Hauptspannungsrichtungen im neuen Ansatz erzielt deutlich bessere Ergebnisse, sowohl in der Gesamt-Dehnenergiebetrachtung als auch im Auswertungsbild über das Bauteil hinweg. Sie berücksichtigt zudem mehrere Lastfälle gezielt gleichzeitig durch lokale Auswahl der Orientierung des Lastfalls mit höherer Beanspruchung, was sich in besserer Annäherung der Dehnenergieergebnisse an die lastfallindividuellen TO-Ergebnisse zeigt.

Zweiter Teil der Evaluierung ist der Vergleich eines einfach konstruierten Tragwerkknotens mit strebenhafter Verbindung zwischen den Lasteinleitungen und Grid-Infill-Muster. Damit wurde zum einen eine Abweichung der Geometrie vom TO-Ergebnis angestrebt, zum anderen ein alternatives FLM-Infill-Muster verwendet. Der Vergleich der Leichtbaukennzahl ergibt eine deutliche Verbesserung nach Optimierung mit dem neuen Ansatz gegenüber der konventionellen Vorgehensweise. Eine Studie des Ansatzes anhand weiterer 2D- und 3D Demonstratoren unter verschiedenen Lastfällen wurde vom Autor publiziert [19] und bestätigte die Erkenntnisse.

6 Zusammenfassung und Ausblick

Abschließend werden die Erkenntnisse aus der Arbeit zusammengefasst und offene Forschungsfragen angesprochen.

6.1 Zusammenfassung

Additive Fertigung und FLM im Speziellen finden zunehmende Akzeptanz aufgrund der erzielbaren Kosteneinsparungen, die sich unter anderem aus dem reduzierten Materialeinsatz und der Einsparung von erforderlichen Werkzeugen ergeben [247]. Die Verzahnung von Fertigung und Design ist obligatorisch, denn eines fördert und beschränkt gleichzeitig das andere: Die große Fertigungsfreiheit geht noch immer mit Restriktionen an Stützstrukturen, Überhang und Pfadlängen einher. Das Design nutzt diese Freiheit, aber dennoch beschränken Berechnungskapazität und die Vielzahl an abzubildenden Einflussfaktoren das Design.

In dieser Arbeit wurde ein umfassender Ansatz zur Strukturoptimierung vorgestellt, der viele Designfreiheiten berücksichtigt: Die **Anisotropie** im Materialmodell wird sowohl in der Baurichtungs- als auch Topologieoptimierung berücksichtigt. Ein **Mindeststrukturgrößenfilter** erlaubt die Steuerung der Feinheit der Struktur. **Mehrere Lastfälle** können ebenfalls in beiden Optimierungen berücksichtigt werden. Strukturbereiche können für Funktionsflächen beibehalten werden. Der Ansatz kann beispielsweise auch durch **Materialmodelle** erweitert werden, die auf den vorgestellten Kurzfasertheorien aufbauen. Als Ausgangsgröße für die lokale Skalierung der Steifigkeit des Materialmodells wurde die **Dehnenergiedichte** eingesetzt, da diese für einfache Lastfälle steifigkeitsoptimal ist und auch als einfaches Festigkeitskriterium dienen kann, wodurch die Optimierungsergebnisse für Steifigkeit und Festigkeit übereinstimmen. Der Austausch der Dehnenergiedichte als lokales Kriterium mit FKV-Versagenskriterien empfiehlt sich, wenn ausreichend Daten – insbesondere zu sehr unterschiedlichen Infill-Mustern – vorliegen. Die **Pfadgenerierung** ist durch Parameter, vor allem im Clustering, flexibel genauer oder gröber an die Materialorientierungen der TO anpassbar. Hier kann ein Trade-Off zwischen genauer Abbildung des Spannungszustands (höherer Steifigkeit) und einfacher **Druckbarkeit** bzw. Druckgeschwindigkeit (längere Extrusionspfade, weniger Richtungswechsel) eingestellt werden. Gegenüber vielen existierenden Einzellösungen stellt der Ansatz einen strukturierten Prozess dar, der einen deutlichen Schwerpunkt nicht nur auf die Fertigungstechnik, sondern insbesondere auf die kraftflussgerechte Konstruktion setzt. Im Diskussionsteil wurden Erweiterungs- und Verbesserungsmöglichkeiten vorgeschlagen: Durch iterative Bauteilorientierungs- und TO-Optimierung könnte, auf Kosten von Rechenzeit, eine Bauorientierung gefunden werden, die möglichst geringe Abweichungen zu den Materialorientierungen *am Ende der TO* sicherstellt. Die Topologieoptimierung selbst ließe sich mit parametrischen Materialmodellen für weitere Untersuchungen koppeln. Die Simulation könnte um Verzug erweitert werden, was für verzugsanfälligere Filamente wie ABS relevant ist. Die Pfadgenerierung könnte für eine Festigkeitssteigerung möglicherweise Erkenntnisse über ±45°-Infill-Muster nutzen. Hierzu wäre zusätzlich eine experimentelle Bauteiluntersuchung sinnvoll, um Versagensmechanismen auch praktisch beobachten zu können. Bezogen auf den eigentlichen FLM-Druck entstehen aus dem Ansatz direkt druckbare Ergebnisse, die hinsichtlich Stützstruktur noch verbesserungsfähig wären.

Hinsichtlich der in Kapitel 2.5.3 gestellten Forschungsfrage –

Lassen sich durch geeignete Optimierungsmaßnahmen der Außengestalt und Innenstruktur – aufgrund der besseren Ausnutzung der fertigungsinduzierten Materialanisotropie – hinsichtlich Steifigkeit und Festigkeit bessere FLM-Bauteile generieren als durch konventionelle Außengestalt und Innenstrukturen?

– wurde festgestellt, dass die von diesem neuen Ansatz generierte Außengestalt und Innenstruktur (Kapitel 4.5) hinsichtlich des Effizienzkriteriums (Dehnenergie multipliziert mit Volumen) den Vergleichsansätzen überlegen war. Die Vergleichsansätze nutzten einerseits die Topologie aus dem neuen Ansatz mit anderen Infill-Mustern; andererseits sowohl unterschiedliche, konventionell konstruierte Topologie (mit mehr Volumen) als auch Infill-Muster. In allen Fällen konnte ein besseres Ergebnis des Ansatzes simulativ nachgewiesen werden.

Der Ansatz läuft in einfachen Schritten ausgehend von einem FE-Modell sequenziell ab und ist auch von weniger erfahrenen Produktentwickelnden einfach bedienbar. Der Ansatz konnte in studentischen Arbeiten, insbesondere der Bachelorarbeit [S10] zur Auslegung eines Getriebegehäuses direkt angewandt werden.

6.2 Ausblick und einfache Konstruktionsregeln

Mit Blick auf die Zukunft ist ein „echter“ 3D-Druck – also bei FLM das Ermöglichen auch räumlich beliebig gekrümmter Pfade – wünschenswert. Damit können die in Kapitel 3.1.2.5 aufgezeigten hohen Leichtbaupotenziale gehoben werden, die sich aus der direkten Ausrichtung nach Hauptnormalspannungstrajektorien ergeben. Dies erfordert sehr leistungsfähige Auslegungsansätze und -Tools, die die komplizierten 3D-Kraftflüsse (etwa Vektorfelder) berechnen und in äquidistante Extrusionspfade mit entsprechendem Überlapp überführen können, sowie zuverlässige und präzise Fertigungstechnik.

In der Praxis können bereits durch die Anwendung einfacher Maßnahmen, wie in der vorgelegten Arbeit gezeigt, Verbesserungen des FLM-Druckergebnisses erzielt werden. Hier bietet sich das einfach in Slicer-Software einzustellende Infill-Muster an. Insbesondere das Concentric-Infill folgt parallel der Bauteilaußenkontur und nähert damit häufig auch die Hauptspannungstrajektorien an. Eine vorgeschaltete, einzelne FE-Simulation zur Baurichtungsoptimierung hilft bereits, den Lasttransfer durch die Schichten zu minimieren und damit die geringen Steifigkeits- und Festigkeitseigenschaften des gedruckten Materials zu berücksichtigen. Die Verwendung von FKV in konventionellen Druckern ermöglicht zudem eine deutliche Verbesserung der Materialsteifigkeit und -festigkeit.

Solche Maßnahmen tragen auch zu weniger Materialverschwendung durch weniger häufige Bauteilausfälle bzw. mangelhafte Drucke bei. Die Vermeidung von Stützstrukturen kann noch ein zusätzliches Zielkriterium zur Steigerung der Nachhaltigkeit von FLM-Bauteilen darstellen. Von künftigem Interesse zur Ressourcenschonung sind auch recyclebare, naturfaserverstärkte Filamente, idealerweise mit einer Kunststoffmatrix, die nicht auf Erdöl als Rohstoff basiert. Das FLM-Verfahren mit FKV-Filamenten bietet hinsichtlich Leichtbaupotenzial und Nachhaltigkeit somit auch künftig noch viele Möglichkeiten, die erforscht werden wollen.

7 Summary and outlook

Finally, the findings from the paper are summarized and open research questions are addressed.

7.1 Summary

Additive manufacturing and FLM in particular are gaining increasing acceptance due to the cost savings that can be achieved, including reduced material usage and savings in required tooling [247]. The integration of manufacturing and design is mandatory because one simultaneously promotes and limits the other: The great manufacturing freedom is still accompanied by restrictions on support structures, overhang, and path lengths. Design takes advantage of this freedom, but computational capacity and the multitude of influencing factors to be represented still limit design.

In this work, a comprehensive approach to structural optimization has been presented that accounts for many design freedoms: Anisotropy in the material model is considered in both structural direction and topology optimization (TO). A minimum member size filter allows controlling the fineness of the structure. Multiple load cases can also be considered in both optimizations. Structural areas can be retained for functional surfaces. The approach can also be extended, for example, by material models based on the short-fiber theories presented. The strain energy density was used for local scaling of the stiffness of the material model, since this is stiffness-optimal for simple load cases and can also serve as a simplified strength criterion, which means that the optimization results for stiffness and strength are the same. Replacing strain energy density as a local criterion with fiber reinforced polymers (FRP) failure criteria is recommended when sufficient data - especially on very different infill patterns - are available. The path generation can be flexibly adapted more precisely or more coarsely to the material orientations of the TO by parameters, especially in clustering. Here, a trade-off between exact mapping of the stress state (higher stiffness) and easy printability or printing speed (longer extrusion paths, fewer direction changes) can be set. Compared to many existing stand-alone solutions, the approach represents a structured process that places a clear emphasis not only on manufacturing engineering, but also on structural design. In the discussion part, possibilities for extension and improvement were suggested: Through iterative component orientation and TO optimization, a build orientation could be found, at the expense of computation time, which ensures the smallest possible deviations from the material orientations at the end of the TO. The topology optimization itself could be coupled with parametric material models for further investigation. Warpage could be added to the simulation, which is relevant for more warpage-prone filaments such as ABS. Path generation could potentially use insights on ±45° infill patterns for strength enhancement. For this purpose, an additional experimental component investigation would be useful to observe failure mechanisms in a practical way. With respect to the actual FLM printing, the approach produces directly printable results, which could still be improved with respect to support structure.

About the research question posed in section 2.5.3 -

Is it possible to generate better FLM components in terms of stiffness and strength through suitable optimization measures of the outer shape and inner structure - due to better utilization of the manufacturing-induced material anisotropy - than through conventional outer shape and inner structures?

- it was found that the outer shape and inner structure generated by this new approach (Chapter 4.5) was superior to the comparative approaches with respect to the efficiency criterion (strain energy multiplied by volume). The comparison approaches used, on the one hand, the topology from the new approach with other infill patterns; on the other hand, both different conventionally designed topology (with more volume) and infill patterns. In all cases, a better result of the approach was simulatively demonstrated.

The approach runs sequentially in simple steps starting from a FE model and is easy to use even by less experienced product developers. The approach could be directly applied in student work, especially the bachelor thesis [S10] for the design of a gearbox housing.

7.2 Outlook and practical design rules

With a view to the future, "true" 3D printing - i.e., in the case of FLM, also enabling spatially arbitrarily curved paths - is desirable. This would allow the high lightweight design potentials shown in Chapter 3.1.2.5 to be leveraged, resulting from direct alignment according to principal normal stress trajectories. This requires very powerful design approaches and tools that can calculate the complicated 3D force flows (such as vector fields) and convert them into equidistant extrusion paths with appropriate overlap, as well as reliable and precise manufacturing technology.

In practice, improvements in FLM printing results can already be achieved by applying simple measures, as shown in the presented work. Here, the infill pattern, which is easy to set in slicer software, comes in handy. In particular, the concentric infill follows the part outer contour in parallel and thus often also approximates the principal stress trajectories. A single Finite-Element (FE) simulation for build direction optimization already helps to minimize the load transfer through the layers, thus considering the low stiffness and strength properties of the printed material. The use of FRP in conventional printers also enables significant improvements in material stiffness and strength.

Such measures also contribute to less wasted material due to less frequent component failures or defective prints. The avoidance of support structures may still represent an additional target criterion for increasing the sustainability of FLM components. Also, of future interest for resource conservation are recyclable, natural fiber-reinforced filaments, ideally with a plastic matrix that is not based on petroleum as a raw material. In terms of lightweight design potential and sustainability, the FLM process with FRP filaments thus still offers many possibilities that will want to be explored in the future.

Anhang

Anhang 1. Gegenüberstellung von AM-Verfahren

Die Gegenüberstellung basiert auf der ursprünglichen Tabelle in [35], die unten nachgebildet wurde, Tabelle A.1:

Tabelle A.1: Gegenüberstellung der AM-Verfahren nach [35].

	SL	PJM/ MJM	3D Prin ting	FLM	LS	LBM	EBM	DED	CS	LLM
Werkstoffe										
Kunststoff	x	x	x	x	x					x
Metall			x		x	x	x	x	x	x
Keramik	x		x		x			x		x
Sand			x		x					
Papier										x
Verglei-chende Be-wertung										
Mechani-sche Eigen-schaften	-	-	--	+	++	++	++	++	++	-
Thermische Eigenschaf-ten	-	-	-	++	++	++	++	++	++	o
Chemische Eigenschaf-ten	o	--	--	++	++	++	++	++	++	--
Genauigkeit	++	+	o	-	+	+	+	-	o	o
Oberflä-chenquali-tät	++	++	o	-	o	o	o	-	o	-
Bearbeit-barkeit	o	+	o	o	+	++	++	++	+	o
Werkstoff-auswahl	-	-	+	+	+	+	o	+	+	+

	SL	PJM/ MJM	3D Prin ting	FLM	LS	LBM	EBM	DED	CS	LLM
Multimate-rialfähig	Nein	Ja	Nein	Ja	Begrenzt			Ja	Ja	Nein
Stützstruk-turen	Ja	Ja	Nein	Ja	Nein	Ja	Ja	Teils	Ja	Nein
Kammerge-bunden	Ja	Ja	Ja	Nein	Ja	Ja	Ja	Nein	Nein	Ja

Diese wurde ergänzt durch typische Festigkeitswerte von Proben [36; 37] unter Verwendung von Kunststoffen, Tabelle A.2:

Tabelle A.2: Typische Festigkeitswerte der Verfahren bei Verwendung von Kunststoffen.

	Zugfestigkeit in MPa	
Verfahren	horizontal	vertikal
3DP	8	10
FDM	35	20
LS	40	30
SL	45	50
Polyjet	60	30
LOM	65	5

Zusätzlich wird die Studie nach [38] herangezogen, welche mögliche Stückzahl pro Jahr, Anlagenkosten, Wartungskosten und Rüstzeiten für SL, FLM und LS vergleicht.

Hieraus ergibt sich eine Zielgrößenmatrix, Tabelle A.3 und Tabelle A.4.

Tabelle A.3: Zielgrößenmatrix für die AM-Verfahren.

Vergleichende Bewertung	SL	PJM/ MJM	3D Prin-ting	FLM	LS	LBM	EBM	DED	CS	LLM
Mechanische Eigen-schaften	-	-	--	+	++	++	++	++	++	-
insbesondere Festig-keit vertikal	50	30	10	20	30					5
insbesondere Festig-keit horizontal	45	60	8	35	30					65

Vergleichende Bewertung	SL	PJM/ MJM	3D Printing	FLM	LS	LBM	EBM	DED	CS	LLM
Thermische Eigenschaften	-	-	-	++	++	++	++	++	++	o
Chemische Eigenschaften	o	--	--	++	++	++	++	++	++	--
Genauigkeit	++	+	o	-	+	+	+	-	o	o
Oberflächenqualität	++	++	o	-	o	o	o	-	o	-
Bearbeitbarkeit	o	+	o	o	+	++	++	++	+	o
Werkstoffauswahl	-	-	+	+	+	+	o	+	+	+
Multimaterialfähig	Nein	Ja	Nein	Ja	Begrenzt			Ja	Ja	Nein
Stützstrukturen	Ja	Ja	Nein	Ja	Nein	Ja	Ja	Teils	Ja	Nein
Kammergebunden	Ja	Ja	Ja	Nein	Ja	Ja	Ja	Nein	Nein	Ja

Tabelle A.4: Zielgrößenmatrix für die AM-Verfahren (Kosten).

	SL	FLM	LS
Mögliche Stückzahl pro Jahr [38]	55894	8790	139269
Anlagenkosten [38] in €	$1{,}04 \cdot 10^6$	101280	340000
Wartungsk. [38] in €	89000	10560	30450
Rüstzeit [38] in min	33	10	120

Diesen Werten werden nun über ein Urteilsschema Zielwerte zugewiesen, nach VDI 2225 auf einer Werteskala zwischen 0 (schlechteste Bewertung) und 4 (höchste Bewertung).

Die von [35] gewählten Bewertungen „++, +, o, -, --“ werden direkt auf „4,3,2,1,0“ übertragen. Festigkeiten und Kosten werden so bewertet, dass die jeweils vorteilhafteste Eigenschaft – etwa höchste Festigkeit oder geringste Wartungskosten – jeweils vier Punkte erhält, die anderen dazu proportional anteilig Punkte (so ergibt etwa die halbe Festigkeit 2 von 4 Punkten, viermal höhere Wartungskosten als die geringsten ¼ der Punkte).

Es ergibt sich die Zielwertmatrix in Tabelle A.5.

Tabelle A.5: Zielwertmatrix für die AM-Verfahren.

	SL	PJM/ MJM	3DP	FLM	LS	LBM	EBM	DED	CS	LLM
Vergleichende Bewertung										
Mechanische Eigenschaften	1	1	0	3	4	4	4	4	4	1
insbesondere Festigkeit (Kunststoff) vertikal	4	2	1	2	2					0
insbesondere Festigkeit (Kunststoff) horizontal	3	4	0	2	2					4
Thermische Eigenschaften	1	1	1	4	4	4	4	4	4	2
Chemische Eigenschaften	2	0	0	4	4	4	4	4	4	0
Genauigkeit	4	3	2	1	3	3	3	1	2	2
Oberflächenqualität	4	4	2	1	2	2	2	1	2	1
Bearbeitbarkeit	2	3	2	2	3	4	4	4	3	2
Werkstoffauswahl	1	1	3	3	3	3	2	3	3	3
Multimaterialfähig	0	4	0	4	2	2	2	4	4	0
Stützstrukturen	0	0	4	0	4	0	0	2	0	4
Kammergebunden	4	4	4	0	4	4	4	0	0	4
Mögliche Stückzahl pro Jahr (Hopkinson 2003)	2			0	4					
Anlagenkosten (Hopkinson 2003) in EUR	0			4	3					
Wartungskosten (Hopkinson 2003) in EUR	0			4	3					
Rüstzeit (Hopkinson 2003) in min	3			4	0					

Pulverbasiert

Abkürzungen: SL - Stereolithografie, PJM/MJM: PolyJet/MultiJet Modeling, 3DP - 3D Printing, FLM - Fused Layer Modelling, LS - Lasersintern, LBM - Laser Beam Melting, EBM - Electron Beam Melting, DED - Direct Energy Deposition, CS - Cold Spray, LLM - Layer Laminated Manufacturing

Die obige Tabelle A.5 findet sich so entsprechend im Hauptteil wieder und dient als Ausgangspunkt für die Diskussion.

Anhang 2. Materialeigenschaften verschiedener FLM-Faser-Matrix-Kombinationen

Abkürzungen:

E Endlosfaser

K Kurzfaser

P Parallel zur Extrusionsrichtung

Q Quer zur Extrusionsrichtung

FGA Fasergewichtsanteil

FVA Faservolumenanteil

V Markierung Faservolumenanteil, ohne Markierung: Gewichtsanteil

E Zug-E-Modul

R_m Zugfestigkeit

Faserarten: CF – Kohlefaser, AF – Aramidfaser, GF – Glasfaser, CNT – Carbon Nano Tubes, VGCF - Vapour Grown Carbon Fibres, SWCNT – Single Wall Carbon Nanotubes, SiC – Siliziumcarbid, chopped CF – Kohlefaserschnitzel.

Materialdaten entstammen der in der rechten Spalte angegebenen Review-Literatur (Quelle) in Tabelle A.6.

Tabelle A.6: Materialdaten verschiedener FLM-FKV-Werkstoffe.

Matrix	Faser	Faser-art	FVA / FGA	E in GPa	R_m in Mpa	Rich-tung	Quelle
PLA	CF	E	10%	20,6	256	P	[247]
ABS	CF	E	10%	4,19	147	P	
PLA	CF	E	7% (V)	19,5	185,2	P	
PLA	Jute	E	6% (V)	5,11	57,1	P	
Nylon	CF	E	6% (V)	14	140	P	
Nylon	CF	E	18% (V)	35,7	464,4	P	
Nylon	AF	E	4% (V)	1,77	31	P	

Matrix	Faser	Faser-art	FVA / FGA	E in GPa	R_m in Mpa	Rich-tung	Quelle
Nylon	AF	E	8% (V)	6,92	60	P	
Nylon	AF	E	10% (V)	9	84	P	
PLA	AF	E	9% (V)	9,34	203	P	
Nylon	CF	E	11% (V)	8,46	198	P	
Nylon	AF	E	8% (V)	4,23	110	P	
Nylon	GF	E	8% (V)	3,29	156	P	
Nylon	AF	E	10% (V)	4,76	161	P	
Nylon	GF	E	10% (V)	4,91	212	P	
Markfor-ged	Carbon	E	27% (V)	54	800	P	[43]/ [248]
Markfor-ged	Kevlar	E	27% (V)	27	610	P	
Markfor-ged	Fiberglas	E	27% (V)	21	590	P	
Nylon	CF	E	27% (V)	62,5	968	P	[44]
Nylon	CF	E	15% (V)	46,9	726	P	
ABS	CF	K	3%	2,1	40,8	P	[247]
PEI	CNT	K	5%	3	125,3	P	
ABS	CF	K	5%	2,45	42	P	
ABS	VGCF	K	5%	1,27	27	P	
ABS	SWCNT	K	5%	1,74	32,5	P	
ABS	Jute	K	5%	1,54	25,9	P	
ABS	CF	K	8%	2,5	41,5	P	
Epoxy	Glas	K	8%	6,3	109	P	
ABS	CF	K	10%	7,7	52	P	
ABS	CF	K	10%	2,15	33,8	P	
Epoxy	SiC/CF	K	10%	24,5	66,2	P	

Matrix	Faser	Faser-art	FVA / FGA	E in GPa	R_m in Mpa	Rich-tung	Quelle
ABS	VGCF	K	10%	0,8	37,4	P	
ABS	CF	K	13%	8,91	70,69	P	
ABS	CF	K	13%	8,15	53	P	
ABS	CF	K	15%	2,25	35	P	
Epoxy	CF	K	15%	4,05	66,3	P	
ABS	CF	K	15%	11,88	61,9	P	
PLA	CF	K	15%	7,54	53,4	P	
ABS	CF	K	20%	11,5	60	P	
ABS	CF	K	20%	8,4	66,8	P	
ABS	CF	K	20%	11,9	65,7	P	
ABS	GF	K	20%	5,7	54,3	P	
ABS	chopped CF	K	20%	10,87	47,7	P	
PEI	CF	K	20%	8,36	61,1	P	
ABS	CF	K	30%	13,8	62	P	
ABS	CF	K	40%	13,7	67	P	
ABS	GF	K	40%	10,8	51,2	P	
PPS	CF	K	50%	26,4	92,2	P	
Epoxy	CF	K	8% (V)	5,5	172	P	[44]
Nylon	CF	K	6% (V)	1,85	33,5	P	
Nylon	CF	K	15% (V)	4,6	83,8	P	
Epoxy	SiC/CF	K	10%	8,06	43,9	Q	[247]
ABS	CF	K	13%	1,52	7	Q	
ABS	CF	K	13%	2,2	13	Q	
Epoxy	CF	K	15%	2,84	46	Q	
ABS	CF	K	15%	1,83	5,8	Q	
PLA	CF	K	15%	3,92	35,4	Q	
ABS	CF	K	20%	2,6	12,8	Q	
ABS	CF	K	20%	2,1	15,3	Q	
ABS	GF	K	20%	2,5	13	Q	
ABS	chopped CF	K	20%	1,98	6,8	Q	

Matrix	Faser	Faser-art	FVA / FGA	E in GPa	R_m in Mpa	Rich-tung	Quelle
PEI	CF	K	20%	1,1	4,3	Q	
PPS	CF	K	50%	2,6	9,72	Q	

Anhang 3. Diskussion der Steifigkeitsoptimalität der Ausrichtung nach Hauptnormalspannungstrajektorien bei linear elastischem Material

Unter bestimmten Werkstoff- und anderen Bedingungen stellt die Ausrichtung der Materialorientierung nach Hauptnormalspannungstrajektorien tatsächlich ein globales Steifigkeitsoptimum dar. Solche Bedingungen wurden in [222; 249] sowie in [223] hergeleitet. Anhand dieser werden die in der Arbeit verwendeten Materialdaten geprüft, um sicherzustellen, dass – zumindest unter den recht engen Bedingungen – die aus dem bionischen Ansatz resultierenden Materialorientierungen auch ein mathematisches Fundament aufweisen. Die Herleitung dieser Bedingungen wird im Folgenden durchgeführt und abschließend zusammengefasst. Besonderer Dank gilt meinem Kollegen Michael Franz, der im Rahmen seiner Masterarbeit [S1] diese Ausarbeitungen gemeinsam mit mir vollzogen und damit zur stabilen Anwendbarkeit des TO-Algorithmus beigetragen hat, Kapitel 1.3.

Untersuchung nach Gea und Luo

Im Folgenden wird eine zweidimensionale Struktur mit linear elastischem Materialverhalten vorausgesetzt, das heißt, Spannungszustand am Scheibenelement. Maximale Steifigkeit in statischen Lastfällen wird häufig durch Minimierung der *Mean Compliance* (mittleren Nachgiebigkeit) erreicht, welche über die Dehnenergie gemessen werden kann [156; 160; 249]. Die *Mean Compliance* kann als Formel (13) ausgedrückt werden [249]:

$$\Pi_{GL} = \int_{\Omega} \sigma_{ij}\varepsilon_{ij}\, d\Omega = \int_{\Omega} C_{ijkl}\varepsilon_{ij}\varepsilon_{kl}\, d\Omega = \int_{\Omega} C_{ijkl}\frac{\partial u_i}{\partial x_j}\frac{\partial u_k}{\partial x_l}\, d\Omega \qquad (13)$$

mit:
σ_{ij} Spannungskomponente
ε_{ij} Verzerrungskomponente
u_i Verschiebungskomponente
C_{ijkl} Steifigkeitsmatrix des orthotropen Materials, abhängig von der Orientierung

Die Optimalitätsbedingung anhand des Orientierungswinkels – der Materialausrichtung – ergibt sich aus der Bedingung, dass die Ableitung der Dehnenergie nach dem Winkel gleich Null zu setzen ist. Unter Verwendung des Prinzips der virtuellen Verschiebungen [156] ergibt sich so Formel (14) [249]:

$$\frac{\partial \Pi_{GL}}{\partial \theta} = -\int_{\Omega} \frac{\partial C_{ijkl}}{\partial \theta} \frac{\partial u_i}{\partial x_j} \frac{\partial u_k}{\partial x_l} d\Omega = 0 \qquad (14)$$

mit:
θ Orientierungswinkel des orthotropen Materials

Überführt auf die Formulierung in der FEM für kompliziertere Strukturen mit m Elementen unter Annahme gleich großer Scheibenelemente mit der Fläche $A_\epsilon = 1$ und konstanter Verzerrungen und Spannungen innerhalb eines Elements ergibt sich Formel (15):

$$\frac{\partial \Pi_{GL}}{\partial \theta_e} = -\boldsymbol{\varepsilon}_e^T \frac{\partial \boldsymbol{C}}{\partial \theta_e} \boldsymbol{\varepsilon}_e = \boldsymbol{\sigma}_e^T \frac{\partial \boldsymbol{S}}{\partial \theta_e} \boldsymbol{\sigma}_e = 0 \qquad (15)$$

mit:
$\boldsymbol{C}$ rotierte, orthotrope Steifigkeitsmatrix
$\boldsymbol{S}$ rotierte Nachgiebigkeitsmatrix

Wird nun Formel (15) um die Ausrichtung der Materialhauptachsen nach Hauptspannungen erweitert, wird die rotierte Nachgiebigkeitsmatrix **S** zu Formel (16) [249]:

$$\mathbf{S} = \mathbf{T}^{-1}(\theta_e)\mathbf{S}_0\mathbf{T}^{-T}(\theta_e) \qquad (16)$$

mit :

$\mathbf{S}_0$ nicht rotierte Nachgiebigkeitsmatrix

$\mathbf{T}$ Transformationsmatrix

Die Transformationsmatrix rotiert die nicht rotierte Steifigkeitsmatrix so, dass diese den Orientierungswinkel (hier Hauptnormalspannungstrajektorie) wiedergibt, Formel (17) [222]:

$$\boldsymbol{T}(\theta_e) = \begin{bmatrix} cos^2(\theta_e) & sin^2(\theta_e) & cos(\theta_e)\,sin(\theta_e) \\ sin^2(\theta_e) & cos^2(\theta_e) & -cos(\theta_e)\,sin(\theta_e) \\ -2\,cos(\theta_e)\,sin(\theta_e) & 2\,cos(\theta_e)\,sin(\theta_e) & cos^2(\theta_e) - sin^2(\theta_e) \end{bmatrix} \qquad (17)$$

Ausmultiplizieren und Umformulierung von Gleichung (**15**) ergibt Formel (18) [249]:

$$\frac{\partial \Pi_{GL}}{\partial \theta_e} = A\,sin(2\theta_e) + B\,cos(2\theta_e) + D\,sin(4\theta_e) + E\,sin(4\theta_e) = 0 \tag{18}$$

mit:
$A = c(\sigma_2^2 - \sigma_1^2)$
$B = 2c\tau_{12}(\sigma_1 + \sigma_2)$
$D = d(4\tau_{12}^2 - (\sigma_1 + \sigma_2)^2)$
$E = 4d\tau_{12}(\sigma_1 + \sigma_2)$
$c = S_{11}^0 - S_{22}^0$
$d = \frac{S_{11}^0 - S_{12}^0 + S_{22}^0 - S_{66}^0}{2}$

In GEA UND LUO [249] wird gezeigt, dass für scherschwache, orthotrope Materialien $d < 0$ gelten muss, damit die Ausrichtung der Materialhauptachse entlang der Richtung der größten Hauptnormalspannung die Struktur mit der größten Steifigkeit und damit das globale Optimum darstellt.

Die Richtung der größten Hauptspannung für den ebenen Spannungszustand ist, Formel (19):

$$tan(2\theta_e) = \frac{2\tau_{12}}{\sigma_1 - \sigma_2} \tag{19}$$

Offensichtlich gilt das Gezeigte hier für *einen* bestimmten Lastfall. Die Kondition $d < 0$ wird für die eingesetzten FLM-Materialien überprüft.

Untersuchung nach Cheng und Pedersen

Auch von CHENG UND PEDERSEN [223] wird eine zweidimensionale Scheibenstruktur mit linear elastischem Materialverhalten betrachtet. Die nicht rotierte Nachgiebigkeitsmatrix einer Struktur wird eingeführt als Formel (20) [223]:

$$\boldsymbol{S}_0 = \boldsymbol{C}_0^{-1} = \frac{1}{E_{\parallel}}\begin{bmatrix} 1 & \beta_4 - \beta_3 & 0 \\ \beta_4 - \beta_3 & 1 - \beta_2 & 0 \\ 0 & 0 & 1 - \beta_2 - 3\beta_3 - \beta_4 \end{bmatrix} \tag{20}$$

mit:
$\beta_2 := \frac{1}{2}\left(1 - \frac{E_{\parallel}}{E_{\perp}}\right)$
$\beta_3 := \frac{1}{8}\left(1 + \frac{E_{\parallel}}{E_{\perp}} - \frac{E_{\parallel}}{G_{\perp\parallel}} + 2\nu_{\perp\parallel}\right)$
$\beta_4 := \frac{1}{8}\left(1 + \frac{E_{\parallel}}{E_{\perp}} - \frac{E_{\parallel}}{G_{\perp\parallel}} - 6\nu_{\perp\parallel}\right)$

Die um den Winkel θ rotierte Orthotropieachse des Materials zum betrachteten Koordinatensystem ergibt sich daraus zu Formel (21):

$$\boldsymbol{S}_\theta = \boldsymbol{C}_\theta^{-1} = \frac{1}{E_\parallel}\begin{bmatrix} \beta_{1111} & \beta_{1122} & \sqrt{2}\beta_{1112} \\ & \beta_{2222} & \sqrt{2}\beta_{2212} \\ symmetrisch & & 2\beta_{1212} \end{bmatrix} \tag{21}$$

$mit:$

$\beta_{1111} = 1 - \beta_2(1 - cos(2\theta)) - \beta_3(1 - cos(4\theta))$
$\beta_{1122} = \beta_4 - \beta_3\, cos(4\theta)$
$\beta_{1112} = -\left(\frac{1}{2}\beta_2\, sin(2\theta) + \beta_3\, sin(4\theta)\right)$
$\beta_{2222} = 1 - \beta_2(1 + cos(2\theta)) - \beta_3(1 - cos(4\theta))$
$\beta_{2212} = -\left(\frac{1}{2}\beta_2\, sin(2\theta) - \beta_3\, sin(4\theta)\right)$
$\beta_{1212} = \frac{1}{2}(1 - \beta_2 - \beta_3 - \beta_4 - 2\beta_3\, cos(4\theta))$

Bei linear elastischem Materialmodell ist die Dehnenergie gleich ihrer komplementären Energie. Damit ist die Betrachtung der Verzerrungen (Formel (**15**)) äquivalent zur Betrachtung der Spannungen. Die Dehnenergie wird in [223] in Spannungsschreibweise im Koordinatensystem der Hauptspannungen betrachtet, Formel (22):

$$\Pi_{CP} = \frac{1}{2}\boldsymbol{\sigma}^T \boldsymbol{S}_\theta \boldsymbol{\sigma} = \frac{1}{2E_\parallel}[\beta_{1111}\sigma_I^2 + \beta_{2222}\sigma_{II}^2 + 2\beta_{1122}\sigma_I\sigma_{II}] \tag{22}$$

mit:
σ_I, σ_{II} Hauptspannungen

Dabei ist aufgrund der Schubspannungsfreiheit im Hauptspannungssystem im ebenen Spannungszustand der Schubspannungseintrag im Spannungsvektor $\tau_{12} = 0$, was zur obigen Formel führt. Unter Einführung des Winkels ϕ, der den Winkel zwischen größter Hauptspannung und der Materialhauptachse darstellt, ergibt sich die komplementäre Energie, Formel (23):

$$\Pi_{CP} = \frac{1}{2E_\parallel}\Big(\big(1 - \beta_2(1 - cos(2\phi)) - \beta_3(1 - cos(4\phi))\big)\sigma_I^2 \tag{23}$$
$$+(1 - \beta_2(1 + cos(2\phi)) - \beta_3(1 - cos(4\phi))\sigma_{II}^2)$$
$$+(\beta_4 - \beta_3\, cos(4\phi))2\sigma_I\sigma_{II})$$

Nun werden verschiedene Ergebnisse für Π_{CP} aus Gleichung (**23**) unter unterschiedlichen Winkeln ϕ betrachtet, wobei drei Fälle betrachtet werden:

- für $\phi = 0°$ stimmen Material- und Hauptachsenrichtung überein,
- für $\phi = 90°$ sind diese orthogonal und
- für alle anderen Fälle gilt $2\phi = arccos(-\xi)$ mit $sign(\xi) = -sign(\beta_3)$

Nun werden wiederum Materialien mit geringer Schersteifigkeit („schubweich“) betrachtet, für die $\beta_3 < 0$ gelten muss [223]. Diese Bedingung lässt sich nun durch Ingenieurskonstanten darstellen, Formel (24):

$$G_{\perp\parallel} < \frac{E_{\parallel} E_{\perp}}{E_{\parallel} + (1 + 2\nu_{\perp\parallel}) E_{\perp}} \tag{24}$$

Ist diese Bedingung erfüllt, gilt abschließend Formel (25):

$$\Pi_{CP}(\xi) > \Pi_{CP}(90°) > \Pi_{CP}(0°) \tag{25}$$

In der Anwendung bedeutet dies, dass bei Übereinstimmung der Materialhauptachse mit der größten Hauptspannung der kleinste Wert der Dehnenergie generiert wird – und damit die steifste Struktur, bestätigt durch die erste und zweite Ableitung. Auch dieses Kriterium, in Form von Formel (24), wird zur Überprüfung der verwendeten Materialmodelle im Hauptteil herangezogen.

Literaturverzeichnis

[1] VOLK, C.: Der konstruktive Fortschritt. Ein Skizzenbuch. Zweite unveränderte Auflage, Berlin, Heidelberg: Springer Berlin Heidelberg, 1941.

[2] THOMPSON, M. K. et al.: Design for Additive Manufacturing: Trends, opportunities, considerations, and constraints. CIRP Annals Bd. 65 (2016) Nr. 2, S. 737–760.

[3] LACHMAYER, R.; LIPPERT, R. B.; FAHLBUSCH, T.: 3D-Druck beleuchtet, Berlin, Heidelberg: Springer Berlin Heidelberg, 2016.

[4] WOHLERS, T.: Wohlers Report 2017. Wohlers Associates, Inc. 2017.

[5] WOHLERS, T.: Wohlers Report 2019. Wohlers Associates, Inc. 2019.

[6] ROSEN, D. W.: Design for Additive Manufacturing: A Method to Explore Unexplored Regions of the Design Space. In: 18th International Solid Freeform Fabrication Symposium. 6.8.-8.8.2007, Austin; Texas, 2007.

[7] BIKAS, H.; STAVROPOULOS, P.; CHRYSSOLOURIS, G.: Additive manufacturing methods and modelling approaches: a critical review. The International Journal of Advanced Manufacturing Technology Bd. 83 (2016) Nr. 1-4, S. 389–405.

[8] VDI 3405: Additive Fertigungsverfahren. Berlin: Beuth Verlag. 2014.

[9] Stratasys Ltd.: Stratasys Helps: Responding to the COVID-19 Crisis. URL: https://www.stratasys.com/covid-19. Abgerufen am: 02.02.2021.

[10] MakerBot Industries: Thingiverse. URL: https://www.thingiverse.com. Abgerufen am: 16.02.2021.

[11] Modellbau Kurz GmbH & Co. KG: Fused Deposition Modeling: Für zahlreiche Anwendungen in der Industrie prädestiniert. URL: https://www.kurzmodellbau.de/leistungen/produktion/additive-manufacturing/fused-deposition-modeling/. Abgerufen am: 02.02.2021.

[12] 9T Labs: Use Cases. URL: https://www.9tlabs.com/use-cases. Abgerufen am: 02.02.2021.

[13] LAVERNE, F.; SEGONDS, F.; ANWER, N.; LE COQ, M.: Assembly Based Methods to Support Product Innovation in Design for Additive Manufacturing: An Exploratory Case Study. Journal of Mechanical Design Bd. 137 (2015) Nr. 12, S. 1892.

[14] KLEIN, B.: Leichtbau-Konstruktion. Berechnungsgrundlagen und Gestaltung. Studium. 9., überarbeitete und erweiterte Auflage, 2011, Wiesbaden: Vieweg+Teubner Verlag / Springer Fachmedien Wiesbaden GmbH Wiesbaden, 2012.

[15] SCHÜRMANN, H.: Konstruieren mit Faser-Kunststoff-Verbunden. 2. Auflage, Heidelberg: Springer, 2007.

[16] VAJNA, S.; WEBER, C.; ZEMAN, K.; HEHENBERGER, P.; GERHARD, D.; WARTZACK, S.: CAx für Ingenieure. Eine praxisbezogene Einführung. 3., vollständig neu bearbeitete Auflage, Wiesbaden: Springer Vieweg, 2018.

[17] MONZÓN, M. D.; ORTEGA, Z.; MARTÍNEZ, A.; ORTEGA, F.: Standardization in additive manufacturing: activities carried out by international organizations and projects. The International Journal of Advanced Manufacturing Technology Bd. 76 (2015) Nr. 5-8, S. 1111–1121.

[18] BLESSING, L. T.M.; CHAKRABARTI, A.: DRM, a Design Research Methodology, London: Springer London, 2009.

[19] VOELKL, H.; WARTZACK, S.: Systematic development of load-path dependent FLM-FRP lightweight structures. Design Science Bd. 7 (2021), S. 589.

[20] VÖLKL, H.; STECK, P.; FRANZ, M.; WARTZACK, S.: Kraftflussgerechte Fused Layer Modeling-Strukturen mit kurzfaserverstärktem Filament. Konstruktion (2020) Nr. 10, S. 76–82.

[21] VÖLKL, H.; KLEIN, D.; FRANZ, M.; WARTZACK, S.: An efficient bionic topology optimization method for transversely isotropic materials. Composite Structures Bd. 204 (2018), S. 359–367.

[22] VÖLKL, H.; FRANZ, M.; WARTZACK, S.: Topologieoptimierung mit transversal isotropem Materialmodell - Produktentwickler auf der Suche nach der optimalen Geometrie für Faser-Kunststoff-Verbunde. In: KRAUSE, D.; PAETZOLD, K.; WARTZACK, S. (Hrsg.): Design for X. Beiträge zum 28. DfX-Symposium. 10.04.2017-10.05.2017, Bamberg. Hamburg: TUTECH Verlag, 2017, S. 203–214.

[23] VOELKL, H.; WARTZACK, S.: Design for composites: Tailor-made, bio-inspired topology optimization for fiber-reinforced plastics. In: MARJANOVIĆ, D. et al. (Hrsg.): Design 2018. Proceedings of the 15th International Design Conference, May 2018, Dubrovnik, Croatia. 92. DS / Design Society. Zagreb: Fac. of Mechanical Engineering and Naval Architecture Univ, 2018, S. 499–510.

[24] VOELKL, H.; FRANZ, M.; KLEIN, D.; WARTZACK, S.: Computer Aided Internal Optimisation (CAIO) method for fibre trajectory optimisation: A deep dive to enhance applicability. Design Science Bd. 6 (2020), S. 1–26.

[25] VÖLKL, H.; FRANZ, M.; WARTZACK, S.: Computer Aided Internal Optimization (CAIO) method for fiber trajectory optimization: enhancing applicability. In: ERMANNI, P. et al. (Hrsg.): Book of Abstracts. Symposium Lightweight Design in Product Development. 13.06.-15.06.2018, Zurich, Switzerland, 2018.

[26] VOELKL, H.; KIEẞKALT, A.; WARTZACK, S.: Design for Composites: Derivation of Manufacturable Geometries for Unidirectional Tape Laying. Proceedings of the Design Society: International Conference on Engineering Design Bd. 1 (2019) Nr. 1, S. 2687–2696.

[27] VÖLKL, H.; MAYER, J.; WARTZACK, S.: Strukturmechanische Simulation additiv im FFF-Verfahren gefertigter Bauteile. In: LACHMAYER, R.; RETTSCHLAG, K.; KAIERLE, S. (Hrsg.): Konstruktion für die Additive Fertigung 2019. Bd. 1. 1. Auflage: Springer Vieweg, 2020, S. 143–157.

[28] Jäger, M., Völkl, H.; WARTZACK, S.: Konzept einer CAE-Methode zur systematischen Auslegung beanspruchungsgerechter, kurzfaserverstärkter AM-Fachwerksknoten für hochoptimierte Fachwerke. In: Proceedings of the 31st Symposium Design for X (DFX2020). 16.-17.09.2020, Virtuell, 2020, S. 131–140.

[29] DIN EN ISO 17296-3:2016: Additive Fertigung - Grundlagen - Teil 3: Haupteigenschaften und entsprechende Prüfverfahren. Berlin: Beuth Verlag. 2016.

[30] GUO, N.; LEU, M. C.: Additive manufacturing: technology, applications and research needs. Frontiers of Mechanical Engineering Bd. 8 (2013) Nr. 3, S. 215–243.

[31] MELCHELS, F. P. W.; FEIJEN, J.; GRIJPMA, D. W.: A review on stereolithography and its applications in biomedical engineering. Biomaterials Bd. 31 (2010) Nr. 24, S. 6121–6130.

[32] GEBHARDT, A.: Generative Fertigungsverfahren. Additive manufacturing und 3D-Drucken für Prototyping - Tooling - Produktion. 4., neu bearb. und erw. Aufl., München: Hanser, 2013.

[33] SCHMID, M.: Additive Fertigung mit Selektivem Lasersintern (SLS), Wiesbaden: Springer Fachmedien Wiesbaden, 2015.

[34] GEBHARDT, A.; KESSLER, J.; THURN, L.: 3D Printing. Understanding additive manufacturing. 2nd Edition, Munich, Cincinnati: Carl Hanser Verlag GmbH & Co. KG, 2019.

[35] KUMKE, M.: Methodisches Konstruieren von additiv gefertigten Bauteilen, Wiesbaden: Springer Fachmedien Wiesbaden, 2018.

[36] KIM, G. D.; OH, Y. T.: A benchmark study on rapid prototyping processes and machines: Quantitative comparisons of mechanical properties, accuracy, roughness, speed, and material cost. Proceedings of the Institution of Mechanical Engineers, Part B: Journal of Engineering Manufacture Bd. 222 (2008) Nr. 2, S. 201–215.

[37] WONG, K. V.; HERNANDEZ, A.: A Review of Additive Manufacturing. ISRN Mechanical Engineering Bd. 2012 (2012) Nr. 4, S. 1–10.

[38] HOPKINSON, N.; DICKENS, P.: Analysis of rapid manufacturing—using layer manufacturing processes for production. Proceedings of the Institution of Mechanical Engineers, Part C: Journal of Mechanical Engineering Science Bd. 217 (2003) Nr. 1, S. 31–39.

[39] RUFFO, M.; TUCK, C.; HAGUE, R.: Cost estimation for rapid manufacturing - laser sintering production for low to medium volumes. Proceedings of the Institution of Mechanical Engineers, Part B: Journal of Engineering Manufacture Bd. 220 (2006) Nr. 9, S. 1417–1427.

[40] THOMAS, D. S.; GILBERT, S. W.: Costs and Cost Effectiveness of Additive Manufacturing. NIST Special Publication 1176. 2014.

[41] BYUN, H. S.; LEE, K. H.: A decision support system for the selection of a rapid prototyping process using the modified TOPSIS method.

The International Journal of Advanced Manufacturing Technology Bd. 26 (2005) Nr. 11-12, S. 1338–1347.

[42] PARANDOUSH, P.; LIN, D.: A review on additive manufacturing of polymer-fiber composites. Composite Structures Bd. 182 (2017), S. 36–53.

[43] KABIR, S. M. F.; MATHUR, K.; SEYAM, A.-F. M.: A critical review on 3D printed continuous fiber-reinforced composites: History, mechanism, materials and properties. Composite Structures Bd. 232 (2020), S. 111476.

[44] BLOK, L. G.; LONGANA, M. L.; YU, H.; WOODS, B.K.S.: An investigation into 3D printing of fibre reinforced thermoplastic composites. Additive Manufacturing Bd. 22 (2018), S. 176–186.

[45] MARKFORGED, I.: Mark Two Desktop Printer. URL: https://markforged.com/mark-two/. Abgerufen am: 03.01.2020.

[46] LI, N.; LI, Y.; LIU, S.: Rapid prototyping of continuous carbon fiber reinforced polylactic acid composites by 3D printing. Journal of Materials Processing Technology Bd. 238 (2016), S. 218–225.

[47] NING, F.; CONG, W.; HU, Y.; WANG, H.: Additive manufacturing of carbon fiber-reinforced plastic composites using fused deposition modeling: Effects of process parameters on tensile properties. Journal of Composite Materials Bd. 51 (2017) Nr. 4, S. 451–462.

[48] CARNEIRO, O. S.; SILVA, A. F.; GOMES, R.: Fused deposition modeling with polypropylene. Materials & Design Bd. 83 (2015), S. 768–776.

[49] TIBBETTS, G. G.: Vapor-grown carbon fibers: Status and prospects. Carbon Bd. 27 (1989) Nr. 5, S. 745–747.

[50] SHOFNER, M. L.; LOZANO, K.; RODRÍGUEZ-MACÍAS, F. J.; BARRERA, E. V.: Nanofiber-reinforced polymers prepared by fused deposition modeling. Journal of Applied Polymer Science Bd. 89 (2003) Nr. 11, S. 3081–3090.

[51] GRAY, R. W.; BAIRD, D. G.; HELGE BØHN, J.: Effects of processing conditions on short TLCP fiber reinforced FDM parts. Rapid Prototyping Journal Bd. 4 (1998) Nr. 1, S. 14–25.

[52] TEKINALP, H. L.; KUNC, V.; VELEZ-GARCIA, G. M.; DUTY, C. E.; LOVE, L. J.; NASKAR, A. K.; BLUE, C. A.; OZCAN, S.: Highly oriented carbon

fiber–polymer composites via additive manufacturing. Composites Science and Technology Bd. 105 (2014), S. 144–150.

[53] KLOSTERMAN, D.; CHARTOFF, R.; GRAVES, G.; OSBORNE, N.; PRIORE, B.: Interfacial characteristics of composites fabricated by laminated object manufacturing. Composites Part A: Applied Science and Manufacturing Bd. 29 (1998) Nr. 9-10, S. 1165–1174.

[54] KLOSTERMAN, D.; CHARTOFF, R.; AGARWALA, M.; FISCUS, I.; MURPHY, J.; CULLEN, S.; YEAZELL, M.: Direct Fabrication of Polymer Composite Structures with Curved LOM. In: 1999 International Solid Freeform Fabrication Symposium. 09.08.-11.08.1999, Austin, Texas. Austin, Texas, 1999, S. 401–410.

[55] LÜ, L.; FUH, J. Y. H.; WONG, Y. S.: Improvements of Mechanical Properties by Reinforcements // Laser-Induced Materials and Processes for Rapid Prototyping. 67, Boston, MA, s.l.: Springer US, 2001.

[56] HECTOR SANDOVAL, J.; WICKER, R. B.: Functionalizing stereolithography resins: effects of dispersed multi-walled carbon nanotubes on physical properties. Rapid Prototyping Journal Bd. 12 (2006) Nr. 5, S. 292–303.

[57] KARALEKAS, D.; ANTONIOU, K.: Composite rapid prototyping: overcoming the drawback of poor mechanical properties. Journal of Materials Processing Technology Bd. 153-154 (2004), S. 526–530.

[58] KARALEKAS, D. E.: Study of the mechanical properties of nonwoven fibre mat reinforced photopolymers used in rapid prototyping. Materials & Design Bd. 24 (2003) Nr. 8, S. 665–670.

[59] LLEWELLYN-JONES, T. M.; DRINKWATER, B. W.; TRASK, R. S.: 3D printed components with ultrasonically arranged microscale structure. Smart Materials and Structures Bd. 25 (2016) Nr. 2, 02LT01.

[60] SALMORIA, G. V.; PAGGI, R. A.; LAGO, A.; BEAL, V. E.: Microstructural and mechanical characterization of PA12/MWCNTs nanocomposite manufactured by selective laser sintering. Polymer Testing Bd. 30 (2011) Nr. 6, S. 611–615.

[61] YAN, C.; HAO, L.; XU, L.; SHI, Y.: Preparation, characterisation and processing of carbon fibre/polyamide-12 composites for selective laser sintering. Composites Science and Technology Bd. 71 (2011) Nr. 16, S. 1834–1841.

[62] GIBSON, I.; ROSEN, D. W.; STUCKER, B.: Additive Manufacturing Technologies. Rapid Prototyping to Direct Digital Manufacturing, Boston, MA: Springer Science+Business Media LLC, 2010.

[63] BOOTH, J. W.; ALPEROVICH, J.; CHAWLA, P.; MA, J.; REID, T. N.; RAMANI, K.: The Design for Additive Manufacturing Worksheet. Journal of Mechanical Design Bd. 139 (2017) Nr. 10, S. 36.

[64] DIN EN ISO/ASTM 52910: Additive Fertigung - Konstruktion - Anforderungen, Richtlinien und Empfehlungen (Entwurf). Berlin: Beuth Verlag. 2019.

[65] ROSEN, D. W.: What are Principles for Design for Additive Manufacturing? In: CHUA, C. K. et al. (Hrsg.): Proceedings of the 1st International Conference on Progress in Additive Manufacturing. Held in Singapore, May 26 -28, 2014. Singapore: Research Publishing, 2014, S. 85–90.

[66] GAO, W.; ZHANG, Y.; RAMANUJAN, D.; RAMANI, K.; CHEN, Y.; WILLIAMS, C. B.; WANG, C. C.L.; SHIN, Y. C.; ZHANG, S.; ZAVATTIERI, P. D.: The status, challenges, and future of additive manufacturing in engineering. Computer-Aided Design Bd. 69 (2015), S. 65–89.

[67] AHUJA, B.; KARG, M.; SCHMIDT, M.: Additive manufacturing in production: challenges and opportunities. In: HELVAJIAN, H. et al. (Hrsg.): Laser 3D Manufacturing II. SPIE Proceedings. Saturday 7 February 2015, San Francisco, California, United States: SPIE, 2015, S. 935304.

[68] BIN MAIDIN, S.; CAMPBELL, I.; PEI, E.: Development of a design feature database to support design for additive manufacturing. Assembly Automation Bd. 32 (2012) Nr. 3, S. 235–244.

[69] FORD, S.; DESPEISSE, M.: Additive manufacturing and sustainability: an exploratory study of the advantages and challenges. Journal of Cleaner Production Bd. 137 (2016), S. 1573-1587.

[70] SALONITIS, K.: Design for additive manufacturing based on the axiomatic design method. The International Journal of Advanced Manufacturing Technology Bd. 87 (2016) Nr. 1-4, S. 989–996.

[71] YANG, S.; ZHAO, Y. F.: Additive manufacturing-enabled design theory and methodology: a critical review. The International Journal of Advanced Manufacturing Technology Bd. 80 (2015) Nr. 1-4, S. 327–342.

[72] Siemens AG (2020): NX. Additive Manufacturing. Version : Siemens AG. URL: https://www.plm.automation.siemens.com/global/de/products/nx/. Abgerufen am: 08.12.2020.

[73] CONNER, B. P.; MANOGHARAN, G. P.; MARTOF, A. N.; RODOMSKY, L. M.; RODOMSKY, C. M.; JORDAN, D. C.; LIMPEROS, J. W.: Making sense of 3-D printing: Creating a map of additive manufacturing products and services. Additive Manufacturing Bd. 1-4 (2014), S. 64–76.

[74] LEHMHUS, D.; WUEST, T.; WELLSANDT, S.; BOSSE, S.; KAIHARA, T.; THOBEN, K.-D.; BUSSE, M.: Cloud-Based Automated Design and Additive Manufacturing: A Usage Data-Enabled Paradigm Shift. Sensors (Basel, Switzerland) Bd. 15 (2015) Nr. 12, S. 32079–32122.

[75] MONTERO, M.; ROUNDY, S.; ODELL, D.; AHN, S.; WRIGHT, P.: Material Characterization of Fused Deposition Modeling (FDM) ABS by Designed Experiments. In: SME (Hrsg.): Proceedings of Rapid Prototyping and Manufacturing Conference, 2001, S. 1–21.

[76] SHETH, S.; TAYLOR, R. M.: Numerical Investigation of Stiffness Properties of FDM Parts as a Function of Raster Orientation. In: University of Texas at Austin (Hrsg.): Proceedings of the 28th Annual International Solid Freeform Fabrication Symposium. 7.8.-9.8.2017, Austin, Texas, 2017, S. 1112–1120.

[77] EN ISO/ASTM 52915: Spezifikation für ein Dateiformat für Additive Fertigung (AMF). Berlin: Beuth Verlag. 2017.

[78] STRANO, G.; HAO, L.; EVERSON, R. M.; EVANS, K. E.: A new approach to the design and optimisation of support structures in additive manufacturing. The International Journal of Advanced Manufacturing Technology Bd. 66 (2013) Nr. 9-12, S. 1247–1254.

[79] VANEKER, T.H.J.: The Role of Design for Additive Manufacturing in the Successful Economical Introduction of AM. Procedia CIRP Bd. 60 (2017), S. 181–186.

[80] PEI, E.; LANZOTTI, A.; GRASSO, M.; STAIANO, G.; MARTORELLI, M.: The impact of process parameters on mechanical properties of parts fabricated in PLA with an open-source 3-D printer. Rapid Prototyping Journal Bd. 21 (2015) Nr. 5, S. 604–617.

[81] VDI 3404: Additive Fertigung - Grundlagen, Begriffe, Verfahrensbeschreibungen. Berlin: Beuth Verlag GmbH. 2014-05-00.

[82] DIN EN ISO/ASTM 52900: Additive Fertigung – Grundlagen – Terminologie (ISO/ASTM 52900:2015); Deutsche Fassung EN ISO/ASTM 52900:2017. Berlin: Beuth Verlag. 2017.

[83] BLOK, L. G.; LONGANA, M. L.; YU, H.; WOODS, B.K.S.: An investigation into 3D printing of fibre reinforced thermoplastic composites. Additive Manufacturing Bd. 22 (2018), S. 176–186.

[84] DEY, A.; YODO, N.: A Systematic Survey of FDM Process Parameter Optimization and Their Influence on Part Characteristics. Journal of Manufacturing and Materials Processing Bd. 3 (2019) Nr. 3, S. 64.

[85] J.M. Chacón; Miguel Ángel Caminero; Eustaquio García-Plaza; Pedro J. Nuñez López: Additive manufacturing of PLA structures using fused deposition modelling: Effect of process parameters on mechanical properties and their optimal selection. Materials & Design Bd. 124 (2017), S. 143–157.

[86] MEI, H.; ALI, Z.; ALI, I.; CHENG, L.: Tailoring strength and modulus by 3D printing different continuous fibers and filled structures into composites. Advanced Composites and Hybrid Materials Bd. 2 (2019) Nr. 2, S. 312–319.

[87] ULU, E.; KORKMAZ, E.; YAY, K.; BURAK OZDOGANLAR, O.; BURAK KARA, L.: Enhancing the Structural Performance of Additively Manufactured Objects Through Build Orientation Optimization. Journal of Mechanical Design Bd. 137 (2015) Nr. 11, S. 111410.

[88] TURNER, B. N.; STRONG, R.; GOLD, S. A.: A review of melt extrusion additive manufacturing processes: I. Process design and modeling. Rapid Prototyping Journal Bd. 20 (2014) Nr. 3, S. 192–204.

[89] SUCH, M.; WARD, C.; POTTER, K.: Aligned Discontinuous Fibre Composites: A Short History. Journal of Multifunctional Composites Bd. 2 (2014) Nr. 3.

[90] LOVE, L. J.; KUNC, V.; RIOS, O.; DUTY, C. E.; ELLIOTT, A. M.; POST, B. K.; SMITH, R. J.; BLUE, C. A.: The importance of carbon fiber to polymer additive manufacturing. Journal of Materials Research Bd. 29 (2014) Nr. 17, S. 1893–1898.

[91] GAJDOŠ, I.; SPIŠÁK, E.; SLOTA, J.; KAŠČÁK, Ľ.: Influence of path generation strategy on tensile properties of FDM prototypes. Scientific Letters of Rzeszow University of Technology - Mechanics Bd. 30 (2013) Nr. 85(2/2013), S. 139–148.

[92] SPIŠÁK, E.; GAJDOŠ, I.; SLOTA, J.: Optimization of FDM Prototypes Mechanical Properties with Path Generation Strategy. Applied Mechanics and Materials Bd. 474 (2014), S. 273–278.

[93] COMPTON, B. G.; LEWIS, J. A.: 3D-printing of lightweight cellular composites. Advanced materials (Deerfield Beach, Fla.) Bd. 26 (2014) Nr. 34, S. 5930–5935.

[94] LEWICKI, J. P. et al.: 3D-Printing of Meso-structurally Ordered Carbon Fiber/Polymer Composites with Unprecedented Orthotropic Physical Properties. Scientific reports Bd. 7 (2017), S. 43401.

[95] ZAINUDIN, E. S.; Sapuan, S.M., Sulaiman, S.; AHMAD, M.: Fiber orientation of short fiber reinforced injection molded thermoplastics: A review. Journal of Injection Molding Technology Bd. 6 (2002) Nr. 1, S. 1–10.

[96] Ultimaker B.V. (2019): Ultimaker Cura. Version 3.6.0: Ultimaker. URL: https://ultimaker.com/software/ultimaker-cura. Abgerufen am: 27.06.2019.

[97] RAISE 3D TECHNOLOGIES, I. (2020): ideaMaker. Version 3.5.2, Irvine,CA: Raise 3D Technologies, Inc. URL: https://www.raise3d.com/ideamaker/. Abgerufen am: 16.03.2020.

[98] ALSOUFI, M.; EL-SAYED, A.: Warping Deformation of Desktop 3D Printed Parts Manufactured by Open Source Fused Deposition Modeling (FDM) System. International Journal of Mechanical & Mechatronics Engineering Bd. 17 (2017) Nr. 4, S. 7–16.

[99] HAN, W.; JAFARI, M. A.; SEYED, K.: Process speeding up via deposition planning in fused deposition-based layered manufacturing processes. Rapid Prototyping Journal Bd. 9 (2003) Nr. 4, S. 212–218.

[100] JIN, G. Q.; LI, W. D.; GAO, L.; POPPLEWELL, K.: A hybrid and adaptive tool-path generation approach of rapid prototyping and manufacturing for biomedical models. Computers in Industry Bd. 64 (2013) Nr. 3, S. 336–349.

[101] VOLPATO, N.; ZANOTTO, T. T.: Analysis of deposition sequence in tool-path optimization for low-cost material extrusion additive manufacturing. The International Journal of Advanced Manufacturing Technology Bd. 101 (2019) Nr. 5-8, S. 1855–1863.

[102] WANG, T.-M.; XI, J.-T.; JIN, Y.: A model research for prototype warp deformation in the FDM process. The International Journal of Advanced Manufacturing Technology Bd. 33 (2007) Nr. 11-12, S. 1087–1096.

[103] MI, S.-l.; WU, X.-y.; ZENG, L.: Optimal build orientation based on material changes for FGM parts. The International Journal of Advanced Manufacturing Technology Bd. 94 (2018) Nr. 5-8, S. 1933–1946.

[104] ZHANG, Y.; BERNARD, A.; HARIK, R.; KARUNAKARAN, K. P.: Build orientation optimization for multi-part production in additive manufacturing. Journal of Intelligent Manufacturing Bd. 28 (2017) Nr. 6, S. 1393–1407.

[105] WAH, P. K.; MURTY, K. G.; JONEJA, A.; CHIU, L. C.: Tool path optimization in layered manufacturing. IIE Transactions Bd. 34 (2002) Nr. 4, S. 335–347.

[106] WASSER, T.; DHAR JAYAL, A.; PISTOR, C.; WASSER, T.; JAYAL, A. D.; PISTOR, C.: Implementation and Evaluation of Novel Buildstyles in Fused Deposition Modeling (FDM). In: 1999 International Solid Freeform Fabrication Symposium. 09.08.-11.08.1999, Austin, Texas. Austin, Texas, 1999, S. 95–102.

[107] YANG, Y.; LOH, H. T.; FUH, J.Y.H.; WANG, Y. G.: Equidistant path generation for improving scanning efficiency in layered manufacturing. Rapid Prototyping Journal Bd. 8 (2002) Nr. 1, S. 30–37.

[108] BROWN, A. C.; BEER, D. de: Development of a stereolithography (STL) slicing and G-code generation algorithm for an entry level 3-D printer. In: AFRICON, 2013. 9 - 12 Sept. 2013, Le Meridien Hotel, Pointe-aux-Piments, Mauritius. 09.09.2013 - 12.09.2013, Pointe-Aux-Piments, Mauritius. Piscataway, NJ: IEEE, 2013, S. 1–5.

[109] HAYASI, M. T.; ASIABANPOUR, B.: Machine path generation using direct slicing from design-by-feature solid model for rapid prototyping. The International Journal of Advanced Manufacturing Technology Bd. 45 (2009) Nr. 1-2, S. 170–180.

[110] JIN, Y. A.; HE, Y.; FU, J. Z.: An Adaptive Tool Path Generation for Fused Deposition Modeling. Advanced Materials Research Bd. 819 (2013), S. 7–12.

[111] JIN, Y.-a.; HE, Y.; XUE, G.-h.; FU, J.-z.: A parallel-based path generation method for fused deposition modeling. The International Journal of Advanced Manufacturing Technology Bd. 77 (2015) Nr. 5-8, S. 927–937.

[112] JIN, Y.; DU, J.; MA, Z.; LIU, A.; HE, Y.: An optimization approach for path planning of high-quality and uniform additive manufacturing. The International Journal of Advanced Manufacturing Technology Bd. 92 (2017) Nr. 1-4, S. 651–662.

[113] FLEMING, C.; WALKER, S.; BRANYAN, C.; NICOLAI, A.; HOLLINGER, G.; MENGÜÇ, Y. (2017): Toolpath Planning for Continuous Extrusion Additive Manufacturing. Abgerufen am: 12.04.2019.

[114] LUO, Z.; LI, X.; SHANG, J.; ZHU, H.; FANG, D.: Modified rule of mixtures and Halpin–Tsai model for prediction of tensile strength of micron-sized reinforced composites and Young's modulus of multiscale reinforced composites for direct extrusion fabrication. Advances in Mechanical Engineering Bd. 10 (2018) Nr. 7.

[115] DANIEL, I. M.; ISHAI, O.: Engineering mechanics of composite materials. 2. ed., New York: Oxford Univ. Press, 2006.

[116] DENONVILLE, J.: Eine neue materialgerechte Fügetechnologie für unidirektionale Faser-Kunststoff-Verbundwerkstoffe mit Glas- und Carbonfasern. 2015.

[117] JONES, R. M.: Mechanics of composite materials, Bristol: Taylor & Francis, 1975.

[118] HALPIN, J. C.: Stiffness and Expansion Estimates for Oriented Short Fiber Composites. Journal of Composite Materials Bd. 3 (1969) Nr. 4, S. 732–734.

[119] AFFDL, J. C. H.; KARDOS, J. L.: The Halpin-Tsai equations: A review. Polymer Engineering and Science Bd. 16 (1976) Nr. 5, S. 344–352.

[120] TUCKER III, C. L.; LIANG, E.: Stiffness predictions for unidirectional short-fiber composites: Review and evaluation. Composites Science and Technology Bd. 59 (1999) Nr. 5, S. 655–671.

[121] LOOS, M.: Fundamentals of Polymer Matrix Composites Containing CNTs. In: LOOS, M. (Hrsg.): Carbon nanotube

reinforced composites. CNR polymer science and technology. First edition. Oxford: Elsevier, 2015, S. 125–170.

[122] FU, S.: Effects of fiber length and fiber orientation distributions on the tensile strength of short-fiber-reinforced polymers. Composites Science and Technology Bd. 56 (1996) Nr. 10, S. 1179–1190.

[123] KELLY, A.; TYSON, W. R.: Tensile properties of fibre-reinforced metals: Copper/tungsten and copper/molybdenum. Journal of the Mechanics and Physics of Solids Bd. 13 (1965) Nr. 6, S. 329–350.

[124] KRENCHEL, H.: Fibre reinforcement; theoretical and practical investigations of the elasticity and strength of fibre-reinforced materials. Dissertation, Technical University of Denmark, 1964.

[125] CORDIN, M.; BECHTOLD, T.; PHAM, T.: Effect of fibre orientation on the mechanical properties of polypropylene–lyocell composites. Cellulose Bd. 25 (2018) Nr. 12, S. 7197–7210.

[126] VIRK, A. S.; HALL, W.; SUMMERSCALES, J.: Modulus and strength prediction for natural fibre composites. Materials Science and Technology Bd. 28 (2012) Nr. 7, S. 864–871.

[127] TANDON, G. P.; WENG, G. J.: The effect of aspect ratio of inclusions on the elastic properties of unidirectionally aligned composites. Polymer Composites Bd. 5 (1984) Nr. 4, S. 327–333.

[128] MICHAELI, W.; HUYBRECHTS, D.; WEGENER, M.: Dimensionieren mit Faserverbundkunststoffen. Einführung und praktische Hilfen, München: Hanser, 1995.

[129] LI, L.; SUN, Q.; BELLEHUMEUR, C.; GU, P.: Composite Modeling and Analysis for Fabrication of FDM Prototypes with Locally Controlled Properties. Journal of Manufacturing Processes Bd. 4 (2002) Nr. 2, S. 129–141.

[130] RODRÍGUEZ, J. F.; THOMAS, J. P.; RENAUD, J. E.: Mechanical behavior of acrylonitrile butadiene styrene fused deposition materials modeling. Rapid Prototyping Journal Bd. 9 (2003) Nr. 4, S. 219–230.

[131] SCHOFIELD, J.; CAREY, J. P.; DAWSON, M. R.; MELENKA, G. W.: Evaluation of Dimensional Accuracy and Material Properties of the MakerBot 3D Desktop Printer. 2015.

[132] VÖLKL, H.; MAYER, J.; WARTZACK, S.: Strukturmechanische Simulation additiv im FFF-Verfahren gefertigter Bauteile. In:

LACHMAYER, R.; RETTSCHLAG, K.; KAIERLE, S. (Hrsg.): KfAF 2019 // Konstruktion für die Additive Fertigung 2019. 1st ed. 2020. Berlin, Heidelberg: Springer Berlin Heidelberg; Springer Vieweg, 2020, S. 143–157.

[133] FARAH, S.; ANDERSON, D. G.; LANGER, R.: Physical and mechanical properties of PLA, and their functions in widespread applications - A comprehensive review. Advanced drug delivery reviews Bd. 107 (2016), S. 367–392.

[134] ZHAO, Y.; CHEN, Y.; ZHOU, Y.: Novel mechanical models of tensile strength and elastic property of FDM AM PLA materials: Experimental and theoretical analyses. Materials & Design Bd. 181 (2019), S. 108089.

[135] FERREIRA, R. T. L.; AMATTE, I. C.; DUTRA, T. A.; BÜRGER, D.: Experimental characterization and micrography of 3D printed PLA and PLA reinforced with short carbon fibers. Composites Part B: Engineering Bd. 124 (2017), S. 88–100.

[136] Hexagon AB (2019): Digimat-AM. Version : Hexagon AB / e-xstream. URL: https://www.e-xstream.com/product/digimat-am. Abgerufen am: 21.11.2019.

[137] ROGER, F.: Optimal Design Of Fused Deposition Modeling Structures Using Comsol Multiphysics. In: LACATUS, E.; ALECU, G. C.; TUDOR, A. (Hrsg.): Proceedings of the 2015 COMSOL Conference in Grenoble, 2015.

[138] LEUNG, K.: Simulation of Laser Powder-bed Fusion Additive Manufacturing Process with the COMSOL Multiphysics® Software. In: Comsol Multiphysics GmbH (Hrsg.): COMSOL Conference 2018. Boston, 2018, S. 1–14.

[139] AdditiveLab BVBA (2020): AdditiveLab. Version : AdditiveLab BVBA. URL: https://www.additive-lab.com/. Abgerufen am: 24.08.2020.

[140] Autodesc Inc. (2020): Netfabb. Version : Autodesc Inc. URL: https://www.autodesk.com/products/netfabb/overview?plc=NETFA&term=1-YEAR&support=ADVANCED&quantity=1. Abgerufen am: 24.08.2020.

[141] Additive Works (2020). Version. URL: https://additive.works/. Abgerufen am: 24.08.2020.

[142] ANSYS Inc. (2020): ANSYS Additive Solutions. Version : ANSYS Inc. URL: https://www.ansys.com/en-in/products/structures/additive-manufacturing. Abgerufen am: 24.08.2020.

[143] Hexagon AB (2020): Simufact Additive. Version : Hexagon AB. URL: https://www.simufact.com/simufact-additive.html. Abgerufen am: 24.08.2020.

[144] FAVALORO, A.; BRENKEN, B.; BAROCIO, E.; PIPES, B.: Simulation of Polymeric Composites Additive Manufacturing using Abaqus. In: Dassault Systèmes (Hrsg.): Proceedings of the Science in the Age of Experience Conference. Changing the future with science. Chicago, 2017.

[145] LIU, J.; ANDERSON, K. L.; SRIDHAR, N.: Direct Simulation of Polymer Fused Deposition Modeling (FDM) — An Implementation of the Multi-Phase Viscoelastic Solver in OpenFOAM. International Journal of Computational Methods Bd. 17 (2020) Nr. 01, S. 1844002.

[146] VERMA, A.; VISHNOI, P.; SUKHOTSKIY, V.; FURLANI, E. P.: Numerical Simulation of Extrusion Additive Manufacturing: Fused Deposition Modeling. In: LAUDON, M.; ROMANOWICZ, B.; EXPO, T. W. I. C. a. (Hrsg.): TechConnect briefs 2017. Danville, CA, U.S.A.: TechConnect, 2017, S. 118–121.

[147] 9T Labs: 9T Labs | Digital Composite Production. URL: https://www.9tlabs.com/. Abgerufen am: 23.06.2020.

[148] BRACKETT, D.; ASHCROFT, I.; HAGUE, R.: Topology optimization for additive manufacturing. 22nd Annual International Solid Freeform Fabrication Symposium - An Additive Manufacturing Conference, SFF 2011 (2011).

[149] DAPOGNY, C.; ESTEVEZ, R.; FAURE, A.; MICHAILIDIS, G.: Shape and topology optimization considering anisotropic features induced by additive manufacturing processes. Computer Methods in Applied Mechanics and Engineering Bd. 344 (2019), S. 626–665.

[150] JIANG, D.; SMITH, D. E.: Topology optimization for 3D material distribution and orientation in Additive Manufacturing. In: Laboratory for Freeform Fabrication and University of Texas at Austin (Hrsg.): Proceedings of the 28th Annual International Solid Freeform Fabrication Symposium - An Additive Manufacturing Conference, 2017.

[151] MIRZENDEHDEL, A.; RANKOUHI, B.; SURESH, K.: Topology Optimization of Anisotropic Components for Additive Manufacturing. In: Simulation for Additive Manufacturing. 11.-13.10.2017, Munich, Germany, 2017.

[152] MIRZENDEHDEL, A. M.; RANKOUHI, B.; SURESH, K.: Strength-based topology optimization for anisotropic parts. Additive Manufacturing Bd. 19 (2018), S. 104–113.

[153] HOGLUND, R.; SMITH, D. E.: Continuous Fiber Angle Topology Optimization for Polymer Fused Filament Fabrication. In: BOURELL, D. L. (Hrsg.): Proceedings of the 26th Annual International Solid Freeform Fabrication Symposium – An Additive Manufacturing Conference. 10.08.-12.08.2015, Austin, Texas, 2015, S. 1078–1090.

[154] ZEGARD, T.; PAULINO, G. H.: Bridging topology optimization and additive manufacturing. Structural and Multidisciplinary Optimization Bd. 53 (2016) Nr. 1, S. 175–192.

[155] HARZHEIM, L.: Strukturoptimierung. Grundlagen und Anwendungen. 1. Aufl., Frankfurt am Main: Deutsch, 2008.

[156] SCHUMACHER, A.: Optimierung mechanischer Strukturen. Grundlagen und industrielle Anwendungen. 2., aktual. u. erg. Aufl. 2013, Berlin, Heidelberg: Springer, 2013.

[157] ALTAIR ENGINEERING, I. (2019): Altair OptiStruct. Version : Altair Engineering, Inc. URL: https://www.altair.com/optistruct/. Abgerufen am: 01.11.2019.

[158] DYNARDO GmbH (2019): optiSLang. Version : DYNARDO GmbH. URL: http://www.dynardo.de. Abgerufen am: 01.11.2019.

[159] MATTHECK, C.; ERB, D.; BETHGE, K.; BEGEMANN, U.: Three-dimensional shape optimization of a bar with a rectangular hole. Fatigue & Fracture of Engineering Materials and Structures Bd. 15 (1992) Nr. 4, S. 347–351.

[160] BENDSØE, M. P.; SIGMUND, O.: Topology optimization. Theory, methods, and applications. Engineering online library. 2. Auflage, Berlin: Springer, 2004.

[161] STANGL, T.; WARTZACK, S.: Feature based interpretation and reconstruction of structural topology optimization results. In: WEBER, C. et al. (Hrsg.): Proceedings of the 20th International

Conference on Engineering Design (ICED15). 27.-30.07.2015, Milan, Italy, 2015, S. 235–245.

[162] LIU, J. et al.: Current and future trends in topology optimization for additive manufacturing. Structural and Multidisciplinary Optimization Bd. 57 (2018) Nr. 6, S. 2457–2483.

[163] ANSYS (2017): ANSYS Help. Version 18.1: SAS IP, Inc.

[164] Autodesk (2019): Fusion 360. Version 2.0.6658: Autodesk, Inc. URL: https://www.autodesk.de/products/fusion-360/overview. Abgerufen am: 26.12.2019.

[165] ROZVANY, G. I. N.: A critical review of established methods of structural topology optimization. Structural and Multidisciplinary Optimization Bd. 37 (2009) Nr. 3, S. 217–237.

[166] WEI, P.; LI, Z.; LI, X.; WANG, M. Y.: An 88-line MATLAB code for the parameterized level set method based topology optimization using radial basis functions. Structural and Multidisciplinary Optimization Bd. 58 (2018) Nr. 2, S. 831–849.

[167] WANG, M.; WANG, X.; GUO, D.: A level set method for structural topology optimization. Computer Methods in Applied Mechanics and Engineering Bd. 192 (2003) Nr. 192 // 1-2, S. 227–246.

[168] MATTHECK, C.: Design in der Natur und nach der Natur. Wirtschaftsingenieur Bd. 40 (1997), S. 10–14.

[169] BENDSØE, M. P.; KIKUCHI, N.: Generating optimal topologies in structural design using a homogenization method. Computer Methods in Applied Mechanics and Engineering Bd. 71 (1988) Nr. 2, S. 197–224.

[170] PETERSSON, J.; SIGMUND, O.: Slope constrained topology optimization. International Journal for Numerical Methods in Engineering Bd. 41 (1998) Nr. 8, S. 1417–1434.

[171] SIGMUND, O.: A 99 line topology optimization code written in Matlab. Structural and Multidisciplinary Optimization Bd. 21 (2001) Nr. 2, S. 120–127.

[172] SIGMUND, O.; PETERSSON, J.: Numerical instabilities in topology optimization: A survey on procedures dealing with checkerboards, mesh-dependencies and local minima. Structural Optimization Bd. 16 (1998) Nr. 1, S. 68–75.

[173] Nomura, T.; Dede, E. M.; Matsumori, T.; Kawamoto, A.: Simultaneous Optimization of Topology and Orientation of Anisotropic Material using Isoparametric Projection Method. In: Qing Li, Grant P. Steven and Zhongpu (Leo) Zhang (Eds) (Hrsg.): Proceedings of the 11th World Congress on Structural and Multidisciplinary Optimization. 07.06.2015 - 12.06.2015, Sydney, 2015, S. 728–733.

[174] Nomura, T.; Dede, E. M.; Lee, J.; Yamasaki, S.; Matsumori, T.; Kawamoto, A.; Kikuchi, N.: General topology optimization method with continuous and discrete orientation design using isoparametric projection. International Journal for Numerical Methods in Engineering Bd. 101 (2015) Nr. 8, S. 571–605.

[175] Stegmann, J.; Lund, E.: Discrete material optimization of general composite shell structures. International Journal for Numerical Methods in Engineering Bd. 62 (2005) Nr. 62 // 14, S. 2009–2027.

[176] Zhou, K.; Li, X.: Topology optimization of structures under multiple load cases using a fiber-reinforced composite material model. Computational Mechanics Bd. 38 (2006) Nr. 2, S. 163–170.

[177] Bendsøe, M. P.; Díaz, A. R.; Lipton, R.; Taylor, J. E.: Optimal design of material properties and material distribution for multiple loading conditions. International Journal for Numerical Methods in Engineering Bd. 38 (1995) Nr. 7, S. 1149–1170.

[178] Wu, Z.; Sogabe, Y.; Arimitsu, Y.: A simple method for topology optimization using orthotropic material properties. In: 10th International Conference on Fracture: Proceedings. 02.-06.12.2001, Honolulu, 2001, Keine Seitenzahl.

[179] Harston, S.; Mattson, C.; Koecher, M.: A Topology Optimization Method with Anisotropic Materials. In: American Institute for Aeronautics and Astronautics (AIAA) (Hrsg.): 13th AIAA/ISSMO Multidisciplinary Analysis and Optimization Conference. 13.09.-15.09.2010, Fort Worth, Texas. Reston, Va.: AIAA, 2010, S. 1–8.

[180] Huang, X.; Zuo, Z. H.; Xie, Y. M.: Evolutionary topological optimization of vibrating continuum structures for natural frequencies. Computers & Structures Bd. 88 (2010) Nr. 5-6, S. 357–364.

[181] BAUMGARTNER, A.; HARZHEIM, L.; MATTHECK, C.: SKO (soft kill option): the biological way to find an optimum structure topology. International Journal of Fatigue Bd. 14 (1992) Nr. 6, S. 387–393.

[182] BAUMGARTNER, A.: Ein Verfahren zur Strukturoptimierung mechanisch belasteter Bauteile auf der Basis des Axioms konstanter Spannung. Fortschritt-Berichte VDI Reihe 18, Mechanik, Bruchmechanik. 145. Als Ms. gedr, Düsseldorf: VDI-Verl., 1994.

[183] WALTHER, F.: Struktur- und Formoptimierung hochbelasteter Bauteile. Ein geschlossenes Konzept auf der Basis des Axioms konstanter Sapnnung. Fortschritt-Berichte VDI Reihe 18, Mechanik, Bruchmechanik. 146. Als Ms. gedr, Düsseldorf: VDI-Verl., 1994.

[184] GERHARDT, H.: Computersimulationen zum Wachstumsverhalten und zur Bruchmechanik von Bäumen. Fortschritt-Berichte / VDI Reihe 18, Mechanik, Bruchmechanik. Nr. 149. Als Ms. gedr, Düsseldorf: VDI-Verl., 1994.

[185] TOVAR, A.: Bone remodeling as a hybrid cellular automaton optimization process. Thesis, Indiana University-Purdue University Indianapolis, January 2004.

[186] TOVAR, A.; QUEVEDO, W. I.; PATEL, N. M.; RENAUD, J. E.: Hybrid cellular automata with local control rules: a new approach to topology optimization inspired by bone functional adaptation. In: Jose Herskovits, Sandro Mazorche, Alfredo Canelas (Eds.) (Hrsg.): Proceedings of the 6th World Congress on Structural and Multidisciplinary Optimization. 30.05.-03.06.2005, Rio de Janeiro, 2005, S. 1–11.

[187] DUDDECK, F.; HUNKELER, S.; LOZANO, P.; WEHRLE, E.; ZENG, D.: Topology optimization for crashworthiness of thin-walled structures under axial impact using hybrid cellular automata. Structural and Multidisciplinary Optimization Bd. 54 (2016) Nr. 3, S. 415–428.

[188] MATTHECK, C.; TESARI, I.: Design in nature. Development and application of computer techniques to environmental studies VII. 4 // 41, Southampton UK, Boston: WIT Press; WIT, 2000.

[189] REUSCHEL, D.; MATTHECK, C.: Optimization of fiber arrangement with CAIO (computer aided internal optimization) and

application to tensile samples. Transactions of the Built Environment (1999) Nr. 37, S. 247–255.

[190] KRIECHBAUM, R.: Ein Verfahren zur Optimierung der Faserverläufe in Verbundwerkstoffen durch Minimierung der Schubspannungen nach Vorbildern der Natur. Dissertation, Univerität Karlsruhe (TH), Oktober 1994.

[191] SPICKENHEUER, A.: Zur fertigungsgerechten Auslegung von Faser-Kunststoff-Verbundbauteilen für den extremen Leichtbau auf Basis des variabelaxialen Fadenablageverfahrens Tailored Fiber Placement, Technische Universität Dresden, 05.06.2014.

[192] KLEIN, D.: Ein simulationsbasierter Ansatz für die beanspruchungsgerechte Auslegung endlosfaserverstärkter Faserverbundstrukturen. Dissertation, Friedrich-Alexander-Universität Erlangen-Nürnberg, 2017.

[193] TANSKANEN, P.: The evolutionary structural optimization method: theoretical aspects. Computer Methods in Applied Mechanics and Engineering Bd. 191 (2002) Nr. 47-48, S. 5485–5498.

[194] MICHELL, A.G.M.: LVIII. The limits of economy of material in frame-structures. Philosophical Magazine Bd. 8 (1904) Nr. 47, S. 589–597.

[195] MAUTE, K.; RAMM, E.: Adaptive topology optimization. Structural Optimization Bd. 10 (1995) Nr. 2, S. 100–112.

[196] FU, J.; HUANG, J.; LIU, J.: Topology Optimization With Selective Problem Setups. IEEE Access Bd. 7 (2019), S. 180846–180855.

[197] Charles Dapogny, Rafael Estevez, Alexis Faure, Georgios Michailidis: Shape and topology optimization considering anisotropic features induced by additive manufacturing processes (2018).

[198] LIU, J.; MA, Y.; QURESHI, A. J.; AHMAD, R.: Light-weight shape and topology optimization with hybrid deposition path planning for FDM parts. The International Journal of Advanced Manufacturing Technology Bd. 97 (2018) Nr. 1-4, S. 1123–1135.

[199] R. HOGLUND, D. S.: Continuous Fiber Angle Topology Optimization for Polymer Fused Filament Fabrication (2016).

[200] VILLALPANDO, L.; EILIAT, H.; URBANIC, R. J.: An Optimization Approach for Components Built by Fused Deposition Modeling

with Parametric Internal Structures. Procedia CIRP Bd. 17 (2014), S. 800–805.

[201] CLAUSEN, A.; AAGE, N.; SIGMUND, O.: Exploiting Additive Manufacturing Infill in Topology Optimization for Improved Buckling Load. Engineering Bd. 2 (2016) Nr. 2, S. 250–257.

[202] GARAIGORDOBIL, A.; ANSOLA, R.; SANTAMARÍA, J.; FERNÁNDEZ DE BUSTOS, I.: A new overhang constraint for topology optimization of self-supporting structures in additive manufacturing. Structural and Multidisciplinary Optimization Bd. 58 (2018) Nr. 5, S. 2003–2017.

[203] PELLENS, J.; LOMBAERT, G.; LAZAROV, B.; SCHEVENELS, M.: Combined length scale and overhang angle control in minimum compliance topology optimization for additive manufacturing. Structural and Multidisciplinary Optimization Bd. 59 (2019) Nr. 6, S. 2005–2022.

[204] KUO, Y.-H.; CHENG, C.-C.; LIN, Y.-S.; SAN, C.-H.: Support structure design in additive manufacturing based on topology optimization. Structural and Multidisciplinary Optimization Bd. 57 (2018) Nr. 1, S. 183–195.

[205] THORE, C.-J.; GRUNDSTRÖM, H. A.; TORSTENFELT, B.; KLARBRING, A.: Penalty regulation of overhang in topology optimization for additive manufacturing. Structural and Multidisciplinary Optimization Bd. 60 (2019) Nr. 1, S. 59–67.

[206] LEARY, M.; MERLI, L.; TORTI, F.; MAZUR, M.; BRANDT, M.: Optimal topology for additive manufacture: A method for enabling additive manufacture of support-free optimal structures. Materials & Design Bd. 63 (2014), S. 678–690.

[207] STANKOVIĆ, T.; MUELLER, J.; SHEA, K.: Optimization for Anisotropy in Additively Manufactured Lattice Structures. In: ASME Digital Collection (Hrsg.): International Design Engineering Technical Conferences & Computers and Information in Engineering Conference, 2016, online.

[208] SABISTON, G.; KIM, I. Y.: 3D topology optimization for cost and time minimization in additive manufacturing. Structural and Multidisciplinary Optimization Bd. 61 (2020) Nr. 2, S. 731–748.

[209] JANKOVICS, D.: Customized Topology Optimization for Additive Manufacturing. Masterthesis, Ontario Tech University, 2019.

[210] TROMME, E.; KAWAMOTO, A.; GUEST, J. K.: Topology optimization based on reduction methods with applications to multiscale design and additive manufacturing. Frontiers of Mechanical Engineering Bd. 15 (2020) Nr. 1, S. 151–165.

[211] BERRIO BERNAL, J. D.; SILVA, E. C. N.; MONTEALEGRE RUBIO, W.: Characterization of effective Young's modulus for Fused Deposition Modeling manufactured topology optimization designs. The International Journal of Advanced Manufacturing Technology Bd. 103 (2019) Nr. 5-8, S. 2879–2892.

[212] GAYNOR, A. T.; GUEST, J. K.: Topology optimization considering overhang constraints: Eliminating sacrificial support material in additive manufacturing through design. Structural and Multidisciplinary Optimization Bd. 54 (2016) Nr. 5, S. 1157–1172.

[213] YANG, Y.; FUH, J. Y. H.; LOH, H. T.; WONG, Y. S.: Multi-orientational deposition to minimize support in the layered manufacturing process. Journal of Manufacturing Systems Bd. 22 (2003) Nr. 2, S. 116–129.

[214] COUPEK, D.; FRIEDRICH, J.; BATTRAN, D.; RIEDEL, O.: Reduction of Support Structures and Building Time by Optimized Path Planning Algorithms in Multi-axis Additive Manufacturing. Procedia CIRP Bd. 67 (2018), S. 221–226.

[215] LIU, J.; TO, A. C.: Deposition path planning-integrated structural topology optimization for 3D additive manufacturing subject to self-support constraint. Computer-Aided Design Bd. 91 (2017), S. 27–45.

[216] ZHOU, Y.; NOMURA, T.; SAITOU, K.: Anisotropic Multicomponent Topology Optimization for Additive Manufacturing With Build Orientation Design and Stress-Constrained Interfaces. https://arxiv.org/abs/1911.10393 (2019).

[217] CHIU, L. N.S.; ROLFE, B.; WU, X.; YAN, W.: Effect of stiffness anisotropy on topology optimisation of additively manufactured structures. Engineering Structures Bd. 171 (2018), S. 842–848.

[218] CHAKRABARTI, A.: A course for teaching design research methodology. Artificial Intelligence for Engineering Design, Analysis and Manufacturing Bd. 24 (2010) Nr. 3, S. 317–334.

[219] WU, W.; GENG, P.; LI, G.; Di Zhao; ZHANG, H.; ZHAO, J.: Influence of Layer Thickness and Raster Angle on the Mechanical Properties

of 3D-Printed PEEK and a Comparative Mechanical Study between PEEK and ABS. Materials (Basel, Switzerland) Bd. 8 (2015) Nr. 9, S. 5834–5846.

[220] HERNANDEZ, R.; SLAUGHTER, D.; WHALEY, D.; TATE, J.; ASIABANPOUR, B.: Analyzing the Tensile, Compressive, and Flexural Properties of 3D Printed ABS P430 Plastic Based on Printing Orientation Using Fused Deposition Modeling. In: BOURELL, D. L. et al. (Hrsg.): Solid Freeform Fabrication 2016: Proceedings of the 27th Annual International Solid Freeform Fabrication Symposium, 2016, S. 939–950.

[221] DIVYATHEJ, M. V.; VARUN, M.; RAJEEV, P.: Analysis of mechanical behavior of 3D printed ABS parts by experiments. International Journal of Scientific & Engineering Research Bd. 7 (2016) Nr. 3, S. 116–124.

[222] LUO, J. H.; GEA, H. C.: Optimal orientation of orthotropic materials using an energy based method. Structural Optimization Bd. 15 (1998), S. 230–236.

[223] CHENG, G.; PEDERSEN, P.: On sufficiency conditions for optimal design based on extremum principles of mechanics. Journal of the Mechanics and Physics of Solids Bd. 45 (1997) Nr. 1, S. 135–150.

[224] DUTY, C. E.; KUNC, V.; COMPTON, B.; POST, B.; ERDMAN, D.; SMITH, R.; LIND, R.; LLOYD, P.; LOVE, L.: Structure and mechanical behavior of Big Area Additive Manufacturing (BAAM) materials. Rapid Prototyping Journal Bd. 23 (2017) Nr. 1, S. 181–189.

[225] HILL, C.; ROWE, K.; BEDSOLE, R.; Earle, J., Kunc, V.: Materials and process development for direct digital manufacturing of vehicles. In: Society for the Advancement of Material and Process Engineering (Hrsg.): SAMPE Conf Proc. May 23-26, 2016, Long Beach, CA, 2016.

[226] RÖSLER, J.; HARDERS, H.; BÄKER, M.: Mechanisches Verhalten der Werkstoffe. 5., aktualisierte und erweiterte Auflage, Wiesbaden: Springer Vieweg, 2016.

[227] PEDERSEN, P.: On optimal shapes in materials and structures. Structural and Multidisciplinary Optimization Bd. 19 (2000) Nr. 3, S. 169–182.

[228] PEDERSEN, P. (1998): Some general optimal design results using anisotropic, power law nonlinear elasticity. In: *Structural Optimization Bd.* 15 (2), S. 73–80. DOI: 10.1007/BF01278492.

[229] EDELSBRUNNER, H.; KIRKPATRICK, D.; SEIDEL, R.: On the shape of a set of points in the plane. IEEE Transactions on Information Theory Bd. 29 (1983) Nr. 4, S. 551–559.

[230] MENDELA-ANZLIK, M.; BORKOWSKI, A.: Verification and Updating of the Database of Topographic Objects with Geometric Information About Buildings by Means of Airborne Laser Scanning Data. Reports on Geodesy and Geoinformatics Bd. 103 (2017) Nr. 1, S. 22–37.

[231] THE MATHWORKS, I. (2020): MATLAB. Version R2018a: The MathWorks, Inc. URL: https://de.mathworks.com/. Abgerufen am: 16.03.2020.

[232] Ultimaker B.V.: Slicing. Triangles to Lines, in GitHub / CuraEngine. URL: https://github.com/Ultimaker/CuraEngine/blob/master/docs/slicing.md. Abgerufen am: 28.05.2021.

[233] GAN, G.; MA, C.; WU, J.: Data Clustering: Theory, Algorithms, and Applications: Society for Industrial and Applied Mathematics, 2007.

[234] XU, R.; WUNSCH, D.: Survey of clustering algorithms. IEEE transactions on neural networks Bd. 16 (2005) Nr. 3, S. 645–678.

[235] ARTHUR, D.; VASSILVITSKII, S.: k-means++: The Advantages Of Careful Seeding. In: Society for Industrial and Applied Mathematics (Hrsg.): SODA '07: Proceedings of the eighteenth annual ACM-SIAM symposium on Discrete algorithms, New Orleans, LA, January 7-9, 2007 00. New York: ACM, 2007, S. 1027–1035.

[236] MACQUEEN, J.: Some methods for classification and analysis of multivariate observations. In: LE CAM, L. M.; NEYMAN, J. (Hrsg.): Proceedings of 5th Berkeley Symposium on Mathematical Statistics and Probability. Volume 1: Statistics. Berkeley, Calif., 1967, S. 281–297.

[237] ROUSSEEUW, P. J.: Silhouettes: A graphical aid to the interpretation and validation of cluster analysis. Journal of Computational and Applied Mathematics Bd. 20 (1987), S. 53–65.

[238] BELLINI, A.; GÜÇERI, S.: Mechanical characterization of parts fabricated using fused deposition modeling. Rapid Prototyping Journal Bd. 9 (2003) Nr. 4, S. 252–264.

[239] BARROT, C.: Prognosegütemaße. In: ALBERS, S. (Hrsg.): Methodik der empirischen Forschung. Wiesbaden: Springer Fachmedien, 2007, S. 417–430.

[240] KLEIN, B.: Leichtbau-Konstruktion. Berechnungsgrundlagen und Gestaltung ; mit Tabellen sowie umfangreichen Übungsaufgaben zu allen Kapiteln des Lehrbuchs. Maschinenelemente und Konstruktion. 8., überarbeitete und erweiterte Auflage, Wiesbaden: Vieweg+Teubner Verlag / GWV Fachverlage GmbH Wiesbaden, 2009.

[241] WALBRUN, S.; WITZGALL, C.; WARTZACK, S.: A rapid CAE-based design method for modular hybrid truss structures. Design Science Bd. 5 (2019).

[242] AHN, S.-H.; MONTERO, M.; ODELL, D.; ROUNDY, S.; WRIGHT, P. K.: Anisotropic material properties of fused deposition modeling ABS. Rapid Prototyping Journal Bd. 8 (2002) Nr. 4, S. 248–257.

[243] KIEF, H. B.; ROSCHIWAL, H. A.; SCHWARZ, K.: CNC-Handbuch. CNC, DNC, CAD, CAM, FFS, SPS, RPD, LAN, CNC-Maschinen, CNC-Roboter, Antriebe, Energieeffizienz, Werkzeuge, Industrie 4.0, Fertigungstechnik, Richtlinien, Normen, Simulation, Fachwortverzeichnis. 30., überarbeitete Auflage, München: Hanser, 2017.

[244] FormFutura: Technical Data Sheet, CarbonFil. Version v3. Abgerufen am: 26.08.2020.

[245] SOOD, A. K.; OHDAR, R. K.; MAHAPATRA, S. S.: Experimental investigation and empirical modelling of FDM process for compressive strength improvement. Journal of Advanced Research Bd. 3 (2012) Nr. 1, S. 81–90.

[246] CANTRELL, J. T. et al.: Experimental characterization of the mechanical properties of 3D-printed ABS and polycarbonate parts. Rapid Prototyping Journal Bd. 23 (2017) Nr. 4, S. 811–824.

[247] BRENKEN, B.; BAROCIO, E.; FAVALORO, A.; KUNC, V.; PIPES, R. B.: Fused filament fabrication of fiber-reinforced polymers: A review. Additive Manufacturing Bd. 21 (2018), S. 1–16.

[248] MARKFORGED, I.: Material Datasheet Composites. URL: http://static.markforged.com/markforged_composites_datasheet.pdf. Abgerufen am: 30.12.2019.

[249] GEA, H. C.; LUO, J. H.: On the stress-based and strain-based methods for predicting optimal orientation of orthotropic materials. Structural and Multidisciplinary Optimization Bd. 26 (2004) Nr. 3-4, S. 229–234.

Verzeichnis promotionsbezogener, eigener Publikationen

[P1] Völkl, H.; Wartzack, S. (2021): Systematic development of load-path dependent FLM-FRP lightweight structures. In: Design Science (7), S. 1–35. DOI: 10.1017/dsj.2021.9.

[P2] Völkl, H.; Steck, P.; Franz, M.; Wartzack, S. (2020): Kraftflussgerechte Fused Layer Modeling-Strukturen mit kurzfaserverstärktem Filament. In: *Konstruktion* (10), S. 76–82.

[P3] Voelkl, H.; Franz, M.; Klein, D.; Wartzack, S. (2020): Computer Aided Internal Optimisation (CAIO) method for fibre trajectory optimisation: A deep dive to enhance applicability. In: Des. Sci. 6, S. 1. DOI: 10.1017/dsj.2020.1.

[P4] Völkl, H.; Mayer, J.; Wartzack, S. (2020): *Strukturmechanische Simulation additiv im FFF-Verfahren gefertigter Bauteile*. In: Roland Lachmayer, Katharina Rettschlag und Stefan Kaierle (Hg.): Konstruktion für die Additive Fertigung 2019. 1st ed. 2020. Berlin, Heidelberg: Springer Berlin Heidelberg; Springer Vieweg, S. 143–157.

[P5] Jäger, M., Völkl, H.; Wartzack, S. (2020): Konzept einer CAE-Methode zur systematischen Auslegung beanspruchungsgerechter, kurzfaserverstärkter AM-Fachwerksknoten für hochoptimierte Fachwerke. In: Proceedings of the 31st Symposium Design for X (DFX2020). 31st Symposium Design for X. Virtuell, 16.-17.09.2020, S. 131–140.

[P6] Voelkl, H.; Kießkalt, A.; Wartzack, S. (2019): Design for Composites: Derivation of Manufacturable Geometries for Unidirectional Tape Laying. In: Proc. Int. Conf. Eng. Des. 1 (1), S. 2687–2696. DOI: 10.1017/dsi.2019.275.

[P7] Voelkl, H.; Wartzack, S. (2018): *Design for composites: Tailor-made, bio-inspired topology optimization for fiber-reinforced plastics*. In: Dorian Marjanović, M. Štorga, S. Škec, N. Bojčetić und N. Pavković (Hg.): Design 2018. Proceedings of the 15th International Design Conference, May 2018, Dubrovnik, Croatia. International Design Conference. Zagreb: Fac. of Mechanical Engineering and Naval Architecture Univ (DS / Design Society, 92), S. 499–510.

[P8] Völkl, H.; Klein, D.; Franz, M.; Wartzack, S. (2018): *An efficient bionic topology optimization method for transversely isotropic materials*. In: *Composite Structures* 204, S. 359–367. DOI: 10.1016/j.compstruct.2018.07.079.

[P9] Völkl, H.; Franz, M.; Wartzack, S. (2018): *Computer Aided Internal Optimization (CAIO) method for fiber trajectory optimization: enhancing applicability*. In: P. Ermanni, M. Meboldt, S. Wartzack, D. Krause und M. Zogg (Hg.): Book of Abstracts. Symposium Lightweight Design in Product Development. 1st Symposium for Lightweight Design and Product Development. Zurich, Switzerland, 13.06.-15.06.2018.

[P10] Voelkl, H.; Wartzack, S. (2018): *Design for composites: Tailor-made, bio-inspired topology optimization for fiber-reinforced plastics.* In: Dorian Marjanović, M. Štorga, S. Škec, N. Bojčetić und N. Pavković (Hg.): Design 2018. Proceedings of the 15th International Design Conference, May 2018, Dubrovnik, Croatia. International Design Conference. Zagreb: Fac. of Mechanical Engineering and Naval Architecture Univ (DS / Design Society, 92), S. 499–510.

[P11] Völkl, H.; Franz, M.; Wartzack, S. (2017): Topologieoptimierung mit transversal isotropem Materialmodell - Produktentwickler auf der Suche nach der optimalen Geometrie für Faser-Kunststoff-Verbunde. In: D. Krause, K. Paetzold und S. Wartzack (Hg.): Design for X. Beiträge zum 28. DfX-Symposium. 28. DfX-Symposium. Bamberg, 10.04.2017-10.05.2017. Hamburg: TUTECH Verlag, S. 203–214.

Verzeichnis promotionsbezogener, studentischer Arbeiten

[S1] Franz, M.: Grundlegende Untersuchung und Erweiterung eines Ansatzes zur Topologieoptimierung mit transversal isotropem Materialmodell. Masterarbeit (2017), Erlangen

[S2] Mayer, J.: Konzeptionierung und Implementierung eines Vorgehens zur strukturmechanischen Simulation additiv gefertigter Bauteile, Masterarbeit (2019), Erlangen

[S3] Steck, P.: Empirische Topologieoptimierung mit transversal isotropem Materialmodell: Benchmarks und Detailanalysen. Bachelorarbeit (2017), Erlangen

[S4] Steck, P.: Konzeption und Implementierung eines rechnergestützten Verfahrens zur Generierung lastoptimierter 3D-Druckpfade. Projektarbeit (2018), Erlangen

[S5] Jäger, S.: Optimierung und Plausibilisierung eines Ansatzes zur anisotropen Topologieoptimierung. Projektarbeit (2016), Erlangen

[S6] Kießkalt, A.: Ein Ansatz zur optimierten Auslegung und KNN-basierten Bewertung für UD-Tape-Laying. Masterarbeit (2018), Erlangen

[S7] Flock, M.: Evaluierung verschiedener FKV-Fertigungsverfahren und Erweiterung eines Auslegungsansatzes für beanspruchungsgerechte Faserverbundstrukturen. Bachelorarbeit (2018), Erlangen

[S8] Hinrichsen, J.: Erweiterung eines Algorithmus zur Topologieoptimierung für transversal isotrope Materialien um Mehrschichtoptimierung. Projektarbeit (2019), Erlangen

[S9] Schade, R.: Evaluierung verschiedener Maßnahmen zur Effizienz- und Qualitätssteigerung bei der additiven Fertigung strukturoptimierter Bauteile. Bachelorarbeit (2019), Erlangen

[S10] Janousek, M.: Evaluierung und Erweiterung eines neuen Ansatzes zur Auslegung kraftflussgerechter FLM-Bauteile anhand eines Getriebegehäuse. Bachelorarbeit (2019), Erlangen

[S11] Beckstein, F.: Strukturmechanische Simulation von im FLM-Verfahren gefertigten Bauteilen: Systematische Entwicklung von Demonstratoren. Projektarbeit (2020), Erlangen

[S12] Kirchberger, T.: Recherche, Evaluierung und Implementierung von Festigkeitskriterien für die strukturmechanische Simulation von Fused Filament Fabrication-Bauteilen. Projektarbeit (2020), Erlangen

[S13] Schubert, S.: Evaluierung von Verfahren für die strukturmechanische Berechnung und Simulation von kurzfaserverstärkten FLM-Bauteilen. Projektarbeit (2020), Erlangen

[S14] Buchner, P.: Benchmark und Optimierung von Algorithmen zur Generierung und Sortierung von FLM-Extrusionspfaden. Bachelorarbeit (2020), Erlangen

[S15] Büttner, F.: Benchmarking und Erweiterung eines Design for Additive Manufacturing-Ansatzes für Leichtbau-Faserverbundstrukturen. Masterarbeit (2021), Erlangen

[S16] Völkl, H.: Evaluierung unterschiedlicher Clusteralgorithmen zur Berechnung von Mattengeometrien für endlosfaserverstärkte Kompositbauteile. Projektarbeit (2015), Erlangen

Reihenübersicht

Koordination der Reihe (Stand 2022):
Geschäftsstelle Maschinenbau, Dr.-Ing. Oliver Kreis, www.mb.fau.de/diss/

Im Rahmen der Reihe sind bisher die nachfolgenden Bände erschienen.

Band 1 – 52
Fertigungstechnik – Erlangen
ISSN 1431-6226
Carl Hanser Verlag, München

Band 53 – 307
Fertigungstechnik – Erlangen
ISSN 1431-6226
Meisenbach Verlag, Bamberg

ab Band 308
FAU Studien aus dem Maschinenbau
ISSN 2625-9974
FAU University Press, Erlangen

Die Zugehörigkeit zu den jeweiligen Lehrstühlen ist wie folgt gekennzeichnet:

Lehrstühle:

FAPS	Lehrstuhl für Fertigungsautomatisierung und Produktionssystematik
FMT	Lehrstuhl für Fertigungsmesstechnik
KTmfk	Lehrstuhl für Konstruktionstechnik
LFT	Lehrstuhl für Fertigungstechnologie
LPT	Lehrstuhl für Photonische Technologien
REP	Lehrstuhl für Ressourcen- und Energieeffiziente Produktionsmaschinen

Band 1: Andreas Hemberger
Innovationspotentiale in der rechnerintegrierten Produktion durch wissensbasierte Systeme
FAPS, 208 Seiten, 107 Bilder. 1988.
ISBN 3-446-15234-2.

Band 2: Detlef Classe
Beitrag zur Steigerung der Flexibilität automatisierter Montagesysteme durch Sensorintegration und erweiterte Steuerungskonzepte
FAPS, 194 Seiten, 70 Bilder. 1988.
ISBN 3-446-15529-5.

Band 3: Friedrich-Wilhelm Nolting
Projektierung von Montagesystemen
FAPS, 201 Seiten, 107 Bilder, 1 Tab. 1989.
ISBN 3-446-15541-4.

Band 4: Karsten Schlüter
Nutzungsgradsteigerung von Montagesystemen durch den Einsatz der Simulationstechnik
FAPS, 177 Seiten, 97 Bilder. 1989.
ISBN 3-446-15542-2.

Band 5: Shir-Kuan Lin
Aufbau von Modellen zur Lageregelung von Industrierobotern
FAPS, 168 Seiten, 46 Bilder. 1989.
ISBN 3-446-15546-5.

Band 6: Rudolf Nuss
Untersuchungen zur Bearbeitungsqualität im Fertigungssystem Laserstrahlschneiden
LFT, 206 Seiten, 115 Bilder, 6 Tab. 1989.
ISBN 3-446-15783-2.

Band 7: Wolfgang Scholz
Modell zur datenbankgestützten Planung automatisierter Montageanlagen
FAPS, 194 Seiten, 89 Bilder. 1989.
ISBN 3-446-15825-1.

Band 8: Hans-Jürgen Wißmeier
Beitrag zur Beurteilung des Bruchverhaltens von Hartmetall-Fließpreßmatrizen
LFT, 179 Seiten, 99 Bilder, 9 Tab. 1989.
ISBN 3-446-15921-5.

Band 9: Rainer Eisele
Konzeption und Wirtschaftlichkeit von Planungssystemen in der Produktion
FAPS, 183 Seiten, 86 Bilder. 1990.
ISBN 3-446-16107-4.

Band 10: Rolf Pfeiffer
Technologisch orientierte Montageplanung am Beispiel der Schraubtechnik
FAPS, 216 Seiten, 102 Bilder, 16 Tab. 1990.
ISBN 3-446-16161-9.

Band 11: Herbert Fischer
Verteilte Planungssysteme zur Flexibilitätssteigerung der rechnerintegrierten Teilefertigung
FAPS, 201 Seiten, 82 Bilder. 1990.
ISBN 3-446-16105-8.

Band 12: Gerhard Kleineidam
CAD/CAP: Rechnergestützte Montagefeinplanung
FAPS, 203 Seiten, 107 Bilder. 1990.
ISBN 3-446-16112-0.

Band 13: Frank Vollertsen
Pulvermetallurgische Verarbeitung eines übereutektoiden verschleißfesten Stahls
LFT, XIII u. 217 Seiten, 67 Bilder, 34 Tab. 1990. ISBN 3-446-16133-3.

Band 14: Stephan Biermann
Untersuchungen zur Anlagen- und Prozeßdiagnostik für das Schneiden mit CO2-Hochleistungslasern
LFT, VIII u. 170 Seiten, 93 Bilder, 4 Tab. 1991. ISBN 3-446-16269-0.

Band 15: Uwe Geißler
Material- und Datenfluß in einer flexiblen Blechbearbeitungszelle
LFT, 124 Seiten, 41 Bilder, 7 Tab. 1991. ISBN 3-446-16358-1.

Band 16: Frank Oswald Hake
Entwicklung eines rechnergestützten Diagnosesystems für automatisierte Montagezellen
FAPS, XIV u. 166 Seiten, 77 Bilder. 1991. ISBN 3-446-16428-6.

Band 17: Herbert Reichel
Optimierung der Werkzeugbereitstellung durch rechnergestützte Arbeitsfolgenbestimmung
FAPS, 198 Seiten, 73 Bilder, 2 Tab. 1991. ISBN 3-446-16453-7.

Band 18: Josef Scheller
Modellierung und Einsatz von Softwaresystemen für rechnergeführte Montagezellen
FAPS, 198 Seiten, 65 Bilder. 1991. ISBN 3-446-16454-5.

Band 19: Arnold vom Ende
Untersuchungen zum Biegeumforme mit elastischer Matrize
LFT, 166 Seiten, 55 Bilder, 13 Tab. 1991. ISBN 3-446-16493-6.

Band 20: Joachim Schmid
Beitrag zum automatisierten Bearbeiten von Keramikguß mit Industrierobotern
FAPS, XIV u. 176 Seiten, 111 Bilder, 6 Tab. 1991. ISBN 3-446-16560-6.

Band 21: Egon Sommer
Multiprozessorsteuerung für kooperierende Industrieroboter in Montagezellen
FAPS, 188 Seiten, 102 Bilder. 1991. ISBN 3-446-17062-6.

Band 22: Georg Geyer
Entwicklung problemspezifischer Verfahrensketten in der Montage
FAPS, 192 Seiten, 112 Bilder. 1991. ISBN 3-446-16552-5.

Band 23: Rainer Flohr
Beitrag zur optimalen Verbindungstechnik in der Oberflächenmontage (SMT)
FAPS, 186 Seiten, 79 Bilder. 1991. ISBN 3-446-16568-1.

Band 24: Alfons Rief
Untersuchungen zur Verfahrensfolge Laserstrahlschneiden und -schweißen in der Rohkarosseriefertigung
LFT, VI u. 145 Seiten, 58 Bilder, 5 Tab. 1991. ISBN 3-446-16593-2.

Band 25: Christoph Thim
Rechnerunterstützte Optimierung von Materialflußstrukturen in der Elektronikmontage durch Simulation
FAPS, 188 Seiten, 74 Bilder. 1992.
ISBN 3-446-17118-5.

Band 26: Roland Müller
CO2 -Laserstrahlschneiden von kurzglasverstärkten Verbundwerkstoffen
LFT, 141 Seiten, 107 Bilder, 4 Tab. 1992.
ISBN 3-446-17104-5.

Band 27: Günther Schäfer
Integrierte Informationsverarbeitung bei der Montageplanung
FAPS, 195 Seiten, 76 Bilder. 1992.
ISBN 3-446-17117-7.

Band 28: Martin Hoffmann
Entwicklung einer CAD/CAM-Prozeßkette für die Herstellung von Blechbiegeteilen
LFT, 149 Seiten, 89 Bilder. 1992.
ISBN 3-446-17154-1.

Band 29: Peter Hoffmann
Verfahrensfolge Laserstrahlschneiden und -schweißen: Prozeßführung und Systemtechnik in der 3D-Laserstrahlbearbeitung von Blechformteilen
LFT, 186 Seiten, 92 Bilder, 10 Tab. 1992.
ISBN 3-446-17153-3.

Band 30: Olaf Schrödel
Flexible Werkstattsteuerung mit objektorientierten Softwarestrukturen
FAPS, 180 Seiten, 84 Bilder. 1992.
ISBN 3-446-17242-4.

Band 31: Hubert Reinisch
Planungs- und Steuerungswerkzeuge zur impliziten Geräteprogrammierung in Roboterzellen
FAPS, XI u. 212 Seiten, 112 Bilder. 1992.
ISBN 3-446-17380-3.

Band 32: Brigitte Bärnreuther
Ein Beitrag zur Bewertung des Kommunikationsverhaltens von Automatisierungsgeräten in flexiblen Produktionszellen
FAPS, XI u. 179 Seiten, 71 Bilder. 1992.
ISBN 3-446-17451-6.

Band 33: Joachim Hutfless
Laserstrahlregelung und Optikdiagnostik in der Strahlführung einer CO2-Hochleistungslaseranlage
LFT, 175 Seiten, 70 Bilder, 17 Tab. 1993.
ISBN 3-446-17532-6.

Band 34: Uwe Günzel
Entwicklung und Einsatz eines Simulationsverfahrens für operative und strategische Probleme der Produktionsplanung und -steuerung
FAPS, XIV u. 170 Seiten, 66 Bilder, 5 Tab. 1993. ISBN 3-446-17604-7.

Band 35: Bertram Ehmann
Operatives Fertigungscontrolling durch Optimierung auftragsbezogener Bearbeitungsabläufe in der Elektronikfertigung
FAPS, XV u. 167 Seiten, 114 Bilder. 1993.
ISBN 3-446-17658-6.

Band 36: Harald Kolléra
Entwicklung eines benutzerorientierten Werkstattprogrammiersystems für das Laserstrahlschneiden
LFT, 129 Seiten, 66 Bilder, 1 Tab. 1993.
ISBN 3-446-17719-1.

Band 37: Stephanie Abels
Modellierung und Optimierung von Montageanlagen in einem integrierten Simulationssystem
FAPS, 188 Seiten, 88 Bilder. 1993.
ISBN 3-446-17731-0.

Band 38: Robert Schmidt-Hebbel
Laserstrahlbohren durchflußbestimmender Durchgangslöcher
LFT, 145 Seiten, 63 Bilder, 11 Tab. 1993.
ISBN 3-446-17778-7.

Band 39: Norbert Lutz
Oberflächenfeinbearbeitung keramischer Werkstoffe mit XeCl-Excimerlaserstrahlung
LFT, 187 Seiten, 98 Bilder, 29 Tab. 1994.
ISBN 3-446-17970-4.

Band 40: Konrad Grampp
Rechnerunterstützung bei Test und Schulung an Steuerungssoftware von SMD-Bestücklinien
FAPS, 178 Seiten, 88 Bilder. 1995.
ISBN 3-446-18173-3.

Band 41: Martin Koch
Wissensbasierte Unterstützung der Angebotsbearbeitung in der Investitionsgüterindustrie
FAPS, 169 Seiten, 68 Bilder. 1995.
ISBN 3-446-18174-1.

Band 42: Armin Gropp
Anlagen- und Prozeßdiagnostik beim Schneiden mit einem gepulsten Nd:YAG-Laser
LFT, 160 Seiten, 88 Bilder, 7 Tab. 1995.
ISBN 3-446-18241-1.

Band 43: Werner Heckel
Optische 3D-Konturerfassung und on-line Biegewinkelmessung mit dem Lichtschnittverfahren
LFT, 149 Seiten, 43 Bilder, 11 Tab. 1995.
ISBN 3-446-18243-8.

Band 44: Armin Rothhaupt
Modulares Planungssystem zur Optimierung der Elektronikfertigung
FAPS, 180 Seiten, 101 Bilder. 1995.
ISBN 3-446-18307-8.

Band 45: Bernd Zöllner
Adaptive Diagnose in der Elektronikproduktion
FAPS, 195 Seiten, 74 Bilder, 3 Tab. 1995.
ISBN 3-446-18308-6.

Band 46: Bodo Vormann
Beitrag zur automatisierten Handhabungsplanung komplexer Blechbiegeteile
LFT, 126 Seiten, 89 Bilder, 3 Tab. 1995.
ISBN 3-446-18345-0.

Band 47: Peter Schnepf
Zielkostenorientierte Montageplanung
FAPS, 144 Seiten, 75 Bilder. 1995.
ISBN 3-446-18397-3.

Band 48: Rainer Klotzbücher
Konzept zur rechnerintegrierten Materialversorgung in flexiblen Fertigungssystemen
FAPS, 156 Seiten, 62 Bilder. 1995.
ISBN 3-446-18412-0.

Band 49: Wolfgang Greska
Wissensbasierte Analyse und Klassifizierung von Blechteilen
LFT, 144 Seiten, 96 Bilder. 1995.
ISBN 3-446-18462-7.

Band 50: Jörg Franke
Integrierte Entwicklung neuer Produkt- und Produktionstechnologien für räumliche spritzgegossene Schaltungsträger (3-D MID)
FAPS, 196 Seiten, 86 Bilder, 4 Tab. 1995.
ISBN 3-446-18448-1.

Band 51: Franz-Josef Zeller
Sensorplanung und schnelle Sensorregelung für Industrieroboter
FAPS, 190 Seiten, 102 Bilder, 9 Tab. 1995.
ISBN 3-446-18601-8.

Band 52: Michael Solvie
Zeitbehandlung und Multimedia-Unterstützung in Feldkommunikationssystemen
FAPS, 200 Seiten, 87 Bilder, 35 Tab. 1996.
ISBN 3-446-18607-7.

Band 53: Robert Hopperdietzel
Reengineering in der Elektro- und Elektronikindustrie
FAPS, 180 Seiten, 109 Bilder, 1 Tab. 1996.
ISBN 3-87525-070-2.

Band 54: Thomas Rebhahn
Beitrag zur Mikromaterialbearbeitung mit Excimerlasern - Systemkomponenten und Verfahrensoptimierungen
LFT, 148 Seiten, 61 Bilder, 10 Tab. 1996.
ISBN 3-87525-075-3.

Band 55: Henning Hanebuth
Laserstrahlhartlöten mit Zweistrahltechnik
LFT, 157 Seiten, 58 Bilder, 11 Tab. 1996.
ISBN 3-87525-074-5.

Band 56: Uwe Schönherr
Steuerung und Sensordatenintegration für flexible Fertigungszellen mit kooperierenden Robotern
FAPS, 188 Seiten, 116 Bilder, 3 Tab. 1996.
ISBN 3-87525-076-1.

Band 57: Stefan Holzer
Berührungslose Formgebung mit Laserstrahlung
LFT, 162 Seiten, 69 Bilder, 11 Tab. 1996.
ISBN 3-87525-079-6.

Band 58: Markus Schultz
Fertigungsqualität beim 3D-Laserstrahlschweißen von Blechformteilen
LFT, 165 Seiten, 88 Bilder, 9 Tab. 1997.
ISBN 3-87525-080-X.

Band 59: Thomas Krebs
Integration elektromechanischer CA-Anwendungen über einem STEP-Produktmodell
FAPS, 198 Seiten, 58 Bilder, 8 Tab. 1997.
ISBN 3-87525-081-8.

Band 60: Jürgen Sturm
Prozeßintegrierte Qualitätssicherung in der Elektronikproduktion
FAPS, 167 Seiten, 112 Bilder, 5 Tab. 1997.
ISBN 3-87525-082-6.

Band 61: Andreas Brand
Prozesse und Systeme zur Bestückung räumlicher elektronischer Baugruppen (3D-MID)
FAPS, 182 Seiten, 100 Bilder. 1997.
ISBN 3-87525-087-7.

Band 62: Michael Kauf
Regelung der Laserstrahlleistung und der Fokusparameter einer CO2-Hochleistungslaseranlage
LFT, 140 Seiten, 70 Bilder, 5 Tab. 1997.
ISBN 3-87525-083-4.

Band 63: Peter Steinwasser
Modulares Informationsmanagement in der integrierten Produkt- und Prozeßplanung
FAPS, 190 Seiten, 87 Bilder. 1997.
ISBN 3-87525-084-2.

Band 64: Georg Liedl
Integriertes Automatisierungskonzept für den flexiblen Materialfluß in der Elektronikproduktion
FAPS, 196 Seiten, 96 Bilder, 3 Tab. 1997.
ISBN 3-87525-086-9.

Band 65: Andreas Otto
Transiente Prozesse beim Laserstrahlschweißen
LFT, 132 Seiten, 62 Bilder, 1 Tab. 1997.
ISBN 3-87525-089-3.

Band 66: Wolfgang Blöchl
Erweiterte Informationsbereitstellung an offenen CNC-Steuerungen zur Prozeß- und Programmoptimierung
FAPS, 168 Seiten, 96 Bilder. 1997.
ISBN 3-87525-091-5.

Band 67: Klaus-Uwe Wolf
Verbesserte Prozeßführung und Prozeßplanung zur Leistungs- und Qualitätssteigerung beim Spulenwickeln
FAPS, 186 Seiten, 125 Bilder. 1997.
ISBN 3-87525-092-3.

Band 68: Frank Backes
Technologieorientierte Bahnplanung für die 3D-Laserstrahlbearbeitung
LFT, 138 Seiten, 71 Bilder, 2 Tab. 1997.
ISBN 3-87525-093-1.

Band 69: Jürgen Kraus
Laserstrahlumformen von Profilen
LFT, 137 Seiten, 72 Bilder, 8 Tab. 1997.
ISBN 3-87525-094-X.

Band 70: Norbert Neubauer
Adaptive Strahlführungen für CO2-Laseranlagen
LFT, 120 Seiten, 50 Bilder, 3 Tab. 1997.
ISBN 3-87525-095-8.

Band 71: Michael Steber
Prozeßoptimierter Betrieb flexibler Schraubstationen in der automatisierten Montage
FAPS, 168 Seiten, 78 Bilder, 3 Tab. 1997.
ISBN 3-87525-096-6.

Band 72: Markus Pfestorf
Funktionale 3D-Oberflächenkenngrößen in der Umformtechnik
LFT, 162 Seiten, 84 Bilder, 15 Tab. 1997.
ISBN 3-87525-097-4.

Band 73: Volker Franke
Integrierte Planung und Konstruktion von Werkzeugen für die Biegebearbeitung
LFT, 143 Seiten, 81 Bilder. 1998.
ISBN 3-87525-098-2.

Band 74: Herbert Scheller
Automatisierte Demontagesysteme und recyclinggerechte Produktgestaltung elektronischer Baugruppen
FAPS, 184 Seiten, 104 Bilder, 17 Tab. 1998.
ISBN 3-87525-099-0.

Band 75: Arthur Meßner
Kaltmassivumformung metallischer Kleinstteile – Werkstoffverhalten, Wirkflächenreibung, Prozeßauslegung
LFT, 164 Seiten, 92 Bilder, 14 Tab. 1998.
ISBN 3-87525-100-8.

Band 76: Mathias Glasmacher
Prozeß- und Systemtechnik zum Laserstrahl-Mikroschweißen
LFT, 184 Seiten, 104 Bilder, 12 Tab. 1998.
ISBN 3-87525-101-6.

Band 77: Michael Schwind
Zerstörungsfreie Ermittlung mechanischer Eigenschaften von Feinblechen mit dem Wirbelstromverfahren
LFT, 124 Seiten, 68 Bilder, 8 Tab. 1998.
ISBN 3-87525-102-4.

Band 78: Manfred Gerhard
Qualitätssteigerung in der Elektronikproduktion durch Optimierung der Prozeßführung beim Löten komplexer Baugruppen
FAPS, 179 Seiten, 113 Bilder, 7 Tab. 1998.
ISBN 3-87525-103-2.

Band 79: Elke Rauh
Methodische Einbindung der Simulation in die betrieblichen Planungs- und Entscheidungsabläufe
FAPS, 192 Seiten, 114 Bilder, 4 Tab. 1998.
ISBN 3-87525-104-0.

Band 80: Sorin Niederkorn
Meßeinrichtung zur Untersuchung der Wirkflächenreibung bei umformtechnischen Prozessen
LFT, 99 Seiten, 46 Bilder, 6 Tab. 1998.
ISBN 3-87525-105-9.

Band 81: Stefan Schuberth
Regelung der Fokuslage beim Schweißen mit CO2-Hochleistungslasern unter Einsatz von adaptiven Optiken
LFT, 140 Seiten, 64 Bilder, 3 Tab. 1998.
ISBN 3-87525-106-7.

Band 82: Armando Walter Colombo
Development and Implementation of Hierarchical Control Structures of Flexible Production Systems Using High Level Petri Nets
FAPS, 216 Seiten, 86 Bilder. 1998.
ISBN 3-87525-109-1.

Band 83: Otto Meedt
Effizienzsteigerung bei Demontage und Recycling durch flexible Demontagetechnologien und optimierte Produktgestaltung
FAPS, 186 Seiten, 103 Bilder. 1998.
ISBN 3-87525-108-3.

Band 84: Knuth Götz
Modelle und effiziente Modellbildung zur Qualitätssicherung in der Elektronikproduktion
FAPS, 212 Seiten, 129 Bilder, 24 Tab. 1998.
ISBN 3-87525-112-1.

Band 85: Ralf Luchs
Einsatzmöglichkeiten leitender Klebstoffe zur zuverlässigen Kontaktierung elektronischer Bauelemente in der SMT
FAPS, 176 Seiten, 126 Bilder, 30 Tab. 1998.
ISBN 3-87525-113-7.

Band 86: Frank Pöhlau
Entscheidungsgrundlagen zur Einführung räumlicher spritzgegossener Schaltungsträger (3-D MID)
FAPS, 144 Seiten, 99 Bilder. 1999.
ISBN 3-87525-114-8.

Band 87: Roland T. A. Kals
Fundamentals on the miniaturization of sheet metal working processes
LFT, 128 Seiten, 58 Bilder, 11 Tab. 1999.
ISBN 3-87525-115-6.

Band 88: Gerhard Luhn
Implizites Wissen und technisches Handeln am Beispiel der Elektronikproduktion
FAPS, 252 Seiten, 61 Bilder, 1 Tab. 1999.
ISBN 3-87525-116-4.

Band 89: Axel Sprenger
Adaptives Streckbiegen von Aluminium-Strangpreßprofilen
LFT, 114 Seiten, 63 Bilder, 4 Tab. 1999.
ISBN 3-87525-117-2.

Band 90: Hans-Jörg Pucher
Untersuchungen zur Prozeßfolge Umformen, Bestücken und Laserstrahllöten von Mikrokontakten
LFT, 158 Seiten, 69 Bilder, 9 Tab. 1999.
ISBN 3-87525-119-9.

Band 91: Horst Arnet
Profilbiegen mit kinematischer Gestalterzeugung
LFT, 128 Seiten, 67 Bilder, 7 Tab. 1999.
ISBN 3-87525-120-2.

Band 92: Doris Schubart
Prozeßmodellierung und Technologieentwicklung beim Abtragen mit CO_2-Laserstrahlung
LFT, 133 Seiten, 57 Bilder, 13 Tab. 1999.
ISBN 3-87525-122-9.

Band 93: Adrianus L. P. Coremans
Laserstrahlsintern von Metallpulver - Prozeßmodellierung, Systemtechnik, Eigenschaften laserstrahlgesinterter Metallkörper
LFT, 184 Seiten, 108 Bilder, 12 Tab. 1999.
ISBN 3-87525-124-5.

Band 94: Hans-Martin Biehler
Optimierungskonzepte für Qualitätsdatenverarbeitung und Informationsbereitstellung in der Elektronikfertigung
FAPS, 194 Seiten, 105 Bilder. 1999.
ISBN 3-87525-126-1.

Band 95: Wolfgang Becker
Oberflächenausbildung und tribologische Eigenschaften excimerlaserstrahlbearbeiteter Hochleistungskeramiken
LFT, 175 Seiten, 71 Bilder, 3 Tab. 1999.
ISBN 3-87525-127-X.

Band 96: Philipp Hein
Innenhochdruck-Umformen von Blechpaaren: Modellierung, Prozeßauslegung und Prozeßführung
LFT, 129 Seiten, 57 Bilder, 7 Tab. 1999.
ISBN 3-87525-128-8.

Band 97: Gunter Beitinger
Herstellungs- und Prüfverfahren für thermoplastische Schaltungsträger
FAPS, 169 Seiten, 92 Bilder, 20 Tab. 1999.
ISBN 3-87525-129-6.

Band 98: Jürgen Knoblach
Beitrag zur rechnerunterstützten verursachungsgerechten Angebotskalkulation von Blechteilen mit Hilfe wissensbasierter Methoden
LFT, 155 Seiten, 53 Bilder, 26 Tab. 1999.
ISBN 3-87525-130-X.

Band 99: Frank Breitenbach
Bildverarbeitungssystem zur Erfassung der Anschlußgeometrie elektronischer SMT-Bauelemente
LFT, 147 Seiten, 92 Bilder, 12 Tab. 2000.
ISBN 3-87525-131-8.

Band 100: Bernd Falk
Simulationsbasierte Lebensdauervorhersage für Werkzeuge der Kaltmassivumformung
LFT, 134 Seiten, 44 Bilder, 15 Tab. 2000.
ISBN 3-87525-136-9.

Band 101: Wolfgang Schlögl
Integriertes Simulationsdaten-Management für Maschinenentwicklung und Anlagenplanung
FAPS, 169 Seiten, 101 Bilder, 20 Tab. 2000.
ISBN 3-87525-137-7.

Band 102: Christian Hinsel
Ermüdungsbruchversagen hartstoffbeschichteter Werkzeugstähle in der Kaltmassivumformung
LFT, 130 Seiten, 80 Bilder, 14 Tab. 2000.
ISBN 3-87525-138-5.

Band 103: Stefan Bobbert
Simulationsgestützte Prozessauslegung für das Innenhochdruck-Umformen von Blechpaaren
LFT, 123 Seiten, 77 Bilder. 2000.
ISBN 3-87525-145-8.

Band 104: Harald Rottbauer
Modulares Planungswerkzeug zum Produktionsmanagement in der Elektronikproduktion
FAPS, 166 Seiten, 106 Bilder. 2001.
ISBN 3-87525-139-3.

Band 105: Thomas Hennige
Flexible Formgebung von Blechen durch Laserstrahlumformen
LFT, 119 Seiten, 50 Bilder. 2001.
ISBN 3-87525-140-7.

Band 106: Thomas Menzel
Wissensbasierte Methoden für die rechnergestützte Charakterisierung und Bewertung innovativer Fertigungsprozesse
LFT, 152 Seiten, 71 Bilder. 2001.
ISBN 3-87525-142-3.

Band 107: Thomas Stöckel
Kommunikationstechnische Integration der Prozeßebene in Produktionssysteme durch Middleware-Frameworks
FAPS, 147 Seiten, 65 Bilder, 5 Tab. 2001.
ISBN 3-87525-143-1.

Band 108: Frank Pitter
Verfügbarkeitssteigerung von Werkzeugmaschinen durch Einsatz mechatronischer Sensorlösungen
FAPS, 158 Seiten, 131 Bilder, 8 Tab. 2001.
ISBN 3-87525-144-X.

Band 109: Markus Korneli
Integration lokaler CAP-Systeme in einen globalen Fertigungsdatenverbund
FAPS, 121 Seiten, 53 Bilder, 11 Tab. 2001.
ISBN 3-87525-146-6.

Band 110: Burkhard Müller
Laserstrahljustieren mit Excimer-Lasern - Prozeßparameter und Modelle zur Aktorkonstruktion
LFT, 128 Seiten, 36 Bilder, 9 Tab. 2001.
ISBN 3-87525-159-8.

Band 111: Jürgen Göhringer
Integrierte Telediagnose via Internet zum effizienten Service von Produktionssystemen
FAPS, 178 Seiten, 98 Bilder, 5 Tab. 2001.
ISBN 3-87525-147-4.

Band 112: Robert Feuerstein
Qualitäts- und kosteneffiziente Integration neuer Bauelementetechnologien in die Flachbaugruppenfertigung
FAPS, 161 Seiten, 99 Bilder, 10 Tab. 2001.
ISBN 3-87525-151-2.

Band 113: Marcus Reichenberger
Eigenschaften und Einsatzmöglichkeiten alternativer Elektroniklote in der Oberflächenmontage (SMT)
FAPS, 165 Seiten, 97 Bilder, 18 Tab. 2001.
ISBN 3-87525-152-0.

Band 114: Alexander Huber
Justieren vormontierter Systeme mit dem Nd:YAG-Laser unter Einsatz von Aktoren
LFT, 122 Seiten, 58 Bilder, 5 Tab. 2001.
ISBN 3-87525-153-9.

Band 115: Sami Krimi
Analyse und Optimierung von Montagesystemen in der Elektronikproduktion
FAPS, 155 Seiten, 88 Bilder, 3 Tab. 2001.
ISBN 3-87525-157-1.

Band 116: Marion Merklein
Laserstrahlumformen von Aluminiumwerkstoffen - Beeinflussung der Mikrostruktur und der mechanischen Eigenschaften
LFT, 122 Seiten, 65 Bilder, 15 Tab. 2001.
ISBN 3-87525-156-3.

Band 117: Thomas Collisi
Ein informationslogistisches Architekturkonzept zur Akquisition simulationsrelevanter Daten
FAPS, 181 Seiten, 105 Bilder, 7 Tab. 2002.
ISBN 3-87525-164-4.

Band 118: Markus Koch
Rationalisierung und ergonomische Optimierung im Innenausbau durch den Einsatz moderner Automatisierungstechnik
FAPS, 176 Seiten, 98 Bilder, 9 Tab. 2002.
ISBN 3-87525-165-2.

Band 119: Michael Schmidt
Prozeßregelung für das Laserstrahl-Punktschweißen in der Elektronikproduktion
LFT, 152 Seiten, 71 Bilder, 3 Tab. 2002.
ISBN 3-87525-166-0.

Band 120: Nicolas Tiesler
Grundlegende Untersuchungen zum Fließpressen metallischer Kleinstteile
LFT, 126 Seiten, 78 Bilder, 12 Tab. 2002.
ISBN 3-87525-175-X.

Band 121: Lars Pursche
Methoden zur technologieorientierten Programmierung für die 3D-Lasermikrobearbeitung
LFT, 111 Seiten, 39 Bilder, 0 Tab. 2002.
ISBN 3-87525-183-0.

Band 122: Jan-Oliver Brassel
Prozeßkontrolle beim Laserstrahl-Mikroschweißen
LFT, 148 Seiten, 72 Bilder, 12 Tab. 2002.
ISBN 3-87525-181-4.

Band 123: Mark Geisel
Prozeßkontrolle und -steuerung beim Laserstrahlschweißen mit den Methoden der nichtlinearen Dynamik
LFT, 135 Seiten, 46 Bilder, 2 Tab. 2002.
ISBN 3-87525-180-6.

Band 124: Gerd Eßer
Laserstrahlunterstützte Erzeugung metallischer Leiterstrukturen auf Thermoplastsubstraten für die MID-Technik
LFT, 148 Seiten, 60 Bilder, 6 Tab. 2002.
ISBN 3-87525-171-7.

Band 125: Marc Fleckenstein
Qualität laserstrahl-gefügter Mikroverbindungen elektronischer Kontakte
LFT, 159 Seiten, 77 Bilder, 7 Tab. 2002.
ISBN 3-87525-170-9.

Band 126: Stefan Kaufmann
Grundlegende Untersuchungen zum Nd:YAG- Laserstrahlfügen von Silizium für Komponenten der Optoelektronik
LFT, 159 Seiten, 100 Bilder, 6 Tab. 2002.
ISBN 3-87525-172-5.

Band 127: Thomas Fröhlich
Simultanes Löten von Anschlußkontakten elektronischer Bauelemente mit Diodenlaserstrahlung
LFT, 143 Seiten, 75 Bilder, 6 Tab. 2002.
ISBN 3-87525-186-5.

Band 128: Achim Hofmann
Erweiterung der Formgebungsgrenzen beim Umformen von Aluminiumwerkstoffen durch den Einsatz prozessangepasster Platinen
LFT, 113 Seiten, 58 Bilder, 4 Tab. 2002.
ISBN 3-87525-182-2.

Band 129: Ingo Kriebitzsch
3 - D MID Technologie in der Automobilelektronik
FAPS, 129 Seiten, 102 Bilder, 10 Tab. 2002.
ISBN 3-87525-169-5.

Band 130: Thomas Pohl
Fertigungsqualität und Umformbarkeit laserstrahlgeschweißter Formplatinen aus Aluminiumlegierungen
LFT, 133 Seiten, 93 Bilder, 12 Tab. 2002.
ISBN 3-87525-173-3.

Band 131: Matthias Wenk
Entwicklung eines konfigurierbaren Steuerungssystems für die flexible Sensorführung von Industrierobotern
FAPS, 167 Seiten, 85 Bilder, 1 Tab. 2002.
ISBN 3-87525-174-1.

Band 132: Matthias Negendanck
Neue Sensorik und Aktorik für Bearbeitungsköpfe zum Laserstrahlschweißen
LFT, 116 Seiten, 60 Bilder, 14 Tab. 2002.
ISBN 3-87525-184-9.

Band 133: Oliver Kreis
Integrierte Fertigung - Verfahrensintegration durch Innenhochdruck-Umformen, Trennen und Laserstrahlschweißen in einem Werkzeug sowie ihre tele- und multimediale Präsentation
LFT, 167 Seiten, 90 Bilder, 43 Tab. 2002.
ISBN 3-87525-176-8.

Band 134: Stefan Trautner
Technische Umsetzung produktbezogener Instrumente der Umweltpolitik bei Elektro- und Elektronikgeräten
FAPS, 179 Seiten, 92 Bilder, 11 Tab. 2002.
ISBN 3-87525-177-6.

Band 135: Roland Meier
Strategien für einen produktorientierten Einsatz räumlicher spritzgegossener Schaltungsträger (3-D MID)
FAPS, 155 Seiten, 88 Bilder, 14 Tab. 2002.
ISBN 3-87525-178-4.

Band 136: Jürgen Wunderlich
Kostensimulation - Simulationsbasierte Wirtschaftlichkeitsregelung komplexer Produktionssysteme
FAPS, 202 Seiten, 119 Bilder, 17 Tab. 2002.
ISBN 3-87525-179-2.

Band 137: Stefan Novotny
Innenhochdruck-Umformen von Blechen aus Aluminium- und Magnesiumlegierungen bei erhöhter Temperatur
LFT, 132 Seiten, 82 Bilder, 6 Tab. 2002.
ISBN 3-87525-185-7.

Band 138: Andreas Licha
Flexible Montageautomatisierung zur Komplettmontage flächenhafter Produktstrukturen durch kooperierende Industrieroboter
FAPS, 158 Seiten, 87 Bilder, 8 Tab. 2003.
ISBN 3-87525-189-X.

Band 139: Michael Eisenbarth
Beitrag zur Optimierung der Aufbau- und Verbindungstechnik für mechatronische Baugruppen
FAPS, 207 Seiten, 141 Bilder, 9 Tab. 2003.
ISBN 3-87525-190-3.

Band 140: Frank Christoph
Durchgängige simulationsgestützte Planung von Fertigungseinrichtungen der Elektronikproduktion
FAPS, 187 Seiten, 107 Bilder, 9 Tab. 2003.
ISBN 3-87525-191-1.

Band 141: Hinnerk Hagenah
Simulationsbasierte Bestimmung der zu erwartenden Maßhaltigkeit für das Blechbiegen
LFT, 131 Seiten, 36 Bilder, 26 Tab. 2003.
ISBN 3-87525-192-X.

Band 142: Ralf Eckstein
Scherschneiden und Biegen metallischer Kleinstteile - Materialeinfluss und Materialverhalten
LFT, 148 Seiten, 71 Bilder, 19 Tab. 2003.
ISBN 3-87525-193-8.

Band 143: Frank H. Meyer-Pittroff
Excimerlaserstrahlbiegen dünner metallischer Folien mit homogener Lichtlinie
LFT, 138 Seiten, 60 Bilder, 16 Tab. 2003.
ISBN 3-87525-196-2.

Band 144: Andreas Kach
Rechnergestützte Anpassung von Laserstrahlschneidbahnen an Bauteilabweichungen
LFT, 139 Seiten, 69 Bilder, 11 Tab. 2004.
ISBN 3-87525-197-0.

Band 145: Stefan Hierl
System- und Prozeßtechnik für das simultane Löten mit Diodenlaserstrahlung von elektronischen Bauelementen
LFT, 124 Seiten, 66 Bilder, 4 Tab. 2004.
ISBN 3-87525-198-9.

Band 146: Thomas Neudecker
Tribologische Eigenschaften keramischer Blechumformwerkzeuge- Einfluss einer Oberflächenendbearbeitung mittels Excimerlaserstrahlung
LFT, 166 Seiten, 75 Bilder, 26 Tab. 2004.
ISBN 3-87525-200-4.

Band 147: Ulrich Wenger
Prozessoptimierung in der Wickeltechnik durch innovative maschinenbauliche und regelungstechnische Ansätze
FAPS, 132 Seiten, 88 Bilder, 0 Tab. 2004.
ISBN 3-87525-203-9.

Band 148: Stefan Slama
Effizienzsteigerung in der Montage durch marktorientierte Montagestrukturen und erweiterte Mitarbeiterkompetenz
FAPS, 188 Seiten, 125 Bilder, 0 Tab. 2004.
ISBN 3-87525-204-7.

Band 149: Thomas Wurm
Laserstrahljustieren mittels Aktoren-Entwicklung von Konzepten und Methoden für die rechnerunterstützte Modellierung und Optimierung von komplexen Aktorsystemen in der Mikrotechnik
LFT, 122 Seiten, 51 Bilder, 9 Tab. 2004.
ISBN 3-87525-206-3.

Band 150: Martino Celeghini
Wirkmedienbasierte Blechumformung: Grundlagenuntersuchungen zum Einfluss von Werkstoff und Bauteilgeometrie
LFT, 146 Seiten, 77 Bilder, 6 Tab. 2004.
ISBN 3-87525-207-1.

Band 151: Ralph Hohenstein
Entwurf hochdynamischer Sensor- und Regelsysteme für die adaptive Laserbearbeitung
LFT, 282 Seiten, 63 Bilder, 16 Tab. 2004.
ISBN 3-87525-210-1.

Band 152: Angelika Hutterer
Entwicklung prozessüberwachender Regelkreise für flexible Formgebungsprozesse
LFT, 149 Seiten, 57 Bilder, 2 Tab. 2005.
ISBN 3-87525-212-8.

Band 153: Emil Egerer
Massivumformen metallischer Kleinstteile bei erhöhter Prozesstemperatur
LFT, 158 Seiten, 87 Bilder, 10 Tab. 2005.
ISBN 3-87525-213-6.

Band 154: Rüdiger Holzmann
Strategien zur nachhaltigen Optimierung von Qualität und Zuverlässigkeit in der Fertigung hochintegrierter Flachbaugruppen
FAPS, 186 Seiten, 99 Bilder, 19 Tab. 2005.
ISBN 3-87525-217-9.

Band 155: Marco Nock
Biegeumformen mit Elastomerwerkzeugen Modellierung, Prozessauslegung und Abgrenzung des Verfahrens am Beispiel des Rohrbiegens
LFT, 164 Seiten, 85 Bilder, 13 Tab. 2005.
ISBN 3-87525-218-7.

Band 156: Frank Niebling
Qualifizierung einer Prozesskette zum Laserstrahlsintern metallischer Bauteile
LFT, 148 Seiten, 89 Bilder, 3 Tab. 2005.
ISBN 3-87525-219-5.

Band 157: Markus Meiler
Großserientauglichkeit trockenschmierstoffbeschichteter Aluminiumbleche im Presswerk Grundlegende Untersuchungen zur Tribologie, zum Umformverhalten und Bauteilversuche
LFT, 104 Seiten, 57 Bilder, 21 Tab. 2005.
ISBN 3-87525-221-7.

Band 158: Agus Sutanto
Solution Approaches for Planning of Assembly Systems in Three-Dimensional Virtual Environments
FAPS, 169 Seiten, 98 Bilder, 3 Tab. 2005.
ISBN 3-87525-220-9.

Band 159: Matthias Boiger
Hochleistungssysteme für die Fertigung elektronischer Baugruppen auf der Basis flexibler Schaltungsträger
FAPS, 175 Seiten, 111 Bilder, 8 Tab. 2005.
ISBN 3-87525-222-5.

Band 160: Matthias Pitz
Laserunterstütztes Biegen höchstfester Mehrphasenstähle
LFT, 120 Seiten, 73 Bilder, 11 Tab. 2005.
ISBN 3-87525-223-3.

Band 161: Meik Vahl
Beitrag zur gezielten Beeinflussung des Werkstoffflusses beim Innenhochdruck-Umformen von Blechen
LFT, 165 Seiten, 94 Bilder, 15 Tab. 2005.
ISBN 3-87525-224-1.

Band 162: Peter K. Kraus
Plattformstrategien - Realisierung einer varianz- und kostenoptimierten Wertschöpfung
FAPS, 181 Seiten, 95 Bilder, 0 Tab. 2005.
ISBN 3-87525-226-8.

Band 163: Adrienn Cser
Laserstrahlschmelzabtrag - Prozessanalyse und -modellierung
LFT, 146 Seiten, 79 Bilder, 3 Tab. 2005.
ISBN 3-87525-227-6.

Band 164: Markus C. Hahn
Grundlegende Untersuchungen zur Herstellung von Leichtbauverbundstrukturen mit Aluminiumschaumkern
LFT, 143 Seiten, 60 Bilder, 16 Tab. 2005.
ISBN 3-87525-228-4.

Band 165: Gordana Michos
Mechatronische Ansätze zur Optimierung von Vorschubachsen
FAPS, 146 Seiten, 87 Bilder, 17 Tab. 2005.
ISBN 3-87525-230-6.

Band 166: Markus Stark
Auslegung und Fertigung hochpräziser Faser-Kollimator-Arrays
LFT, 158 Seiten, 115 Bilder, 11 Tab. 2005.
ISBN 3-87525-231-4.

Band 167: Yurong Zhou
Kollaboratives Engineering Management in der integrierten virtuellen Entwicklung der Anlagen für die Elektronikproduktion
FAPS, 156 Seiten, 84 Bilder, 6 Tab. 2005.
ISBN 3-87525-232-2.

Band 168: Werner Enser
Neue Formen permanenter und lösbarer elektrischer Kontaktierungen für mechatronische Baugruppen
FAPS, 190 Seiten, 112 Bilder, 5 Tab. 2005.
ISBN 3-87525-233-0.

Band 169: Katrin Melzer
Integrierte Produktpolitik bei elektrischen und elektronischen Geräten zur Optimierung des Product-Life-Cycle
FAPS, 155 Seiten, 91 Bilder, 17 Tab. 2005.
ISBN 3-87525-234-9.

Band 170: Alexander Putz
Grundlegende Untersuchungen zur Erfassung der realen Vorspannung von armierten Kaltfließpresswerkzeugen mittels Ultraschall
LFT, 137 Seiten, 71 Bilder, 15 Tab. 2006.
ISBN 3-87525-237-3.

Band 171: Martin Prechtl
Automatisiertes Schichtverfahren für metallische Folien - System- und Prozesstechnik
LFT, 154 Seiten, 45 Bilder, 7 Tab. 2006.
ISBN 3-87525-238-1.

Band 172: Markus Meidert
Beitrag zur deterministischen Lebensdauerabschätzung von Werkzeugen der Kaltmassivumformung
LFT, 131 Seiten, 78 Bilder, 9 Tab. 2006.
ISBN 3-87525-239-X.

Band 173: Bernd Müller
Robuste, automatisierte Montagesysteme durch adaptive Prozessführung und montageübergreifende Fehlerprävention am Beispiel flächiger Leichtbauteile
FAPS, 147 Seiten, 77 Bilder, 0 Tab. 2006.
ISBN 3-87525-240-3.

Band 174: Alexander Hofmann
Hybrides Laserdurchstrahlschweißen von Kunststoffen
LFT, 136 Seiten, 72 Bilder, 4 Tab. 2006.
ISBN 978-3-87525-243-9.

Band 175: Peter Wölflick
Innovative Substrate und Prozesse mit feinsten Strukturen für bleifreie Mechatronik-Anwendungen
FAPS, 177 Seiten, 148 Bilder, 24 Tab. 2006.
ISBN 978-3-87525-246-0.

Band 176: Attila Komlodi
Detection and Prevention of Hot Cracks during Laser Welding of Aluminium Alloys Using Advanced Simulation Methods
LFT, 155 Seiten, 89 Bilder, 14 Tab. 2006.
ISBN 978-3-87525-248-4.

Band 177: Uwe Popp
Grundlegende Untersuchungen zum Laserstrahlstrukturieren von Kaltmassivumformwerkzeugen
LFT, 140 Seiten, 67 Bilder, 16 Tab. 2006.
ISBN 978-3-87525-249-1.

Band 178: Veit Rückel
Rechnergestützte Ablaufplanung und Bahngenerierung Für kooperierende Industrieroboter
FAPS, 148 Seiten, 75 Bilder, 7 Tab. 2006.
ISBN 978-3-87525-250-7.

Band 179: Manfred Dirscherl
Nicht-thermische Mikrojustiertechnik mittels ultrakurzer Laserpulse
LFT, 154 Seiten, 69 Bilder, 10 Tab. 2007.
ISBN 978-3-87525-251-4.

Band 180: Yong Zhuo
Entwurf eines rechnergestützten integrierten Systems für Konstruktion und Fertigungsplanung räumlicher spritzgegossener Schaltungsträger (3D-MID)
FAPS, 181 Seiten, 95 Bilder, 5 Tab. 2007.
ISBN 978-3-87525-253-8.

Band 181: Stefan Lang
Durchgängige Mitarbeiterinformation zur Steigerung von Effizienz und Prozesssicherheit in der Produktion
FAPS, 172 Seiten, 93 Bilder. 2007.
ISBN 978-3-87525-257-6.

Band 182: Hans-Joachim Krauß
Laserstrahlinduzierte Pyrolyse präkeramischer Polymere
LFT, 171 Seiten, 100 Bilder. 2007.
ISBN 978-3-87525-258-3.

Band 183: Stefan Junker
Technologien und Systemlösungen für die flexibel automatisierte Bestückung permanent erregter Läufer mit oberflächenmontierten Dauermagneten
FAPS, 173 Seiten, 75 Bilder. 2007.
ISBN 978-3-87525-259-0.

Band 184: Rainer Kohlbauer
Wissensbasierte Methoden für die simulationsgestützte Auslegung wirkmedienbasierter Blechumformprozesse
LFT, 135 Seiten, 50 Bilder. 2007.
ISBN 978-3-87525-260-6.

Band 185: Klaus Lamprecht
Wirkmedienbasierte Umformung tiefgezogener Vorformen unter besonderer Berücksichtigung maßgeschneiderter Halbzeuge
LFT, 137 Seiten, 81 Bilder. 2007.
ISBN 978-3-87525-265-1.

Band 186: Bernd Zolleiß
Optimierte Prozesse und Systeme für die Bestückung mechatronischer Baugruppen
FAPS, 180 Seiten, 117 Bilder. 2007.
ISBN 978-3-87525-266-8.

Band 187: Michael Kerausch
Simulationsgestützte Prozessauslegung für das Umformen lokal wärmebehandelter Aluminiumplatinen
LFT, 146 Seiten, 76 Bilder, 7 Tab. 2007.
ISBN 978-3-87525-267-5.

Band 188: Matthias Weber
Unterstützung der Wandlungsfähigkeit von Produktionsanlagen durch innovative Softwaresysteme
FAPS, 183 Seiten, 122 Bilder, 3 Tab. 2007.
ISBN 978-3-87525-269-9.

Band 189: Thomas Frick
Untersuchung der prozessbestimmenden Strahl-Stoff-Wechselwirkungen beim Laserstrahlschweißen von Kunststoffen
LFT, 104 Seiten, 62 Bilder, 8 Tab. 2007.
ISBN 978-3-87525-268-2.

Band 190: Joachim Hecht
Werkstoffcharakterisierung und Prozessauslegung für die wirkmedienbasierte Doppelblech-Umformung von Magnesiumlegierungen
LFT, 107 Seiten, 91 Bilder, 2 Tab. 2007.
ISBN 978-3-87525-270-5.

Band 191: Ralf Völkl
Stochastische Simulation zur Werkzeuglebensdaueroptimierung und Präzisionsfertigung in der Kaltmassivumformung
LFT, 178 Seiten, 75 Bilder, 12 Tab. 2008.
ISBN 978-3-87525-272-9.

Band 192: Massimo Tolazzi
Innenhochdruck-Umformen verstärkter Blech-Rahmenstrukturen
LFT, 164 Seiten, 85 Bilder, 7 Tab. 2008.
ISBN 978-3-87525-273-6.

Band 193: Cornelia Hoff
Untersuchung der Prozesseinflussgrößen beim Presshärten des höchstfesten Vergütungsstahls 22MnB5
LFT, 133 Seiten, 92 Bilder, 5 Tab. 2008.
ISBN 978-3-87525-275-0.

Band 194: Christian Alvarez
Simulationsgestützte Methoden zur effizienten Gestaltung von Lötprozessen in der Elektronikproduktion
FAPS, 149 Seiten, 86 Bilder, 8 Tab. 2008.
ISBN 978-3-87525-277-4.

Band 195: Andreas Kunze
Automatisierte Montage von makromechatronischen Modulen zur flexiblen Integration in hybride Pkw-Bordnetzsysteme
FAPS, 160 Seiten, 90 Bilder, 14 Tab. 2008.
ISBN 978-3-87525-278-1.

Band 196: Wolfgang Hußnätter
Grundlegende Untersuchungen zur experimentellen Ermittlung und zur Modellierung von Fließortkurven bei erhöhten Temperaturen
LFT, 152 Seiten, 73 Bilder, 21 Tab. 2008.
ISBN 978-3-87525-279-8.

Band 197: Thomas Bigl
Entwicklung, angepasste Herstellungsverfahren und erweiterte Qualitätssicherung von einsatzgerechten elektronischen Baugruppen
FAPS, 175 Seiten, 107 Bilder, 14 Tab. 2008.
ISBN 978-3-87525-280-4.

Band 198: Stephan Roth
Grundlegende Untersuchungen zum Excimerlaserstrahl-Abtragen unter Flüssigkeitsfilmen
LFT, 113 Seiten, 47 Bilder, 14 Tab. 2008.
ISBN 978-3-87525-281-1.

Band 199: Artur Giera
Prozesstechnische Untersuchungen zum Rührreibschweißen metallischer Werkstoffe
LFT, 179 Seiten, 104 Bilder, 36 Tab. 2008.
ISBN 978-3-87525-282-8.

Band 200: Jürgen Lechler
Beschreibung und Modellierung des Werkstoffverhaltens von presshärtbaren Bor-Manganstählen
LFT, 154 Seiten, 75 Bilder, 12 Tab. 2009.
ISBN 978-3-87525-286-6.

Band 201: Andreas Blankl
Untersuchungen zur Erhöhung der Prozessrobustheit bei der Innenhochdruck-Umformung von flächigen Halbzeugen mit vor- bzw. nachgeschalteten Laserstrahlfügeoperationen
LFT, 120 Seiten, 68 Bilder, 9 Tab. 2009.
ISBN 978-3-87525-287-3.

Band 202: Andreas Schaller
Modellierung eines nachfrageorientierten Produktionskonzeptes für mobile Telekommunikationsgeräte
FAPS, 120 Seiten, 79 Bilder, 0 Tab. 2009.
ISBN 978-3-87525-289-7.

Band 203: Claudius Schimpf
Optimierung von Zuverlässigkeitsuntersuchungen, Prüfabläufen und Nacharbeitsprozessen in der Elektronikproduktion
FAPS, 162 Seiten, 90 Bilder, 14 Tab. 2009.
ISBN 978-3-87525-290-3.

Band 204: Simon Dietrich
Sensoriken zur Schwerpunktslagebestimmung der optischen Prozessemissionen beim Laserstrahltiefschweißen
LFT, 138 Seiten, 70 Bilder, 5 Tab. 2009.
ISBN 978-3-87525-292-7.

Band 205: Wolfgang Wolf
Entwicklung eines agentenbasierten Steuerungssystems zur Materialflussorganisation im wandelbaren Produktionsumfeld
FAPS, 167 Seiten, 98 Bilder. 2009.
ISBN 978-3-87525-293-4.

Band 206: Steffen Polster
Laserdurchstrahlschweißen transparenter Polymerbauteile
LFT, 160 Seiten, 92 Bilder, 13 Tab. 2009.
ISBN 978-3-87525-294-1.

Band 207: Stephan Manuel Dörfler
Rührreibschweißen von walzplattiertem Halbzeug und Aluminiumblech zur Herstellung flächiger Aluminiumschaum-Sandwich-Verbundstrukturen
LFT, 190 Seiten, 98 Bilder, 5 Tab. 2009.
ISBN 978-3-87525-295-8.

Band 208: Uwe Vogt
Seriennahe Auslegung von Aluminium Tailored Heat Treated Blanks
LFT, 151 Seiten, 68 Bilder, 26 Tab. 2009.
ISBN 978-3-87525-296-5.

Band 209: Till Laumann
Qualitative und quantitative Bewertung der Crashtauglichkeit von höchstfesten Stählen
LFT, 117 Seiten, 69 Bilder, 7 Tab. 2009.
ISBN 978-3-87525-299-6.

Band 210: Alexander Diehl
Größeneffekte bei Biegeprozessen-Entwicklung einer Methodik zur Identifikation und Quantifizierung
LFT, 180 Seiten, 92 Bilder, 12 Tab. 2010.
ISBN 978-3-87525-302-3.

Band 211: Detlev Staud
Effiziente Prozesskettenauslegung für das Umformen lokal wärmebehandelter und geschweißter Aluminiumbleche
LFT, 164 Seiten, 72 Bilder, 12 Tab. 2010.
ISBN 978-3-87525-303-0.

Band 212: Jens Ackermann
Prozesssicherung beim Laserdurchstrahlschweißen thermoplastischer Kunststoffe
LPT, 129 Seiten, 74 Bilder, 13 Tab. 2010.
ISBN 978-3-87525-305-4.

Band 213: Stephan Weidel
Grundlegende Untersuchungen zum Kontaktzustand zwischen Werkstück und Werkzeug bei umformtechnischen Prozessen unter tribologischen Gesichtspunkten
LFT, 144 Seiten, 67 Bilder, 11 Tab. 2010.
ISBN 978-3-87525-307-8.

Band 214: Stefan Geißdörfer
Entwicklung eines mesoskopischen Modells zur Abbildung von Größeneffekten in der Kaltmassivumformung mit Methoden der FE-Simulation
LFT, 133 Seiten, 83 Bilder, 11 Tab. 2010.
ISBN 978-3-87525-308-5.

Band 215: Christian Matzner
Konzeption produktspezifischer Lösungen zur Robustheitssteigerung elektronischer Systeme gegen die Einwirkung von Betauung im Automobil
FAPS, 165 Seiten, 93 Bilder, 14 Tab. 2010.
ISBN 978-3-87525-309-2.

Band 216: Florian Schüßler
Verbindungs- und Systemtechnik für thermisch hochbeanspruchte und miniaturisierte elektronische Baugruppen
FAPS, 184 Seiten, 93 Bilder, 18 Tab. 2010.
ISBN 978-3-87525-310-8.

Band 217: Massimo Cojutti
Strategien zur Erweiterung der Prozessgrenzen bei der Innhochdruck-Umformung von Rohren und Blechpaaren
LFT, 125 Seiten, 56 Bilder, 9 Tab. 2010.
ISBN 978-3-87525-312-2.

Band 218: Raoul Plettke
Mehrkriterielle Optimierung komplexer Aktorsysteme für das Laserstrahljustieren
LFT, 152 Seiten, 25 Bilder, 3 Tab. 2010.
ISBN 978-3-87525-315-3.

Band 219: Andreas Dobroschke
Flexible Automatisierungslösungen für die Fertigung wickeltechnischer Produkte
FAPS, 184 Seiten, 109 Bilder, 18 Tab. 2011.
ISBN 978-3-87525-317-7.

Band 220: Azhar Zam
Optical Tissue Differentiation for Sensor-Controlled Tissue-Specific Laser Surgery
LPT, 99 Seiten, 45 Bilder, 8 Tab. 2011.
ISBN 978-3-87525-318-4.

Band 221: Michael Rösch
Potenziale und Strategien zur Optimierung des Schablonendruckprozesses in der Elektronikproduktion
FAPS, 192 Seiten, 127 Bilder, 19 Tab. 2011.
ISBN 978-3-87525-319-1.

Band 222: Thomas Rechtenwald
Quasi-isothermes Laserstrahlsintern von Hochtemperatur-Thermoplasten - Eine Betrachtung werkstoff-prozessspezifischer Aspekte am Beispiel PEEK
LPT, 150 Seiten, 62 Bilder, 8 Tab. 2011.
ISBN 978-3-87525-320-7.

Band 223: Daniel Craiovan
Prozesse und Systemlösungen für die SMT-Montage optischer Bauelemente auf Substrate mit integrierten Lichtwellenleitern
FAPS, 165 Seiten, 85 Bilder, 8 Tab. 2011.
ISBN 978-3-87525-324-5.

Band 224: Kay Wagner
Beanspruchungsangepasste Kaltmassivumformwerkzeuge durch lokal optimierte Werkzeugoberflächen
LFT, 147 Seiten, 103 Bilder, 17 Tab. 2011.
ISBN 978-3-87525-325-2.

Band 225: Martin Brandhuber
Verbesserung der Prognosegüte des Versagens von Punktschweißverbindungen bei höchstfesten Stahlgüten
LFT, 155 Seiten, 91 Bilder, 19 Tab. 2011.
ISBN 978-3-87525-327-6.

Band 226: Peter Sebastian Feuser
Ein Ansatz zur Herstellung von pressgehärteten Karosseriekomponenten mit maßgeschneiderten mechanischen Eigenschaften: Temperierte Umformwerkzeuge. Prozessfenster, Prozesssimuation und funktionale Untersuchung
LFT, 195 Seiten, 97 Bilder, 60 Tab. 2012.
ISBN 978-3-87525-328-3.

Band 227: Murat Arbak
Material Adapted Design of Cold Forging Tools Exemplified by Powder Metallurgical Tool Steels and Ceramics
LFT, 109 Seiten, 56 Bilder, 8 Tab. 2012.
ISBN 978-3-87525-330-6.

Band 228: Indra Pitz
Beschleunigte Simulation des Laserstrahlumformens von Aluminiumblechen
LPT, 137 Seiten, 45 Bilder, 27 Tab. 2012.
ISBN 978-3-87525-333-7.

Band 229: Alexander Grimm
Prozessanalyse und -überwachung des Laserstrahlhartlötens mittels optischer Sensorik
LPT, 125 Seiten, 61 Bilder, 5 Tab. 2012.
ISBN 978-3-87525-334-4.

Band 230: Markus Kaupper
Biegen von höhenfesten Stahlblechwerkstoffen - Umformverhalten und Grenzen der Biegbarkeit
LFT, 160 Seiten, 57 Bilder, 10 Tab. 2012.
ISBN 978-3-87525-339-9.

Band 231: Thomas Kroiß
Modellbasierte Prozessauslegung für die Kaltmassivumformung unter Brücksichtigung der Werkzeug- und Pressenauffederung
LFT, 169 Seiten, 50 Bilder, 19 Tab. 2012.
ISBN 978-3-87525-341-2.

Band 232: Christian Goth
Analyse und Optimierung der Entwicklung und Zuverlässigkeit räumlicher Schaltungsträger (3D-MID)
FAPS, 176 Seiten, 102 Bilder, 22 Tab. 2012.
ISBN 978-3-87525-340-5.

Band 233: Christian Ziegler
Ganzheitliche Automatisierung mechatronischer Systeme in der Medizin am Beispiel Strahlentherapie
FAPS, 170 Seiten, 71 Bilder, 19 Tab. 2012.
ISBN 978-3-87525-342-9.

Band 234: Florian Albert
Automatisiertes Laserstrahllöten und -reparaturlöten elektronischer Baugruppen
LPT, 127 Seiten, 78 Bilder, 11 Tab. 2012.
ISBN 978-3-87525-344-3.

Band 235: Thomas Stöhr
Analyse und Beschreibung des mechanischen Werkstoffverhaltens von presshärtbaren Bor-Manganstählen
LFT, 118 Seiten, 74 Bilder, 18 Tab. 2013.
ISBN 978-3-87525-346-7.

Band 236: Christian Kägeler
Prozessdynamik beim Laserstrahlschweißen verzinkter Stahlbleche im Überlappstoß
LPT, 145 Seiten, 80 Bilder, 3 Tab. 2013.
ISBN 978-3-87525-347-4.

Band 237: Andreas Sulzberger
Seriennahe Auslegung der Prozesskette zur wärmeunterstützten Umformung von Aluminiumblechwerkstoffen
LFT, 153 Seiten, 87 Bilder, 17 Tab. 2013.
ISBN 978-3-87525-349-8.

Band 238: Simon Opel
Herstellung prozessangepasster Halbzeuge mit variabler Blechdicke durch die Anwendung von Verfahren der Blechmassivumformung
LFT, 165 Seiten, 108 Bilder, 27 Tab. 2013.
ISBN 978-3-87525-350-4.

Band 239: Rajesh Kanawade
In-vivo Monitoring of Epithelium Vessel and Capillary Density for the Application of Detection of Clinical Shock and Early Signs of Cancer Development
LPT, 124 Seiten, 58 Bilder, 15 Tab. 2013.
ISBN 978-3-87525-351-1.

Band 240: Stephan Busse
Entwicklung und Qualifizierung eines Schneidclinchverfahrens
LFT, 119 Seiten, 86 Bilder, 20 Tab. 2013.
ISBN 978-3-87525-352-8.

Band 241: Karl-Heinz Leitz
Mikro- und Nanostrukturierung mit kurz und ultrakurz gepulster Laserstrahlung
LPT, 154 Seiten, 71 Bilder, 9 Tab. 2013.
ISBN 978-3-87525-355-9.

Band 242: Markus Michl
Webbasierte Ansätze zur ganzheitlichen technischen Diagnose
FAPS, 182 Seiten, 62 Bilder, 20 Tab. 2013.
ISBN 978-3-87525-356-6.

Band 243: Vera Sturm
Einfluss von Chargenschwankungen auf die Verarbeitungsgrenzen von Stahlwerkstoffen
LFT, 113 Seiten, 58 Bilder, 9 Tab. 2013.
ISBN 978-3-87525-357-3.

Band 244: Christian Neudel
Mikrostrukturelle und mechanisch-technologische Eigenschaften widerstandspunktgeschweißter Aluminium-Stahl-Verbindungen für den Fahrzeugbau
LFT, 178 Seiten, 171 Bilder, 31 Tab. 2014.
ISBN 978-3-87525-358-0.

Band 245: Anja Neumann
Konzept zur Beherrschung der Prozessschwankungen im Presswerk
LFT, 162 Seiten, 68 Bilder, 15 Tab. 2014.
ISBN 978-3-87525-360-3.

Band 246: Ulf-Hermann Quentin
Laserbasierte Nanostrukturierung mit optisch positionierten Mikrolinsen
LPT, 137 Seiten, 89 Bilder, 6 Tab. 2014.
ISBN 978-3-87525-361-0.

Band 247: Erik Lamprecht
Der Einfluss der Fertigungsverfahren auf die Wirbelstromverluste von Stator-Einzelzahnblechpaketen für den Einsatz in Hybrid- und Elektrofahrzeugen
FAPS, 148 Seiten, 138 Bilder, 4 Tab. 2014.
ISBN 978-3-87525-362-7.

Band 248: Sebastian Rösel
Wirkmedienbasierte Umformung von Blechhalbzeugen unter Anwendung magnetorheologischer Flüssigkeiten als kombiniertes Wirk- und Dichtmedium
LFT, 148 Seiten, 61 Bilder, 12 Tab. 2014.
ISBN 978-3-87525-363-4.

Band 249: Paul Hippchen
Simulative Prognose der Geometrie indirekt pressgehärteter Karosseriebauteile für die industrielle Anwendung
LFT, 163 Seiten, 89 Bilder, 12 Tab. 2014.
ISBN 978-3-87525-364-1.

Band 250: Martin Zubeil
Versagensprognose bei der Prozess simulation von Biegeumform- und Falzverfahren
LFT, 171 Seiten, 90 Bilder, 5 Tab. 2014.
ISBN 978-3-87525-365-8.

Band 251: Alexander Kühl
Flexible Automatisierung der Statorenmontage mit Hilfe einer universellen ambidexteren Kinematik
FAPS, 142 Seiten, 60 Bilder, 26 Tab. 2014.
ISBN 978-3-87525-367-2.

Band 252: Thomas Albrecht
Optimierte Fertigungstechnologien für Rotoren getriebeintegrierter PM-Synchronmotoren von Hybridfahrzeugen
FAPS, 198 Seiten, 130 Bilder, 38 Tab. 2014.
ISBN 978-3-87525-368-9.

Band 253: Florian Risch
Planning and Production Concepts for Contactless Power Transfer Systems for Electric Vehicles
FAPS, 185 Seiten, 125 Bilder, 13 Tab. 2014.
ISBN 978-3-87525-369-6.

Band 254: Markus Weigl
Laserstrahlschweißen von Mischverbindungen aus austenitischen und ferritischen korrosionsbeständigen Stahlwerkstoffen
LPT, 184 Seiten, 110 Bilder, 6 Tab. 2014.
ISBN 978-3-87525-370-2.

Band 255: Johannes Noneder
Beanspruchungserfassung für die Validierung von FE-Modellen zur Auslegung von Massivumformwerkzeugen
LFT, 161 Seiten, 65 Bilder, 14 Tab. 2014.
ISBN 978-3-87525-371-9.

Band 256: Andreas Reinhardt
Ressourceneffiziente Prozess- und Produktionstechnologie für flexible Schaltungsträger
FAPS, 123 Seiten, 69 Bilder, 19 Tab. 2014.
ISBN 978-3-87525-373-3.

Band 257: Tobias Schmuck
Ein Beitrag zur effizienten Gestaltung globaler Produktions- und Logistiknetzwerke mittels Simulation
FAPS, 151 Seiten, 74 Bilder. 2014.
ISBN 978-3-87525-374-0.

Band 258: Bernd Eichenhüller
Untersuchungen der Effekte und Wechselwirkungen charakteristischer Einflussgrößen auf das Umformverhalten bei Mikroumformprozessen
LFT, 127 Seiten, 29 Bilder, 9 Tab. 2014.
ISBN 978-3-87525-375-7.

Band 259: Felix Lütteke
Vielseitiges autonomes Transportsystem basierend auf Weltmodellerstellung mittels Datenfusion von Deckenkameras und Fahrzeugsensoren
FAPS, 152 Seiten, 54 Bilder, 20 Tab. 2014.
ISBN 978-3-87525-376-4.

Band 260: Martin Grüner
Hochdruck-Blechumformung mit formlos festen Stoffen als Wirkmedium
LFT, 144 Seiten, 66 Bilder, 29 Tab. 2014.
ISBN 978-3-87525-379-5.

Band 261: Christian Brock
Analyse und Regelung des Laserstrahltiefschweißprozesses durch Detektion der Metalldampffackelposition
LPT, 126 Seiten, 65 Bilder, 3 Tab. 2015.
ISBN 978-3-87525-380-1.

Band 262: Peter Vatter
Sensitivitätsanalyse des 3-Rollen-Schubbiegens auf Basis der Finite Elemente Methode
LFT, 145 Seiten, 57 Bilder, 26 Tab. 2015.
ISBN 978-3-87525-381-8.

Band 263: Florian Klämpfl
Planung von Laserbestrahlungen durch simulationsbasierte Optimierung
LPT, 169 Seiten, 78 Bilder, 32 Tab. 2015.
ISBN 978-3-87525-384-9.

Band 264: Matthias Domke
Transiente physikalische Mechanismen bei der Laserablation von dünnen Metallschichten
LPT, 133 Seiten, 43 Bilder, 3 Tab. 2015.
ISBN 978-3-87525-385-6.

Band 265: Johannes Götz
Community-basierte Optimierung des Anlagenengineerings
FAPS, 177 Seiten, 80 Bilder, 30 Tab. 2015.
ISBN 978-3-87525-386-3.

Band 266: Hung Nguyen
Qualifizierung des Potentials von Verfestigungseffekten zur Erweiterung des Umformvermögens aushärtbarer Aluminiumlegierungen
LFT, 137 Seiten, 57 Bilder, 16 Tab. 2015.
ISBN 978-3-87525-387-0.

Band 267: Andreas Kuppert
Erweiterung und Verbesserung von Versuchs- und Auswertetechniken für die Bestimmung von Grenzformänderungskurven
LFT, 138 Seiten, 82 Bilder, 2 Tab. 2015.
ISBN 978-3-87525-388-7.

Band 268: Kathleen Klaus
Erstellung eines Werkstofforientierten Fertigungsprozessfensters zur Steigerung des Formgebungsvermögens von Aluminiumlegierungen unter Anwendung einer zwischengeschalteten Wärmebehandlung
LFT, 154 Seiten, 70 Bilder, 8 Tab. 2015.
ISBN 978-3-87525-391-7.

Band 269: Thomas Svec
Untersuchungen zur Herstellung von funktionsoptimierten Bauteilen im partiellen Presshärtprozess mittels lokal unterschiedlich temperierter Werkzeuge
LFT, 166 Seiten, 87 Bilder, 15 Tab. 2015.
ISBN 978-3-87525-392-4.

Band 270: Tobias Schrader
Grundlegende Untersuchungen zur Verschleißcharakterisierung beschichteter Kaltmassivumformwerkzeuge
LFT, 164 Seiten, 55 Bilder, 11 Tab. 2015.
ISBN 978-3-87525-393-1.

Band 271: Matthäus Brela
Untersuchung von Magnetfeld-Messmethoden zur ganzheitlichen Wertschöpfungsoptimierung und Fehlerdetektion an magnetischen Aktoren
FAPS, 170 Seiten, 97 Bilder, 4 Tab. 2015.
ISBN 978-3-87525-394-8.

Band 272: Michael Wieland
Entwicklung einer Methode zur Prognose adhäsiven Verschleißes an Werkzeugen für das direkte Presshärten
LFT, 156 Seiten, 84 Bilder, 9 Tab. 2015.
ISBN 978-3-87525-395-5.

Band 273: René Schramm
Strukturierte additive Metallisierung durch kaltaktives Atmosphärendruckplasma
FAPS, 136 Seiten, 62 Bilder, 15 Tab. 2015.
ISBN 978-3-87525-396-2.

Band 274: Michael Lechner
Herstellung beanspruchungsangepasster Aluminiumblechhalbzeuge durch eine maßgeschneiderte Variation der Abkühlgeschwindigkeit nach Lösungsglühen
LFT, 136 Seiten, 62 Bilder, 15 Tab. 2015.
ISBN 978-3-87525-397-9.

Band 275: Kolja Andreas
Einfluss der Oberflächenbeschaffenheit auf das Werkzeugeinsatzverhalten beim Kaltfließpressen
LFT, 169 Seiten, 76 Bilder, 4 Tab. 2015.
ISBN 978-3-87525-398-6.

Band 276: Marcus Baum
Laser Consolidation of ITO Nanoparticles for the Generation of Thin Conductive Layers on Transparent Substrates
LPT, 158 Seiten, 75 Bilder, 3 Tab. 2015.
ISBN 978-3-87525-399-3.

Band 277: Thomas Schneider
Umformtechnische Herstellung dünnwandiger Funktionsbauteile aus Feinblech durch Verfahren der Blechmassivumformung
LFT, 188 Seiten, 95 Bilder, 7 Tab. 2015.
ISBN 978-3-87525-401-3.

Band 278: Jochen Merhof
Sematische Modellierung automatisierter Produktionssysteme zur Verbesserung der IT-Integration zwischen Anlagen-Engineering und Steuerungsebene
FAPS, 157 Seiten, 88 Bilder, 8 Tab. 2015.
ISBN 978-3-87525-402-0.

Band 279: Fabian Zöller
Erarbeitung von Grundlagen zur Abbildung des tribologischen Systems in der Umformsimulation
LFT, 126 Seiten, 51 Bilder, 3 Tab. 2016.
ISBN 978-3-87525-403-7.

Band 280: Christian Hezler
Einsatz technologischer Versuche zur Erweiterung der Versagensvorhersage bei Karosseriebauteilen aus höchstfesten Stählen
LFT, 147 Seiten, 63 Bilder, 44 Tab. 2016.
ISBN 978-3-87525-404-4.

Band 281: Jochen Bönig
Integration des Systemverhaltens von Automobil-Hochvoltleitungen in die virtuelle Absicherung durch strukturmechanische Simulation
FAPS, 177 Seiten, 107 Bilder, 17 Tab. 2016.
ISBN 978-3-87525-405-1.

Band 282: Johannes Kohl
Automatisierte Datenerfassung für diskret ereignisorientierte Simulationen in der energieflexibelen Fabrik
FAPS, 160 Seiten, 80 Bilder, 27 Tab. 2016.
ISBN 978-3-87525-406-8.

Band 283: Peter Bechtold
Mikroschockwellenumformung mittels ultrakurzer Laserpulse
LPT, 155 Seiten, 59 Bilder, 10 Tab. 2016.
ISBN 978-3-87525-407-5.

Band 284: Stefan Berger
Laserstrahlschweißen thermoplastischer Kohlenstofffaserverbundwerkstoffe mit spezifischem Zusatzdraht
LPT, 118 Seiten, 68 Bilder, 9 Tab. 2016.
ISBN 978-3-87525-408-2.

Band 285: Martin Bornschlegl
Methods-Energy Measurement - Eine Methode zur Energieplanung für Fügeverfahren im Karosseriebau
FAPS, 136 Seiten, 72 Bilder, 46 Tab. 2016.
ISBN 978-3-87525-409-9.

Band 286: Tobias Rackow
Erweiterung des Unternehmenscontrollings um die Dimension Energie
FAPS, 164 Seiten, 82 Bilder, 29 Tab. 2016.
ISBN 978-3-87525-410-5.

Band 287: Johannes Koch
Grundlegende Untersuchungen zur Herstellung zyklisch-symmetrischer Bauteile mit Nebenformelementen durch Blechmassivumformung
LFT, 125 Seiten, 49 Bilder, 17 Tab. 2016.
ISBN 978-3-87525-411-2.

Band 288: Hans Ulrich Vierzigmann
Beitrag zur Untersuchung der tribologischen Bedingungen in der Blechmassivumformung - Bereitstellung von tribologischen Modellversuchen und Realisierung von Tailored Surfaces
LFT, 174 Seiten, 102 Bilder, 34 Tab. 2016.
ISBN 978-3-87525-412-9.

Band 289: Thomas Senner
Methodik zur virtuellen Absicherung der formgebenden Operation des Nasspressprozesses von Gelege-Mehrschichtverbunden
LFT, 156 Seiten, 96 Bilder, 21 Tab. 2016.
ISBN 978-3-87525-414-3.

Band 290: Sven Kreitlein
Der grundoperationsspezifische Mindestenergiebedarf als Referenzwert zur Bewertung der Energieeffizienz in der Produktion
FAPS, 185 Seiten, 64 Bilder, 30 Tab. 2016.
ISBN 978-3-87525-415-0.

Band 291: Christian Roos
Remote-Laserstrahlschweißen verzinkter Stahlbleche in Kehlnahtgeometrie
LPT, 123 Seiten, 52 Bilder, 0 Tab. 2016.
ISBN 978-3-87525-416-7.

Band 292: Alexander Kahrimanidis
Thermisch unterstützte Umformung von Aluminiumblechen
LFT, 165 Seiten, 103 Bilder, 18 Tab. 2016.
ISBN 978-3-87525-417-4.

Band 293: Jan Tremel
Flexible Systems for Permanent Magnet Assembly and Magnetic Rotor Measurement / Flexible Systeme zur Montage von Permanentmagneten und zur Messung magnetischer Rotoren
FAPS, 152 Seiten, 91 Bilder, 12 Tab. 2016.
ISBN 978-3-87525-419-8.

Band 294: Ioannis Tsoupis
Schädigungs- und Versagensverhalten hochfester Leichtbauwerkstoffe unter Biegebeanspruchung
LFT, 176 Seiten, 51 Bilder, 6 Tab. 2017.
ISBN 978-3-87525-420-4.

Band 295: Sven Hildering
Grundlegende Untersuchungen zum Prozessverhalten von Silizium als Werkzeugwerkstoff für das Mikroscherschneiden metallischer Folien
LFT, 177 Seiten, 74 Bilder, 17 Tab. 2017.
ISBN 978-3-87525-422-8.

Band 296: Sasia Mareike Hertweck
Zeitliche Pulsformung in der Lasermikromaterialbearbeitung – Grundlegende Untersuchungen und Anwendungen
LPT, 146 Seiten, 67 Bilder, 5 Tab. 2017.
ISBN 978-3-87525-423-5.

Band 297: Paryanto
Mechatronic Simulation Approach for the Process Planning of Energy-Efficient Handling Systems
FAPS, 162 Seiten, 86 Bilder, 13 Tab. 2017.
ISBN 978-3-87525-424-2.

Band 298: Peer Stenzel
Großserientaugliche Nadelwickeltechnik für verteilte Wicklungen im Anwendungsfall der E-Traktionsantriebe
FAPS, 239 Seiten, 147 Bilder, 20 Tab. 2017.
ISBN 978-3-87525-425-9.

Band 299: Mario Lušić
Ein Vorgehensmodell zur Erstellung montageführender Werkerinformationssysteme simultan zum Produktentstehungsprozess
FAPS, 174 Seiten, 79 Bilder, 22 Tab. 2017.
ISBN 978-3-87525-426-6.

Band 300: Arnd Buschhaus
Hochpräzise adaptive Steuerung und Regelung robotergeführter Prozesse
FAPS, 202 Seiten, 96 Bilder, 4 Tab. 2017.
ISBN 978-3-87525-427-3.

Band 301: Tobias Laumer
Erzeugung von thermoplastischen Werkstoffverbunden mittels simultanem, intensitätsselektivem Laserstrahlschmelzen
LPT, 140 Seiten, 82 Bilder, 0 Tab. 2017.
ISBN 978-3-87525-428-0.

Band 302: Nora Unger
Untersuchung einer thermisch unterstützten Fertigungskette zur Herstellung umgeformter Bauteile aus der höherfesten Aluminiumlegierung EN AW-7020
LFT, 142 Seiten, 53 Bilder, 8 Tab. 2017.
ISBN 978-3-87525-429-7.

Band 303: Tommaso Stellin
Design of Manufacturing Processes for the Cold Bulk Forming of Small Metal Components from Metal Strip
LFT, 146 Seiten, 67 Bilder, 7 Tab. 2017.
ISBN 978-3-87525-430-3.

Band 304: Bassim Bachy
Experimental Investigation, Modeling, Simulation and Optimization of Molded Interconnect Devices (MID) Based on Laser Direct Structuring (LDS) / Experimentelle Untersuchung, Modellierung, Simulation und Optimierung von Molded Interconnect Devices (MID) basierend auf Laser Direktstrukturierung (LDS)
FAPS, 168 Seiten, 120 Bilder, 26 Tab. 2017.
ISBN 978-3-87525-431-0.

Band 305: Michael Spahr
Automatisierte Kontaktierungsverfahren für flachleiterbasierte Pkw-Bordnetzsysteme
FAPS, 197 Seiten, 98 Bilder, 17 Tab. 2017.
ISBN 978-3-87525-432-7.

Band 306: Sebastian Suttner
Charakterisierung und Modellierung des spannungszustandsabhängigen Werkstoffverhaltens der Magnesiumlegierung AZ31B für die numerische Prozessauslegung
LFT, 150 Seiten, 84 Bilder, 19 Tab. 2017.
ISBN 978-3-87525-433-4.

Band 307: Bhargav Potdar
A reliable methodology to deduce thermo-mechanical flow behaviour of hot stamping steels
LFT, 203 Seiten, 98 Bilder, 27 Tab. 2017.
ISBN 978-3-87525-436-5.

Band 308: Maria Löffler
Steuerung von Blechmassivumformprozessen durch maßgeschneiderte tribologische Systeme
LFT, viii u. 166 Seiten, 90 Bilder, 5 Tab.
2018. ISBN 978-3-96147-133-1.

Band 309: Martin Müller
Untersuchung des kombinierten Trenn- und Umformprozesses beim Fügen artungleicher Werkstoffe mittels Schneidclinchverfahren
LFT, xi u. 149 Seiten, 89 Bilder, 6 Tab.
2018. ISBN: 978-3-96147-135-5.

Band 310: Christopher Kästle
Qualifizierung der Kupfer-Drahtbondtechnologie für integrierte Leistungsmodule in harschen Umgebungsbedingungen
FAPS, xii u. 167 Seiten, 70 Bilder, 18 Tab.
2018. ISBN 978-3-96147-145-4.

Band 311: Daniel Vipavc
Eine Simulationsmethode für das 3-Rollen-Schubbiegen
LFT, xiii u. 121 Seiten, 56 Bilder, 17 Tab.
2018. ISBN 978-3-96147-147-8.

Band 312: Christina Ramer
Arbeitsraumüberwachung und autonome Bahnplanung für ein sicheres und flexibles Roboter-Assistenzsystem in der Fertigung
FAPS, xiv u. 188 Seiten, 57 Bilder, 9 Tab.
2018. ISBN 978-3-96147-153-9.

Band 313: Miriam Rauer
Der Einfluss von Poren auf die Zuverlässigkeit der Lötverbindungen von Hochleistungs-Leuchtdioden
FAPS, xii u. 209 Seiten, 108 Bilder, 21 Tab.
2018. ISBN 978-3-96147-157-7.

Band 314: Felix Tenner
Kamerabasierte Untersuchungen der Schmelze und Gasströmungen beim Laserstrahlschweißen verzinkter Stahlbleche
LPT, xxiii u. 184 Seiten, 94 Bilder, 7 Tab. 2018. ISBN 978-3-96147-160-7.

Band 315: Aarief Syed-Khaja
Diffusion Soldering for High-temperature Packaging of Power Electronics
FAPS, x u. 202 Seiten, 144 Bilder, 32 Tab. 2018. ISBN 978-3-87525-162-1.

Band 316: Adam Schaub
Grundlagenwissenschaftliche Untersuchung der kombinierten Prozesskette aus Umformen und Additive Fertigung
LFT, xi u. 192 Seiten, 72 Bilder, 27 Tab. 2019. ISBN 978-3-96147-166-9.

Band 317: Daniel Gröbel
Herstellung von Nebenformelementen unterschiedlicher Geometrie an Blechen mittels Fließpressverfahren der Blechmassivumformung
LFT, x u. 165 Seiten, 96 Bilder, 13 Tab. 2019. ISBN 978-3-96147-168-3.

Band 318: Philipp Hildenbrand
Entwicklung einer Methodik zur Herstellung von Tailored Blanks mit definierten Halbzeugeigenschaften durch einen Taumelprozess
LFT, ix u. 153 Seiten, 77 Bilder, 4 Tab. 2019. ISBN 978-3-96147-174-4.

Band 319: Tobias Konrad
Simulative Auslegung der Spann- und Fixierkonzepte im Karosserierohbau: Bewertung der Baugruppenmaßhaltigkeit unter Berücksichtigung schwankender Einflussgrößen
LFT, x u. 203 Seiten, 134 Bilder, 32 Tab. 2019. ISBN 978-3-96147-176-8.

Band 320: David Meinel
Architektur applikationsspezifischer Multi-Physics-Simulationskonfiguratoren am Beispiel modularer Triebzüge
FAPS, xii u. 166 Seiten, 82 Bilder, 25 Tab. 2019. ISBN 978-3-96147-184-3.

Band 321: Andrea Zimmermann
Grundlegende Untersuchungen zum Einfluss fertigungsbedingter Eigenschaften auf die Ermüdungsfestigkeit kaltmassivumgeformter Bauteile
LFT, ix u. 160 Seiten, 66 Bilder, 5 Tab. 2019. ISBN 978-3-96147-190-4.

Band 322: Christoph Amann
Simulative Prognose der Geometrie nassgepresster Karosseriebauteile aus Gelege-Mehrschichtverbunden
LFT, xvi u. 169 Seiten, 80 Bilder, 13 Tab. 2019. ISBN 978-3-96147-194-2.

Band 323: Jennifer Tenner
Realisierung schmierstofffreier Tiefziehprozesse durch maßgeschneiderte Werkzeugoberflächen
LFT, x u. 187 Seiten, 68 Bilder, 13 Tab. 2019. ISBN 978-3-96147-196-6.

Band 324: Susan Zöller
Mapping Individual Subjective Values to Product Design
KTmfk, xi u. 223 Seiten, 81 Bilder, 25 Tab. 2019. ISBN 978-3-96147-202-4.

Band 325: Stefan Lutz
Erarbeitung einer Methodik zur semiempirischen Ermittlung der Umwandlungskinetik durchhärtender Wälzlagerstähle für die Wärmebehandlungssimulation
LFT, xiv u. 189 Seiten, 75 Bilder, 32 Tab. 2019. ISBN 978-3-96147-209-3.

Band 326: Tobias Gnibl
Modellbasierte Prozesskettenabbildung rührreibgeschweißter Aluminiumhalbzeuge zur umformtechnischen Herstellung höchstfester Leichtbaustrukturteile
LFT, xii u. 167 Seiten, 68 Bilder, 17 Tab. 2019. ISBN 978-3-96147-217-8.

Band 327: Johannes Bürner
Technisch-wirtschaftliche Optionen zur Lastflexibilisierung durch intelligente elektrische Wärmespeicher
FAPS, xiv u. 233 Seiten, 89 Bilder, 27 Tab. 2019. ISBN 978-3-96147-219-2.

Band 328: Wolfgang Böhm
Verbesserung des Umformverhaltens von mehrlagigen Aluminiumblechwerkstoffen mit ultrafeinkörnigem Gefüge
LFT, ix u. 160 Seiten, 88 Bilder, 14 Tab. 2019. ISBN 978-3-96147-227-7.

Band 329: Stefan Landkammer
Grundsatzuntersuchungen, mathematische Modellierung und Ableitung einer Auslegungsmethodik für Gelenkantriebe nach dem Spinnenbeinprinzip
LFT, xii u. 200 Seiten, 83 Bilder, 13 Tab. 2019. ISBN 978-3-96147-229-1.

Band 330: Stephan Rapp
Pump-Probe-Ellipsometrie zur Messung transienter optischer Materialeigenschaften bei der Ultrakurzpuls-Lasermaterialbearbeitung
LPT, xi u. 143 Seiten, 49 Bilder, 2 Tab. 2019. ISBN 978-3-96147-235-2.

Band 331: Michael Scholz
Intralogistics Execution System mit integrierten autonomen, servicebasierten Transportentitäten
FAPS, xi u. 195 Seiten, 55 Bilder, 11 Tab. 2019. ISBN 978-3-96147-237-6.

Band 332: Eva Bogner
Strategien der Produktindividualisierung in der produzierenden Industrie im Kontext der Digitalisierung
FAPS, ix u. 201 Seiten, 55 Bilder, 28 Tab. 2019. ISBN 978-3-96147-246-8.

Band 333: Daniel Benjamin Krüger
Ein Ansatz zur CAD-integrierten muskuloskelettalen Analyse der Mensch-Maschine-Interaktion
KTmfk, x u. 217 Seiten, 102 Bilder, 7 Tab. 2019. ISBN 978-3-96147-250-5.

Band 334: Thomas Kuhn
Qualität und Zuverlässigkeit laserdirektstrukturierter mechatronisch integrierter Baugruppen (LDS-MID)
FAPS, ix u. 152 Seiten, 69 Bilder, 12 Tab. 2019. ISBN: 978-3-96147-252-9.

Band 335: Hans Fleischmann
Modellbasierte Zustands- und Prozessüberwachung auf Basis sozio-cyber-physischer Systeme
FAPS, xi u. 214 Seiten, 111 Bilder, 18 Tab.
2019. ISBN: 978-3-96147-256-7.

Band 336: Markus Michalski
Grundlegende Untersuchungen zum Prozess- und Werkstoffverhalten bei schwingungsüberlagerter Umformung
LFT, xii u. 197 Seiten, 93 Bilder, 11 Tab.
2019. ISBN: 978-3-96147-270-3.

Band 337: Markus Brandmeier
Ganzheitliches ontologiebasiertes Wissensmanagement im Umfeld der industriellen Produktion
FAPS, xi u. 255 Seiten, 77 Bilder, 33 Tab.
2020. ISBN: 978-3-96147-275-8.

Band 338: Stephan Purr
Datenerfassung für die Anwendung lernender Algorithmen bei der Herstellung von Blechformteilen
LFT, ix u. 165 Seiten, 48 Bilder, 4 Tab.
2020. ISBN: 978-3-96147-281-9.

Band 339: Christoph Kiener
Kaltfließpressen von gerad- und schrägverzahnten Zahnrädern
LFT, viii u. 151 Seiten, 81 Bilder, 3 Tab.
2020. ISBN 978-3-96147-287-1.

Band 340: Simon Spreng
Numerische, analytische und empirische Modellierung des Heißcrimpprozesses
FAPS, xix u. 204 Seiten, 91 Bilder, 27 Tab.
2020. ISBN 978-3-96147-293-2.

Band 341: Patrik Schwingenschlögl
Erarbeitung eines Prozessverständnisses zur Verbesserung der tribologischen Bedingungen beim Presshärten
LFT, x u. 177 Seiten, 81 Bilder, 8 Tab.
2020. ISBN 978-3-96147-297-0.

Band 342: Emanuela Affronti
Evaluation of failure behaviour of sheet metals
LFT, ix u. 136 Seiten, 57 Bilder, 20 Tab.
2020. ISBN 978-3-96147-303-8.

Band 343: Julia Degner
Grundlegende Untersuchungen zur Herstellung hochfester Aluminiumblechbauteile in einem kombinierten Umform- und Abschreckprozess
LFT, x u. 172 Seiten, 61 Bilder, 9 Tab.
2020. ISBN 978-3-96147-307-6.

Band 344: Maximilian Wagner
Automatische Bahnplanung für die Aufteilung von Prozessbewegungen in synchrone Werkstück- und Werkzeugbewegungen mittels Multi-Roboter-Systemen
FAPS, xxi u. 181 Seiten, 111 Bilder, 15 Tab.
2020. ISBN 978-3-96147-309-0.

Band 345: Stefan Härter
Qualifizierung des Montageprozesses hochminiaturisierter elektronischer Bauelemente
FAPS, ix u. 194 Seiten, 97 Bilder, 28 Tab.
2020. ISBN 978-3-96147-314-4.

Band 346: Toni Donhauser
Ressourcenorientierte Auftragsregelung in einer hybriden Produktion mittels betriebsbegleitender Simulation
FAPS, xix u. 242 Seiten, 97 Bilder, 17 Tab.
2020. ISBN 978-3-96147-316-8.

Band 347: Philipp Amend
Laserbasiertes Schmelzkleben von Thermoplasten mit Metallen
LPT, xv u. 154 Seiten, 67 Bilder.
2020. ISBN 978-3-96147-326-7.

Band 348: Matthias Ehlert
Simulationsunterstützte funktionale Grenzlagenabsicherung
KTmfk, xvi u. 300 Seiten, 101 Bilder,
73 Tab. 2020. ISBN 978-3-96147-328-1.

Band 349: Thomas Sander
Ein Beitrag zur Charakterisierung und Auslegung des Verbundes von Kunststoffsubstraten mit harten Dünnschichten
KTmfk, xiv u. 178 Seiten, 88 Bilder, 21 Tab. 2020. ISBN 978-3-96147-330-4.

Band 350: Florian Pilz
Fließpressen von Verzahnungselementen an Blechen
LFT, x u. 170 Seiten, 103Bilder, 4 Tab.
2020. ISBN 978-3-96147-332-8.

Band 351: Sebastian Josef Katona
Evaluation und Aufbereitung von Produktsimulationen mittels abweichungsbehafteter Geometriemodelle
KTmfk, ix u. 147 Seiten, 73 Bilder, 11 Tab.
2020. ISBN 978-3-96147-336-6.

Band 352: Jürgen Herrmann
Kumulatives Walzplattieren. Bewertung der Umformeigenschaften mehrlagiger Blechwerkstoffe der ausscheidungshärtbaren Legierung AA6014
LFT, x u. 157 Seiten, 64 Bilder, 5 Tab.
2020. ISBN 978-3-96147-344-1.

Band 353: Christof Küstner
Assistenzsystem zur Unterstützung der datengetriebenen Produktentwicklung
KTmfk, xii u. 219 Seiten, 63 Bilder, 14 Tab.
2020. ISBN 978-3-96147-348-9.

Band 354: Tobias Gläßel
Prozessketten zum Laserstrahlschweißen von flachleiterbasierten Formspulenwicklungen für automobile Traktionsantriebe
FAPS, xiv u. 206 Seiten, 89 Bilder, 11 Tab.
2020. ISBN 978-3-96147-356-4.

Band 355: Andreas Meinel
Experimentelle Untersuchung der Auswirkungen von Axialschwingungen auf Reibung und Verschleiß in Zylinderrollenlagern
KTmfk, xii u. 162 Seiten, 56 Bilder, 7 Tab.
2020. ISBN 978-3-96147-358-8.

Band 356: Hannah Riedle
Haptische, generische Modelle weicher anatomischer Strukturen für die chirurgische Simulation
FAPS, xxx u. 179 Seiten, 82 Bilder, 35 Tab.
2020. ISBN 978-3-96147-367-0.

Band 357: Maximilian Landgraf
Leistungselektronik für den Einsatz dielektrischer Elastomere in aktorischen, sensorischen und integrierten sensomotorischen Systemen
FAPS, xxiii u. 166 Seiten, 71 Bilder, 10 Tab.
2020. ISBN 978-3-96147-380-9.

Band 358: Alireza Esfandyari
Multi-Objective Process Optimization for Overpressure Reflow Soldering in Electronics Production
FAPS, xviii u. 175 Seiten, 57 Bilder, 23 Tab.
2020. ISBN 978-3-96147-382-3.

Band 359: Christian Sand
Prozessübergreifende Analyse komplexer Montageprozessketten mittels Data Mining
FAPS, XV u. 168 Seiten, 61 Bilder, 12 Tab. 2021. ISBN 978-3-96147-398-4.

Band 360: Ralf Merkl
Closed-Loop Control of a Storage-Supported Hybrid Compensation System for Improving the Power Quality in Medium Voltage Networks
FAPS, xxvii u. 200 Seiten, 102 Bilder, 2 Tab. 2021. ISBN 978-3-96147-402-8.

Band 361: Thomas Reitberger
Additive Fertigung polymerer optischer Wellenleiter im Aerosol-Jet-Verfahren
FAPS, xix u. 141 Seiten, 65 Bilder, 11 Tab. 2021. ISBN 978-3-96147-400-4.

Band 362: Marius Christian Fechter
Modellierung von Vorentwürfen in der virtuellen Realität mit natürlicher Fingerinteraktion
KTmfk, x u. 188 Seiten, 67 Bilder, 19 Tab. 2021. ISBN 978-3-96147-404-2.

Band 363: Franziska Neubauer
Oberflächenmodifizierung und Entwicklung einer Auswertemethodik zur Verschleißcharakterisierung im Presshärteprozess
LFT, ix u. 177 Seiten, 42 Bilder, 6 Tab. 2021. ISBN 978-3-96147-406-6.

Band 364: Eike Wolfram Schäffer
Web- und wissensbasierter Engineering-Konfigurator für roboterzentrierte Automatisierungslösungen
FAPS, xxiv u. 195 Seiten, 108 Bilder, 25 Tab. 2021. ISBN 978-3-96147-410-3.

Band 365: Daniel Gross
Untersuchungen zur kohlenstoffdioxidbasierten kryogenen Minimalmengenschmierung
REP, xii u. 184 Seiten, 56 Bilder, 18 Tab. 2021. ISBN 978-3-96147-412-7.

Band 366: Daniel Junker
Qualifizierung laser-additiv gefertigter Komponenten für den Einsatz im Werkzeugbau der Massivumformung
LFT, vii u. 142 Seiten, 62 Bilder, 5 Tab. 2021. ISBN 978-3-96147-416-5.

Band 367: Tallal Javied
Totally Integrated Ecology Management for Resource Efficient and Eco-Friendly Production
FAPS, xv u. 160 Seiten, 60 Bilder, 13 Tab. 2021. ISBN 978-3-96147-418-9.

Band 368: David Marco Hochrein
Wälzlager im Beschleunigungsfeld – Eine Analysestrategie zur Bestimmung des Reibungs-, Axialschub- und Temperaturverhaltens von Nadelkränzen –
KTmfk, xiii u. 279 Seiten, 108 Bilder, 39 Tab. 2021. ISBN 978-3-96147-420-2.

Band 369: Daniel Gräf
Funktionalisierung technischer Oberflächen mittels prozessüberwachter aerosolbasierter Drucktechnologie
FAPS, xxii u. 175 Seiten, 97 Bilder, 6 Tab.
2021. ISBN 978-3-96147-433-2.

Band 370: Andreas Gröschl
Hochfrequent fokusabstandsmodulierte Konfokalsensoren für die Nanokoordinatenmesstechnik
FMT, x u. 144 Seiten, 98 Bilder, 6 Tab.
2021. ISBN 978-3-96147-435-6.

Band 371: Johann Tüchsen
Konzeption, Entwicklung und Einführung des Assistenzsystems D-DAS für die Produktentwicklung elektrischer Motoren
KTmfk, xii u. 178 Seiten, 92 Bilder, 12 Tab.
2021. ISBN 978-3-96147-437-0.

Band 372: Max Marian
Numerische Auslegung von Oberflächenmikrotexturen für geschmierte tribologische Kontakte
KTmfk, xviii u. 276 Seiten, 85 Bilder, 45 Tab. 2021. ISBN 978-3-96147-439-4.

Band 373: Johannes Strauß
Die akustooptische Strahlformung in der Lasermaterialbearbeitung
LPT, xvi u. 113 Seiten, 48 Bilder.
2021. ISBN 978-3-96147-441-7.

Band 374: Martin Hohmann
Machine learning and hyper spectral imaging: Multi Spectral Endoscopy in the Gastro Intestinal Tract towards Hyper Spectral Endoscopy
LPT, x u. 137 Seiten, 62 Bilder, 29 Tab.
2021. ISBN 978-3-96147-445-5.

Band 375: Timo Kordaß
Lasergestütztes Verfahren zur selektiven Metallisierung von epoxidharzbasierten Duromeren zur Steigerung der Integrationsdichte für dreidimensionale mechatronische Package-Baugruppen
FAPS, xviii u. 198 Seiten, 92 Bilder,
24 Tab. 2021. ISBN 978-3-96147-443-1.

Band 376: Philipp Kestel
Assistenzsystem für den wissensbasierten Aufbau konstruktionsbegleitender Finite-Elemente-Analysen
KTmfk, xviii u. 209 Seiten, 57 Bilder,
17 Tab. 2021. ISBN 978-3-96147-457-8.

Band 377: Martin Lerchen
Messverfahren für die pulverbettbasierte additive Fertigung zur Sicherstellung der Konformität mit geometrischen Produktspezifikationen
FMT, x u. 150 Seiten, 60 Bilder, 9 Tab.
2021. ISBN 978-3- 96147-463-9.

Band 378: Michael Schneider
Inline-Prüfung der Permeabilität in weichmagnetischen Komponenten
FAPS, xxii u. 189 Seiten, 79 Bilder, 14 Tab.
2021. ISBN 978-3-96147-465-3.

Band 379: Tobias Sprügel
Sphärische Detektorflächen als Unterstützung der Produktentwicklung zur Datenanalyse im Rahmen des Digital Engineering
KTmfk, xiii u. 213 Seiten, 84 Bilder, 33 Tab. 2021. ISBN 978-3-96147-475-2.

Band 380: Tom Häfner
Multipulseffekte beim Mikro-Materialabtrag von Stahllegierungen mit Pikosekunden-Laserpulsen
LPT, xxviii u. 159 Seiten, 57 Bilder, 13 Tab. 2021. ISBN 978-3-96147-479-0.

Band 381: Björn Heling
Einsatz und Validierung virtueller Absicherungsmethoden für abweichungsbehaftete Mechanismen im Kontext des Robust Design
KTmfk, xi u. 169 Seiten, 63 Bilder, 27 Tab. 2021. ISBN 978-3-96147-487-5.

Band 382: Tobias Kolb
Laserstrahl-Schmelzen von Metallen mit einer Serienanlage – Prozesscharakterisierung und Erweiterung eines Überwachungssystems
LPT, xv u. 170 Seiten, 128 Bilder, 16 Tab. 2021. ISBN 978-3-96147-491-2.

Band 383: Mario Meinhardt
Widerstandselementschweißen mit gestauchten Hilfsfügeelementen - Umformtechnische Wirkzusammenhänge zur Beeinflussung der Verbindungsfestigkeit
LFT, xii u. 189 Seiten, 87 Bilder, 4 Tab. 2022. ISBN 978-3-96147-473-8.

Band 384: Felix Bauer
Ein Beitrag zur digitalen Auslegung von Fügeprozessen im Karosseriebau mit Fokus auf das Remote-Laserstrahlschweißen unter Einsatz flexibler Spanntechnik
LFT, xi u. 185 Seiten, 74 Bilder, 12 Tab. 2022. ISBN 978-3-96147-498-1.

Band 385: Jochen Zeitler
Konzeption eines rechnergestützten Konstruktionssystems für optomechatronische Baugruppen
FAPS, xix u. 172 Seiten, 88 Bilder, 11 Tab. 2022. ISBN 978-3-96147-499-8.

Band 386: Vincent Mann
Einfluss von Strahloszillation auf das Laserstrahlschweißen hochfester Stähle
LPT, xiii u. 172 Seiten, 103 Bilder, 18 Tab. 2022. ISBN 978-3-96147-503-2.

Band 387: Chen Chen
Skin-equivalent opto-/elastofluidic in-vitro microphysiological vascular models for translational studies of optical biopsies
LPT, xx u. 126 Seiten, 60 Bilder, 10 Tab. 2022. ISBN 978-3-96147-505-6.

Band 388: Stefan Stein
Laser drop on demand joining as bonding method for electronics assembly and packaging with high thermal requirements
LPT, x u. 112 Seiten, 54 Bilder, 10 Tab. 2022. ISBN 978-3-96147-507-0

Band 389: Nikolaus Urban
Untersuchung des Laserstrahlschmelzens von Neodym-Eisen-Bor zur additiven Herstellung von Permanentmagneten
FAPS, x u. 174 Seiten, 88 Bilder, 18 Tab. 2022. ISBN: 978-3-96147-501-8.

Band 390: Yiting Wu
Großflächige Topographiemessungen mit einem Weißlichtinterferenzmikroskop und einem metrologischen Rasterkraftmikroskop
FMT, xii u. 142 Seiten, 68 Bilder, 11 Tab. 2022. ISBN: 978-3-96147-513-1.

Band 391: Thomas Papke
Untersuchungen zur Umformbarkeit hybrider Bauteile aus Blechgrundkörper und additiv gefertigter Struktur
LFT, xii u. 194 Seiten, 71 Bilder, 16 Tab.
2022. ISBN 978-3-96147-515-5

Band 392: Bastian Zimmermann
Einfluss des Vormaterials auf die mehrstufige Kaltumformung vom Draht
LFT, xi u. 182 Seiten, 36 Bilder, 6 Tab.
2022. ISBN 978-3-96147-519-3

Band 393: Harald Völkl
Ein simulationsbasierter Ansatz zur Auslegung additiv gefertigter FLM-Faserverbundstrukturen
KTmfk, xx u. 204 Seiten, 95 Bilder, 22 Tab. 2022. ISBN 978-3-96147-523-0

Abstract

Additive Manufacturing (AM) offers great design freedom to be exploited by Design for Additive Manufacturing (DfAM). However, AM components for structural lightweight applications are subject to particularly high stiffness and strength requirements, which necessitate special material, process, and design engineering measures. Fibre-reinforced plastics (FRP) are especially suitable due to their high stiffness and strength. Moreover, the Fused Layer Modelling (FLM) process allows to exploit the pronounced anisotropy of FRP effectively.

This thesis therefore presents a DfAM approach for short-fiber-reinforced lightweight structures. It considers the orthotropic properties of FLM components by build-up direction optimisation to keep the force flow as parallel to the printing platform as possible – and thus, to bypass low stiffness and strength between layers. This step is followed by a topology optimisation with orthotropic material model, which simultaneously optimises both the outer shape and in-plane projected inner material orientations. Subsequent extrusion path generation transforms the optimisation results into printable components. Finally, a simulation approach is presented to compare different FLM components with various infill patterns.

For demonstration, a truss node is optimised under two load cases. The resulting geometry; the same geometry but with different infill patterns; and a conventionally designed variant are compared using the simulation approach. Results show a considerable stiffness gain of the new approach offering structured guidance for product developers.